U0453893

本专著属于北京工业大学研究生创新教育系列专著之一，
得到北京工业大学研究生技术转移领域改革专项资助

科技成果转化激励：
理论、法规政策与进路

周贺微　著

知识产权出版社

全国百佳图书出版单位

—北 京—

图书在版编目（CIP）数据

科技成果转化激励：理论、法规政策与进路/周贺微著. —北京：知识产权出版
社，2024.3
ISBN 978 - 7 - 5130 - 9104 - 6

Ⅰ.①科…　Ⅱ.①周…　Ⅲ.①科技成果—成果转化—激励制度—研究
Ⅳ.①G311

中国国家版本馆 CIP 数据核字（2023）第 242723 号

责任编辑：刘　江　　　　　　　　责任校对：潘凤越
封面设计：乾达文化　　　　　　　责任印制：刘译文

科技成果转化激励：理论、法规政策与进路

周贺微　著

出版发行：	知识产权出版社 有限责任公司	网　　址：	http：//www.ipph.cn
社　　址：	北京市海淀区气象路 50 号院	邮　　编：	100081
责编电话：	010 - 82000860 转 8344	责编邮箱：	liujiang@ cnipr.com
发行电话：	010 - 82000860 转 8101/8102	发行传真：	010 - 82000893/82005070/82000270
印　　刷：	三河市国英印务有限公司	经　　销：	新华书店、各大网上书店及相关专业书店
开　　本：	720mm×1000mm　1/16	印　　张：	19
版　　次：	2024 年 3 月第 1 版	印　　次：	2024 年 3 月第 1 次印刷
字　　数：	282 千字	定　　价：	98.00 元

ISBN 978 - 7 - 5130 - 9104 - 6

序

  党的二十大报告指出，要加快实施创新驱动发展战略，强化目标导向，提高科技成果转化和产业化水平。在我国深入实施创新驱动发展战略、推进中国式现代化建设的背景下，科技成果转化日益成为创新驱动发展的关键环节。我国《促进科技成果转化法》对科技成果转化激励提供了基本规范指引和制度安排，《赋予科研人员职务科技成果所有权或长期使用权试点实施方案》及《科学技术进步法》中有关条款的实践，也为科技成果转化激励带来了新的思考空间。这对解决我国科技成果转化长期存在的转化率低等问题提供了进一步的思路，以科技成果转化激励作为切入点具有现实意义。

  科技成果的价值性决定重视科技成果转化有利于促进高质量发展。科技成果转化在创新体系中处于承前启后的关键地位，前承科技研发，后启科技应用及商业化。科技成果转化的激励，有利于促进相关主体从有关利益出发，推动科技成果转化，积极寻求最优化的科技成果转化协同力量。有关立法和实践带来的科技成果转化有关组织优化、资源协调机制等均具有积极价值。当前科技成果转化制度发展取得了一定的成果，特别是高校和科研院所对科技成果转化有了进一步的"觉醒"，这对高质量发展而言无疑是积极的信号。

  然而，从创新体系来看，我国科技成果转化还存在诸多难题，阻碍科技成果转化激励机制发挥作用。本书作者由此出发，探究我国科技成果转化有关中央和地方立法、政策概况，提出我国科技成果转化激励的不足所在，并结合相关理论和现实需求提出有关解决方案，具有重要的学术价值和实践意义。本书内容主要在以下几个方面值得关注。

第一，本书专门对科技成果转化激励中的政府角色作了深入探究，指出政府可作为空间。在创新领域，完全依靠市场和完全依靠政府均非良策，动态调整政府与市场在创新中的作用及协调机制，将是促进科技成果转化的关键。如本书中探讨的，对于实践中订单式科技成果转化有关的尝试，政府的作用就非常关键，因为政府参与能够促进资源的整合，对激励科技成果转化中的信任机制可产生积极效果。此外，大量的科技成果转化中官产学研在科技成果转化阶段的深入，亟待政府来推动有关主体之间在合作、利益分配等方面有关方案的达成。然而，由此也需要意识到，科技成果转化激励中政府获得一定的"回报"激励是不应当被避免且可以尝试探索有关机制达成的。政府作为创新生态的贡献者，如何在特定的时间有序退出，以便科技成果转化激励过渡到市场主导，也是需要重点考虑的。

第二，在科技成果转化激励的立法方面，本书做了深入的审视。通过对科技成果转化目的的理解，本书作者认为科技成果转化是一种选择，在当下发展阶段是一项重要的选择。国家和地方层面对科技成果转化激励都有不同层次的立法，而这些立法对当前科技成果转化激励而言仍然有待完善，包括立法应当契合行业发展特点和地方发展优势等，都是比较接地气的提法。科技成果转化的激励需要置于创新环境来考虑，实现相关主体之间的利益平衡十分重要。因此，就立法层面而言，不仅要考虑科技成果转化激励规范对科技成果转化效果的激励，还要考虑创新秩序的维护以及如何实现有关主体之间的利益平衡。

第三，在立法及政策规范指引科技成果转化激励之后，如何在实践中发挥作用，仍需要诸多配套措施。作者在本书中指出，实践中对已有的规定在落实中仍然面临有关单位具体管理制度的限制，程序的烦琐也影响科技成果转化激励规定落地。这些确实是实践中可能会产生的障碍，如何破解这些障碍是关键。一方面，要在各科技成果有关管理单位全面落实科技成果转化有关规定，避免设置各种内部规定阻碍科技成果转化激励的落实；另一方面，要尽快解决科技成果的国有资产管理制度冲突问题，为科技成果转化激励提供充分支持。对于后者而言，实践中的探索可以为其提供参考，将科技成果作为特殊国有资产进行单列管理，能够避免实践中因为过于担忧国有资产流失而对科技成果转化及有关激励望而却步的现象。此外，具体科技成果转化激励落实中还有待进一步细化有关利益分配，如团队内部如何分配才能够充分起到激励作用，这进一步影响着科技成果转化激励制度落实的效果。

第四，科技成果转化有关组织的优化，是提升科技成果转化激励制度效果的关键一环。从科技成果转化人才角度而言，我国需要从两个方面发力：一是科技成果转化独立的机构。如作者所言，当前我国各高校、科研院所的科技成果转化中心等组织形式，多缺乏独立的决策权和自主权，各种事项受制于单位的管理及其他部门的牵制，在激励力度上也有进一步提升的空间。二是科技成果转化专业人才。我国目前在科技成果转化人才的培养培育方面有了一定的措施，但是在专业的高水平的科技成果转化人才方面仍然有相当大的缺口。在实践中，有些单位的科技成果转化人员甚至是其他岗位的工作人员兼任的，这往往形成影响科技成果转化激励发生的因素。可喜的是，这种情况在逐渐改进中。高校教育体系对科技成果转化人才的影响较大，当前有些高校已经开始注重有关方面人才的培养，如开设相关学位教育或者在教育体系中优化有关教学课程。当然，为进一步满足实践中对科技成果转化专业人才，特别是高水平专业人才的需求，有关培养机制应当得到进一步优化，推动高等院校教育管理在人才供给上作出积极贡献。

第五，科技成果转化激励涉及资源的调配，科技成果转化作为创新生态的一环，必须构建激励有关的诚信机制。在实践中，有关科技成果转化不诚信、伪造科技成果转化等不良行为，有必要得到严格规制。由此，对科技成果转化激励的监管机制应当有所完善。本书对此也作了探究，并提出要兼顾科技成果转化激励的监管与审慎包容，识别相关行为性质，促进科技成果转化机制发挥作用，树立良好的创新秩序。

  本书作者周贺微博士曾在我门下相继攻读知识产权法硕士学位和博士学位，毕业后继续自己的研究，在工作后不仅承担了科技与法律的课程教学，还开展了科技与法律有关的研究，本书即其在该领域的科研成果之一。本书以科技成果转化为对象，选择激励作为切入点，承继了其之前对知识产权法中激励理论的研究，值得肯定。仅就该研究成果而言，其丰富了有关领域的研究，具有较高的理论水准和实践价值，能够为后续科技成果转化的激励提供重要参考。

  实践是复杂的，科技成果转化有关议题仍待同行共同深入探讨，希望作者在本研究基础上继续努力，为有关领域提供更多、更有价值的成果。

  是为序。

冯晓青

中国政法大学二级教授、博士生导师

中国知识产权法学研究会副会长

中国知识产权研究会副理事长

2023 年 12 月 22 日

目　　录

绪　　论

一、科技成果转化研究的缘起及本书目标

　　科技成果转化在国内与国外的称呼是有差异的。在国外通常以技术转移（technology transfer）称呼。根据中国科技成果转化的有关文件，可以得知科技成果转化与国外的技术转移大致等同。因此，本书在撰写中也取意包括技术转移，在探讨范围上以科技成果转化为界定词。实际上科技成果转化既涉及具体的个案技术转移，也涉及国际关系中的技术转移，这种转移在知识产权视野中又体现为从知识产权到知识产权有关产品，但是科技成果显然又超越了知识产权范围。因而，在探讨科技成果转化时，首先应当界定清楚的是科技成果转化的意涵，以为科技成果转化问题的探讨提供一个基本的范畴界定。

　　当今，随着科技立法的日臻完善，科技强国建设的目标的积极价值在实践中日益凸显，探讨科技成果转化成为非常普遍的现象，特别是关于科技成果转化有关的论著逐渐增多、特殊领域的科技成果转化得到特别关注。[1] 在汗牛充栋的科技成果转化研究的基础上对科技成果转化仍然有继续研究的必要：第一，一些固有的问题尚未得到有效解决，无论立法还是实践均有进一步探讨的空间。第二，随着中国对科技成果转化的切实深入，对科技成果权属的多样化的关注，仍然在具体制度执行中面临诸多难

---

　　[1]　如高校科技成果转化、科研院所科技成果转化等得到诸多研究者和立法者的关注。

题，而且这些难题中存在相应的利益与权力之间的复杂交错，厘清困难、扫清障碍，仍然是非常有挑战的内容。第三，国外的技术转移对中国的科技成果转化也带来新的启发，特别是近些年一些涉及尖端技术领域的国际技术交流受限，中国如何面对发展中的国际局势带来的挑战，需要慎重考虑。第四，中国科技成果转化的新总结需要得到进一步的关注，特别是将零散的具有积极价值的经验予以呈现，能够节约社会资源，为中国科技成果转化提供积极的参考。第五，人才始终是科技发展面临的关键难题，而在科技成果转化领域的人才发展模式，在中国教育体系之下难以获得突破性的成就原因何在，对这些内容展开深入分析对中国科技成果转化来讲无异于是釜底抽薪解决问题的思路。基于这些实践的考虑，本书计划展开以科技成果转化激励为中心的体系性研究。

本书拟立足实际，实现以下几个目标：第一，对科技成果转化的内涵以及理论予以论证，为科技成果转化提供目标性的理论指导。第二，指出当前科技成果转化面临的突出难题是激励的问题，既包括科技成果转化激励立法，也包括科技成果转化激励落实。第三，对科技成果转化激励中的政府与市场角色做出分析，提出政府在创新中的重要作用，并指出科技成果转化激励中府际关系有关问题。第四，对特殊领域的科技成果转化激励予以关注，特别是对差异化给予关注。第五，提出中国当前优化科技成果转化激励的路径，包括使命认识、具体修正方案、人才培养以及规制等辅线内容。从根本上而言，本书主要关注两个核心问题：第一个问题是，科技成果转化激励的角色与任务；第二个问题是，如何通过科技成果转化激励推进科技成果转化转得成、促进科技成果转得好。在此基础上通过理论和实践的分析，构建起具有体系化的科技成果转化激励框架。

二、科技成果转化研究国内外文献综述

在展开研究之前，需要对现有文献做出相应的综述，一方面向读者表明、厘清本书所处的"巨人肩膀"，另一方面向读者表明本书展开研究的主要方向和必要性。需要说明的是，科技成果转化激励是科技成果转化中

的一个关键环节，为了对科技成果转化激励环境有更清楚的认识，本文献综述以科技成果转化为观察对象。

（一）中国科技成果转化有关研究

中国对科技成果转化的研究主要体现于以下几个层面。

1. 科技成果转化概况研究

有诸多成果对科技成果转化进行了阐述，一方面提出中国科技成果转化的基本进展，另一方面指出中国科技成果转化的基本努力方向。科学技术部人才中心（2020）对科技成果转化管理进行了系统的阐述。中国科技评估与成果管理研究会、国家科技评估中心、中国科学技术信息研究所对中国科技成果转化进行了年度报告，阐述了中国高等院校与科研院所科技成果转化的基本进展。● 孙磊、吴寿仁等（2021）对科技成果转化提出全流程解决的方案，为知识产权转化提供了入门解读。❷ 汝绪伟等（2019）认为科技成果转化体系建设较为关键，其中科技成果转化评估、成果转化服务平台与服务机构建设、科技成果转移转化示范区建设、技术转移体系建设等都有利于解决科技成果转化的问题。❸ 陶鑫良等（2011）对专利技术转移予以全面阐述，为专利技术转移中的检索与评估、专利技术转移合

---

❶　中国科技成果管理研究会，国家科技评估中心，中国科学技术信息研究所. 中国科技成果转化年度报告 2018 高等院校与科研院所篇 ［M］. 北京：科学技术文献出版社，2019；中国科技成果管理研究会，国家科技评估中心，中国科学技术信息研究所. 中国科技成果转化年度报告 2019 高等院校与科研院所篇 ［M］. 北京：科学技术文献出版社，2020；中国科技成果管理研究会，国家科技评估中心，中国科学技术信息研究所. 中国科技成果转化年度报告 2020 高等院校与科研院所篇 ［M］. 北京：科学技术文献出版社，2021；中国科技评估与成果管理研究会，国家科技评估中心，中国科学技术信息研究所. 中国科技成果转化年度报告 2021 高等院校与科研院所篇 ［M］. 北京：科学技术文献出版社，2022；中国科技成果管理研究会，国家科技评估中心，中国科学技术信息研究所. 中国科技成果转化年度报告 2022 高等院校与科研院所篇 ［M］. 北京：科学技术文献出版社，2023.

❷　孙磊，吴寿仁，等. 科技成果转化从入门到高手 ［M］. 北京：中国宇航出版社，2021.

❸　汝绪伟，李海波，陈娜. 科技成果转化体系建设研究与实践 ［M］. 北京：科学出版社，2019.

同、技术进出口等做出了具体的解读。❶ 马忠法（2021）对技术转移进行了系统阐述，对相关制度、技术转移方式、技术转移协议及关键条款、技术转移协议谈判、技术转移争议解决进行了梳理，为技术转移提供了基本面的参考。❷ 熊焰等（2018）则从市场、战略等角度提出专利技术转移的重要性和有价值的方案。❸

对国际层面技术转移的关注也为我们展现了科技成果转化的综合秩序。李志军（1997）较早对国际技术转移进行了研究，指出发达国家在世界技术市场的主导地位，并指出技术转移是消除富国与穷国鸿沟的重要途径，指出中国应当在诸多方面予以关注。❹ 李虹（2016）则关注到了国际技术转移与中国技术引进的关系，提出中国存在的技术对外依存度高、技术引进与转让结构不合理、对国际技术转移规则不了解、缺乏国际技术转移人才等问题较为突出。❺ 胡靖（2009）指出，技术转移是一个长期的过程，市场规模、市场结构、技术水平、政策环境都对跨国公司在华的技术转移有相应的影响。❻ 唐素琴、周轶男（2018）还对美国《拜杜法》和《史蒂文森法》等技术转移立法予以详细考察，指出二者差别，揭示出《史蒂文森法》旨在实现国有知识产权收益的私有化，对技术转移具有更大影响，这一重要研究对完善中国财政资助研发机构的制度设计具有重要启发。❼ 郜志雄（2016）通过国内外专利技术转移机制的考察，提出中国专利技术转移机制值得完善的地方，如专利技术价值评估、专利技术转移体系构建。❽

---

❶ 陶鑫良. 专利技术转移 [M]. 北京：知识产权出版社，2011.
❷ 马忠法. 技术转移法 [M]. 北京：中国人民大学出版社，2021.
❸ 熊焰，刘一君，方曦. 专利技术转移理论与实务 [M]. 北京：知识产权出版社，2018.
❹ 李志军. 当代国际技术转移与对策 [M]. 北京：中国财政经济出版社，1997.
❺ 李虹. 国际技术转移与中国技术引进 [M]. 北京：对外经济贸易大学出版社，2016.
❻ 胡靖. 跨国公司在华技术转移行为研究 [M]. 上海：上海财经大学出版社，2009.
❼ 唐素琴，周轶男. 美国技术转移立法的考察和启示：以美国《拜杜法》和《史蒂文森法》为视角 [M]. 北京：知识产权出版社，2018.
❽ 郜志雄. 专利技术转移机制 [M]. 北京：中国时代经济出版社，2016.

2. 高校科技成果转化研究

基于中国科技成果量多，转化率长期走低，中国相关研究对高校科技成果转化予以专门的关注，这些关注一方面指出中国高校科技成果转化长期低迷的原因，另一方面也为中国高校科技成果转化率提升献计献策。

计晓华、陈涛（2014）通过对高校科技成果转化的系统分析，明确了如科技创新、科技成果等内涵，梳理了中国高校科技成果转化的历史发展脉络，进而提出高校科技成果转化中介系统的积极价值和建设措施，指出高校科技成果转化的环境支撑不足，进而揭示出高校科技成果转化系统机制的构建及阻滞因素的消除。❶ 李建强等（2013）提出，中国高校技术转移的发展大致可以分成三大阶段：第一，探索阶段为1978年第一次全国科学技术大会提出"科技是生产力"到1995年；第二，发展阶段为1995年科教兴国战略的提出到2006年；第三，规范阶段为2006年《国家中长期科学与技术发展规划纲要（2006—2020）》颁布之后。❷

众多学者从不同视角出发，深入剖析了中国高校科技成果转化存在的问题。朱婧、苏瑞波、李剑川（2019）对广州的高校科技成果转化的实践予以深度考察，提出高校科技成果转化本身存在转化障碍，主要体现于可供转化的科技成果总量不足、无效专利突出等质量问题影响科技成果转化，技术成果本身的商业价值也影响科技成果转化，从社会分工维度、创新链条维度、价值判断或利益诉求维度而言高校科技成果转化也存在相应的障碍。❸ 彭毅、唐小我（1994）对高校军事科技成果转化予以研究，提出高校军事科技成果转化存在需求牵引强度低，主要出路在于转向民用；产品成本高，重视发挥政府采购作用；缺少中试条件，加速建立中试基地；缺少资金投入，加速建立风险投资公司；组建科技股份制企业，促进科技成果转化；加速科技成果信息传播速度，完善科技经纪人制度；建立军事科技成果推广中心，有计划地推动科技成果产业化；建立高校军事科

❶ 计晓华，陈涛. 高校科技成果转化的系统分析［M］. 沈阳：沈阳出版社，2014.
❷ 李建强，等. 创新视阈下的高校技术转移［M］. 上海：上海交通大学出版社，2013.
❸ 朱婧，苏瑞波，李剑川. 高校科技成果转化的广州实践［M］. 北京：中国市场出版社，2019.

技成果推广中心，促进科技成果转化应用；制定鼓励性政策，稳定和发展科技成果转化队伍。❶

为了促进高校科技成果转化，提升高校科技成果转化效率，不同研究也从各方面出发提出相应的解决策略。李华（2021）通过对国内有关高校等现有案例的总结，提出推动高校科技成果转化需要建立科技成果供需数据平台、建立科技创新发展研究机构、建立科技成果转化中试基地、建立科技成果转化评价机制、出台科技成果转化优惠政策、加强科技中介服务组织建设、激发高校科技成果转化活力、强化企业科技成果转化责任、打造科技成果转化示范工程、加强科技成果转化组织领导。❷ 王素娟（2022）从法律视角提出高校科技成果转化存在职务科技成果权属、利益分享、科技成果证券化等的法律问题及破解路径。❸ 对于高校科技成果转化中最为关键的高校职务科技成果权属改革，陈光等（2022）、汪大喹等（2022）通过对美国、英国、以色列等国家的借鉴，提出对中国高校职务科技成果混合所有制改革的剖析及展望。❹ 刘勇（2020）从跨组织知识集成网络视角对高校科技成果转化模式进行了充分研究，指出要加强科技创新与科技成果转化的宏观管理，促进政策环境的优化，培育高校科技中介服务机构，完善高校科技成果转化服务平台等。❺ 付一凡（2016）❻ 及陈强、鲍悦华、常旭华（2017）❼ 指出通过政产学研用协同创新推动高校科技成果转化的

---

❶ 彭毅，唐小我. 促进高校军事科技成果转化应用的研究［M］. 成都：电子科技大学出版社，1994.

❷ 李华. 高校科技成果转化对策研究［M］. 秦皇岛：燕山大学出版社，2021.

❸ 王素娟. 高校科技成果转化法律保障机制研究［M］. 北京：中国政法大学出版社，2022.

❹ 陈光，唐志红，周贤永，等. 高校职务科技成果权属改革：理论与实践［M］. 北京：科学出版社，2022；汪大喹，王曙光，王真真，等. 高校职务科技成果权属改革理论与实践［M］. 成都：西南财经大学出版社，2022.

❺ 刘勇. 基于跨组织知识集成网络的高校科技成果转化模式研究［M］. 北京：科学出版社，2020.

❻ 付一凡. 高校科技成果转化与产学研协同创新及其评价［M］. 武汉：武汉大学出版社，2016.

❼ 陈强，鲍悦华，常旭华. 高校科技成果转化与协同创新［M］. 北京：清华大学出版社，2017.

积极价值。孙细明（2008）提出了高校科技成果产业化的相关路径。❶ 祁红梅、张路路（2023）提出促进高校科技成果转移转化的"三阶段—四主体—六机制"框架。❷ 石照耀、韩晓明（2020）指出，促进高校科技成果转化要排除国有资产流失的畏惧，完善国有资产报备制度，对收入分配考核机制也应当进行深入改革，科技成果转化中要加强供需双方的沟通交流，构建科技服务平台和信息服务平台，高校教师离岗创业时要及时补充教学岗位教师，提升学生创业教育，缩短学生创业实践磨合期。❸ 武学超（2017）对美国创新驱动大学技术转移政策进行了全面研究，指出其积极实施效果，并对中国提出相应的创新驱动发展战略下高校科技成果转化的重点建议，主要包括政策应当体现相应的价值取向、体系应当具有协同性、政策制定实施需要提升民主性和有效性，特别是对于"死亡之谷"现象要予以高度重视。❹ 王守文等（2023）也指出，中央、地方与高校三方协同的科技成果转化路径是终解。❺

　　在高校科技成果转化中，相关主体之间的角色搭配也很重要，这也得到相关学者的关注。张栓兴（2021）通过对陕西的高校科技成果转化推动地方科技企业发展的研究，揭示出高校科技成果转化的积极价值❻ 张健华（2013）关注了高校科技成果转化中的政府职能，中国高校科技成果转化中政府职能应当定位为如发达国家选择积极介入，同时积极加强科技中介服务机构的"强政府、强社会"。❼ 张苏雁（2022）对科技中介在高校科成果转化中的作用进行了研究，提出从协同创新理论、三螺旋理论、信

❶ 孙细明. 高校科技成果产业化的实现途径和管理机制研究［M］. 武汉：武汉大学出版社，2008.

❷ 祁红梅，张路路. 促进高校科技成果转移转化机制研究［M］. 北京：中国社会科学文献出版社，2023.

❸ 石照耀，韩晓明. 高校成果转化模型与路径［M］. 北京：科学出版社，2020.

❹ 武学超. 美国创新驱动大学技术转移政策研究［M］. 北京：教育科学出版社，2017.

❺ 王守文，覃若兰，赵敏. 基于中央、地方与高校三方协同的科技成果转化路径研究［J］. 中国软科学，2023（2）：191－201.

❻ 张栓兴. 高校科研成果转化推动陕西科技企业发展的关键问题研究［M］. 北京：经济管理出版社，2021.

❼ 张健华. 高校科技成果转化中的政府职能研究［M］. 天津：天津人民出版社，2013.

息不对称理论、委托代理理论、交易成本理论等角度分析，科技中介参与高校科技成果转化均具有正当性，并指出构建科技中介参与的"高校－企业－科技中介机构"三方演化博弈模型的积极意义。❶ 韩艳翠（2005）认为科技融资渠道难以满足高校科技成果产业化对资金的需求，风险投资有利于充分缓解高校科技成果转化的资金需求压力，对促进高校科技成果产业化具有积极价值。❷ 顾云松（2006）则指出，创业资本与高校科技成果理应结合得很紧密，创业投资机构作为支持创业企业发展的金融机构，能够为高校科技成果转化企业提供资金，对高校科技成果转化的积极价值不言而喻。帮助改善企业发展的内、外部环境，对促进高校科技成果转化起着非常重要的作用。❸ 王欣（2017）指出高校科技成果转化与知识管理之间的关系，提出高校科技成果转化中知识管理的积极价值及其体系构建的重要性，并提出提高高校科技成果转化效率和知识管理绩效的有效对策。❹

除此之外，国家教委科学技术管理中心《中国高校技术市场》月刊编辑部早在 1993 年就选编了高校科技成果，❺ 有些地方（首都高校科技信息联络网，2002；❻ 刘迪吉等，1997❼）也选出了地方高校的科技成果予以推广，这已经彰显出对高校科技成果的关注。

3. 促进科技成果转化的制度研究

马碧玉（2022）认为，中国促进科技成果转化的制度建设虽然在促进科技成果转化的激励机制、财政扶持激励机制等方面已取得一定成就，但

---

❶ 张苏雁. 科技中介参与的高校科技成果转化机制研究 ［M］. 北京：中国财富出版社，2022.

❷ 韩艳翠. 风险投资促进我国高校科技成果产业化研究 ［M］. 南京：南京农业大学出版社，2005.

❸ 顾云松. 南京市高校利用创业投资转化科技成果问题研究 ［M］. 南京：南京农业大学出版社，2006.

❹ 王欣. 高校科技成果转化机理与对策研究 ［M］. 北京：科学出版社，2017.

❺ 国家教委科学技术管理中心，《中国高校技术市场》月刊编辑部. 高校科技成果选编：1991—1992 ［Z］. 1993.

❻ 首都高校科技信息联络网. 2001 年首都高校科技成果推广项目可行性报告选编 ［R］. 北京：首都高校信息联络网，2002.

❼ 刘迪吉. 江苏高校科技成果及产业 ［R］. 南京：江苏教育委员会，1997.

是仍然存在激励机制还有待完善，财政工具、优化税收优惠制度方面有待丰富，科技成果运营机构培育上有待加强等问题。❶ 为了贯彻科技成果有关的战略性规定，地方立法就显得特别重要，马治国等（2019）对促进科技成果转化的地方立法予以相应的关注，结合科技成果转化、发明专利权属、收益转化权等探讨了相应制度，并对陕西地方性的立法进程进行了深入探究。❷ 对于财政资助形成的科技成果转化形成的权属及收益分配机制问题，梁艳、罗栋（2022）提出了系列完善建议，认为财政资助职务发明成果转化中，通过金融监管科技和穿透式监管，将知识产权运营作为监管主轴可以有效抑制知识产权基础资产的泡沫和投机。❸ 李家洲（2019）通过对中关村地区技术转移政策的梳理、相关案例的分析，提出中关村地区技术转移存在的如技术转移有关的法律体系及产业政策、激励机制、知识产权保护机制、投融资体系、技术转移中介体系、产学研协同创新等问题，并提出了针对这些问题的解决策略。❹

对科技成果转化的赋权改革，近些年也引发诸多层面的关注，围绕职务发明制度以及科技成果权利的分解出现多方案建议。特别是 2020 年至今，科技成果转化赋权改革为中心的研究得以深入进行。2020 年 5 月 9 日，科技部等 9 部门印发《赋予科研人员职务科技成果所有权或长期使用权试点实施方案》的通知，意味着中国科技成果有关权利的赋权改革得到全面支持。实际上关于提升科研人员的激励制度强度是一种长期受到关注的方案。钟卫等（2021）提供了中国高校方面的证据证明加大科技人员激励力度能促进科技成果转化的论证。❺ 王海芸、曹爱红（2022）指出，目前职务科技成果所有权在地方立法中的规定包括原则性规定、奖励一定比

　　❶　马碧玉. 科技成果转化制度改革与创新研究［M］. 北京：人民出版社，2022.
　　❷　马治国，翟晓舟，周方. 科技创新与科技成果转化：促进科技成果转化地方性立法研究［M］. 北京：知识产权出版社，2019.
　　❸　梁艳，罗栋. 财政资助职务发明形成与转化的法律调整机制研究［M］. 北京：法律出版社，2022.
　　❹　李家洲. 中关村地区技术转移的实践与思考［M］. 北京：人民出版社，2019.
　　❺　钟卫，陈海鹏，姚逸雪. 加大科技人员激励力度能否促进科技成果转化：来自中国高校的证据［J］. 科技进步与对策，2021，38（7）：125 - 133.

例权属份额、分类规定权属、赋予全部或部分权利、单位弃权后科研人员优先取得等五种模式，不同模式各有优劣；职务科技成果所有权影响着科技成果转化效率，中国各地对职务成果所有权归属模式不尽相同，即便是同一种模式，在不同地区立法中也有着不一样的解读，对于各地职务科技成果所有权赋权改革也会产生不同程度的影响。❶

还有学者从其他视角进行了研究，同样能为制度完善提供参考。如尹锋林（2020）认为，目前国际上主要重视从科技成果到市场的转化工作，对从科研能力到市场的转化工作研究却不足，"科研能力转化"对促进科研服务经济发展具有重要意义，值得予以关注。❷

需要进一步关注的是，不同技术领域的科技成果转化情况和存在的难题不尽相同，因此也有人从具体领域出发对科技成果转化予以关注。如袁伟民等（2022）揭示了农业科技成果转化的"内卷化"现象，即科技供给旨趣错位、体制机制陈旧固化、协同创新与集成转化水平不佳等，作者认为关键的出路在于，科研选题立项和科技人员考核评聘的科研评价体制，收益分配与风险共担及成果转化激励的内在动力机制，企业主体培育和农业科技成果转化服务平台建设的成果转化主体，农业科技创新链与产业链有效整合的协同创新体系等方面予以深度改革。❸

4. 激励有关研究简述

激励理论实际上是科技创新领域的重要理论之一，该理论在知识产权为依托的领域更是得到了大范围的研究关注和实践适用。余飞峰（2020）将专利激励制度分解为核心专利制度蕴含的内生性激励和专利政策外生性激励，中国存在内生性激励不足而外生性激励过强的现象。❹ 罗娇（2017）

❶ 王海芸，曹爱红. 立法视角下职务科技成果所有权规定模式对比研究 [J]. 科技进步与对策，2022，39（11）：134-141.

❷ 尹锋林. 科技成果转化、科研能力转化与知识产权运用 [M]. 北京：知识产权出版社，2020.

❸ 袁伟民，赵泽阳. 农业科技成果转化内卷化：困境表征与破解进路 [J]. 西北农林科技大学学报（社会科学版），2022，22（2）：104-113.

❹ 余飞峰. 专利激励论 [M]. 北京：知识产权出版社，2020.

指出，实际上专利法所构造的激励机制依托于市场交易，距离市场近者获利大，即从知识产权制度中获益最多的主体并非实际从事创造的自然人，而是利用智力成果从事市场交易者。❶ 熊琦（2011）指出，著作权制度是通过权利配置实现著作权客体最大效用的制度；❷ 周贺微（2017）也从著作权激励视角提出著作权的激励应当多元化，需要在不同的主体之间实现激励的平衡。❸ 对于科技成果转化而言，激励机制实际上可以从各个角度予以实现，既可以是科技成果本身的权属激励，又可以是科技成果转化收益的激励，还可以是科技成果转化市场延续的激励，当然更可以是控制权的激励。

　　谢婷婷等（2022）认为，当前科技成果转化率低的重要原因是科技成果转化的激励机制不完善。❹ 张健华（2013）提出，中国科技成果转化立法中通过科技计划、经济手段、财税、金融等形式提出了激励科技成果转化的政策。❺ 平霄等（2023）通过对中国科技成果转化有关的政策分析指出，不同时期科技成果转化激励政策话语有所转变，存在相应的动态规律，地方政策吸纳与政策创新、科技成果转化与国家创新体系建设、政策激励的价值温度与政府注意力变化互动关系成为推动政策演进的内在逻辑。❻ 广义而言，科技成果转化激励可以分为投入激励机制、利益激励机制、责任激励机制及观念激励机制。❼ 科技人员参与科技成果转化收益分配在科技成果转化激励中是最关键的激励机制。❽ 钟卫等（2021）则指出，

---

❶ 罗娇. 创新激励论：对专利法激励理论的一种认知模式 [M]. 北京：中国政法大学出版社，2017.

❷ 熊琦. 著作权激励机制的法律构造 [M]. 北京：中国人民大学出版社，2011.

❸ 周贺微. 著作权法激励理论研究 [M]. 北京：中国政法大学出版社，2017.

❹ 谢婷婷，李梦悦，张克武. 职务科技成果所有权改革的激励机制研究 [J]. 西南科技大学学报（哲学社会科学版），2022，39（2）：85－90.

❺ 张健华. 高校科技成果转化中的政府职能研究 [M]. 天津：天津人民出版社，2013.

❻ 平霄，危怀安，谭智方，等. 科技成果转化激励政策：工具特征、话语转向及演进逻辑 [J]. 中国科技论坛，2023（6）：51－62.

❼ 胡振亚. 论科技成果转化的实施主体、转化模式和激励机制 [J]. 求索，2012（12）：173－175.

❽ 郭英远，张胜. 科技人员参与科技成果转化收益分配的激励机制研究 [J]. 科学学与科学技术管理，2015，36（7）：146－154.

科技成果转化中加大科技人员奖励力度对促进科技成果转化没有额外的政策效果，由此应当降低过高的个人奖励以平衡多方利益关系。❶

对科技成果转化激励的具体方式，有学者提出了不同的利弊分析。郝涛等（2023）认为，实践中仍然存在高校在创新激励措施组合、激励治理的全流程保障等方面的不足，这影响科技成果转化激励效果。❷聂常虹、武香婷（2017）指出，激励方式中的股权激励在实践中并未必受企业欢迎，股权背后意味着决策权，科研人员掌握过多的股权对科技成果转化不利。❸龚敏（2021）等也指出，科技成果转化激励是采取买断型收益分配方式还是采取股权型收益分配方式，主要取决于科研人员偏好研究类型，偏好基础研究和学术声誉者应当选择买断型的激励方式，偏好应用型研究和知识转化者宜选择股权激励方式。❹陈远燕等（2019）也指出，与对研发的财政投入相比，中国财政在科技成果转化方面的支持力度远远不够，特别是对科技成果转化有益的产学研激励有限。❺顾志恒（2018）认为，虽然科技成果完成人的界定比较清晰，但是科技成果转化重要贡献人员的界定并不明确，在激励操作中存在困难。❻

（二）国外科技成果转化有关的研究

国外一般用技术转移来指代科技成果转化有关内容，本书对国外科技成果转化现有研究的梳理，主要也以技术转移术语予以体现。日本学者富

---

❶ 钟卫，陈海鹏，姚逸雪. 加大科技人员激励力度能否促进科技成果转化：来自中国高校的证据［J］. 科技进步与对策，2021，38（7）：125–133.

❷ 郝涛，林德明，丁堃，等. "双一流"高校科技成果转化激励政策评价研究［J］. 中国科技论坛，2023（7）：21–32.

❸ 聂常虹，武香婷. 股权激励促进科技成果转化：基于中国科学院研究所案例分析［J］. 管理评论，2017，29（4）：264–272.

❹ 龚敏，江旭，王庸. 如何提高激励有效性？基于过程视角的科技成果转化收益分配案例研究［J］. 科学学与科学技术管理，2021，42（4）：83–103.

❺ 陈远燕，刘斯佳，宋振瑜. 促进科技成果转化财税激励政策的国际借鉴与启示［J］. 税务研究，2019（12）：54–59.

❻ 顾志恒. 如何调动高校教师转化科技成果的积极性：从科技成果转化人才激励机制谈起［J］. 中国高校科技，2018（3）：64–66.

田彻男（2003）认为技术转化实际上与社会文化也有重要的关系，有些技术在一个国家获得很好的转化，但是在其他国家未必能够获得相应的效果，而且因为社会文化的不同，不同国家或地区对技术转移的偏好也不同。❶ 格尔森·S. 谢尔（2022）通过对美苏之间的科技交流史的研究揭示出相应的技术转移及发展与国际交流也有密切的关联，核能技术进步是在国际交流中得以彼此借鉴的。❷ 斯图尔特·麦克唐纳（Stuart Macdonald）、理查德·约瑟夫（Richard Joseph）（2001）指出，对相关机构的功能界定也可能影响具体行为及最后取得的成就，如孵化器和科技园区是为了转让技术、孵化新企业还是两者兼而有之。❸ 汤姆·霍克迪（Tom Hockaday，2020）声称，大学向企业进行科技成果转化是困难的，因为大学与企业存在的原因截然不同，一个资源充足的技术转移办公室是非常有用的。❹ 菲利斯·L. 斯宾塞（Phyllis L. Speser，2006）将技术转移比喻成将一项技术从一个玩家转移给另一个玩家，而游戏目的是使每个玩家在技术转移后都比技术转移前过得更好。❺

刘思峰（Sifeng Liu）等（2010）认为，技术转移与技术要素转移存在紧密关系，技术要素承载着技术转移，是技术在空间范围内进行转移的体现，在技术转移过程中，本地区技术要素与新要素相结合产生更高的生产率，从而技术转移是技术要素转移的结果。❻ 拉尔斯·本特松（Lars Bengtsson，2017）揭示了西班牙大学专利申请中为了提高质量，要求所有专利申请都需要经过实质性审查才获得批准，大学能够报销 50% 的费用，

---

❶ ［日］富田彻男. 技术转移与社会文化 ［M］. 张明国，译. 北京：商务印书馆，2003.

❷ ［美］格尔森·S. 谢尔. 美苏科技交流史：美苏科研合作的重要历史 ［M］. 洪云，蔡福政，李雪连，译. 北京：中国科学技术出版社，2022.

❸ Stuart Macdonald, Richard Joseph. Technology transfer or incubation? Technology Business Incubators and Science and Technology Parks in the Philippines ［J］. Science and Public Policy, 2001, 28 (5)：330 – 344.

❹ Tom Hockaday. University Technology Transfer：What it is and how to do it ［M］. Maryland：Johns Hopkins University Press, 2020：102.

❺ Phyllis L. Speser. The Art and Science of Technology Transfer ［M］. Hobeken：Wiley, 2006：3.

❻ Sifeng Liu, Zhigeng Fang, Hongxing Shi, et al. Theory of Science and Technology Transfer and Applications ［M］. California：Auerbach Publications, 2010：150.

而大学如果能在申请后四年内提供专利利用或商业化的证据则可以报销100%的费用。❶ 大学知识产权所有权的政策改变，可能会使研究议题偏离基础研究，从而转向与技术转让有关的问题研究。❷

（三）现有研究评述及本研究的价值

现有研究有些许不足之处。现有研究基本从两个层面展开：一个是制度层面，主要围绕促进科技成果转化展开，既包括权属也包括收益分配等；另一个是管理视角的科技成果转化促进，主要是为了使得科技成果转化获得更加充分、有效率的转化。现有研究为本研究展开提供了丰富的素材，但是在以下方面尚需进一步丰富：第一，科技成果转化中不同主体的真正角色及其作用，权责边界、激励方向，需要进一步得到组织视角的安排，最重要的是其中的激励制度如何安排。第二，科技成果转化是一个社会属性较强的领域，因此不同国家和地区之间的科技成果转化规则和文化不尽相同。然而在科技竞争激烈的当下，科技成果转化既需要考虑科技属性，又需要考虑社会属性，同时还要考虑科学规律属性。因此，如何平衡科技成果转化规则的发展，促进激励机制与权力之间的平衡，以使科技成果转化能够在社会发展中得到良好的体系安排，成为长远来看需要解决的问题。第三，研究表明，政府在创新中的作用实际上是意义非凡的，但是当下论述公权力介入、政府介入科技成果转化时，往往面临正当性的检验，如何激励政府在科技成果转化上具有相应的动力又避免边界的失当性就成为关键。这为本书以科技成果转化激励机制构建为视角的研究提供了相应的契机。本书的研究以当前客观规范为基础，进而对其中的问题展开剖析，提出相应的问题解决路径。然而，不可否认，科技成果转化也是动态发展的，因此在相应变化的基础上相关制度也应当做相应的发展调整。

---

❶ Lars Bengtsson. A comparison of university technology transfer offices' commercialization strategies in the Scandinavian countries [J]. Science and Public Policy, 2017, 44 (4): 565－577.

❷ Graham Richards. University Intellectual Property: A Source of Finance and Impact [M]. Massachusetts: Harriman House Ltd., 2012.

三、研究思路与创新、不足

（一）研究思路

本研究遵循基本的提出问题、分析问题、解决问题研究路径。第一章介绍科技成果、科技成果转化、科技成果转化激励等基础知识和理论，界定清楚相应的研究范围，为审视科技成果转化激励提供铺垫。第二章围绕中国科技成果转化激励有关规范政策，揭示中国科技成果转化激励规定有关不足，特别是围绕"央地"比较、行业比较两个维度展开。第三章针对科技成果转化实践展开观察，提出科技成果转化实践中的两大问题，一方面考察对现有科技成果转化激励机制的执行问题，另一方面对现有科技成果转化激励规定不足、改革到位与否进行审视，界定出留待解决的问题。第四章结合科技成果转化激励中政府与市场地位之争的问题，提出在科技成果转化激励中政府角色的重要性及其与市场之间的关系应当得以塑造，为解决科技成果转化激励机制的完善提供重要关系辨析。第五章为对科技成果转化激励机制的完善建议，既包括制度建议也包括实践建议，但是本部分并没有按照制度建议、实践建议来进行划分，而是由对科技成果转化激励的作用、目标、使命的重新认识出发，提出科技成果转化激励机制差异化的方案建议，除此之外还对科技成果转化激励中的人才、组织关键内容提出完善措施、对科技成果转化激励予以规制提出建议。

（二）本研究的创新及不足

本研究的主要创新在于：第一，对科技成果转化中的激励予以理论和实践研究，提出对科技成果转化激励应当予以多方面关注，提出差异化的科技成果转化激励方案，优化科技成果转化的作用路径和效果。第二，对科技成果转化激励的激励规范进行审视，提出构建科技成果转化激励体系的规范建议，包括拓展规范主体、改革科技成果作为国有资产管理的优化方案、科技成果转化中的责任负担等。第三，提出政府在科技成果转化等创新活动中具有积极贡献与创新能力，科技成果转化激励体系中市场为主体的提法并不能忽略政府在科技成果转化激励中的重要作用，政府在其中也有被激励的需求和可能。第四，科技成果转化是一种选择，激励机制是提供一种选择引导，对科技成果转化应当赋予更多的自由选择，如便利化科技成果转化流程、透明化相关激励政策等都构成科技成果转化激励。第五，不同的科技成果转化激励具有不同的目标和效果，为了促进科技成果转化体系的有效运转，应当关注事前、事中的激励，特别是在解决科技成果转化资金困难上应当有明显的体现，而事后的激励应当着重以精神激励为主要增项，将科技成果转化激励的资源配置放到合适的环节。

本研究存在的不足在于：第一，本书局部参考了国外科技成果转化激励机制，但是基于现有文献对国外做法已经做了相对翔实的研究，因此本书对国外的科技成果转化激励机制研究相对薄弱。这主要是考虑到一个重要不同点，中国面临的最重要的科技成果转化障碍是科技成果作为国有资产的管理难题，因此并非纯粹如国外一样的私立大学较多而形成的科技成果转化更依赖市场逻辑。从本书论述内容上而言，已经在合适的地方对需要特别提及的内容简单提及，以最小化此类不足带来的影响。第二，科技成果转化的激励措施，是一个综合的系统，并无法单独从某一个角度来观察激励的效果或者激励方案的价值，只有多方优化尽可能提升激励措施，才能够提升这种积极价值。因此，科技成果转化的激励措施是一个动态的过程，并不是静态的，在实践中亟待全方位优化激励体系，本书未对体系之间的互动性予以充分展开。第三，本书的研究基本框架还是规范研究，对于科技成果转化激励场合的心理活动并没有展开进一步阐述，然而这在具体科技成果转化激励场合可能是影响政策发生作用的因素之一。例如，有些生活比较优渥的主体可能会对烦琐的科技成果转化激励程序不胜其烦，所谓的激励机制对其发生的作用可能较弱。

第一章 起点：科技成果转化激励概述

科技成果是中国当前最重要的时代议题之一，而且在这个重要议题中科技成果转化是重中之重，而完善科技成果转化激励机制则成为应然之义。探讨科技成果转化激励机制有关的核心问题之前，需要对科技成果转化有关概念和发展脉络进行厘清，以便于相应的问题探讨能够有一个规范、清晰的范围界定。

第一节 科技成果转化基本认识

科技成果转化是一个具有中国特色、由科技管理衍生的词汇，在国际上很难找到完全相同的概念，国外对类似的活动一般用技术转移（technology transfer）来表达，技术转移兼具科技成果转化转移的意思。❶ 虽然很多人认为科技成果转化与技术转移是中国与外国的词语使用差异，本质是一个内容，但是若将之置于中国语境下二者还是有差异的，并不能完全将二者视为一个内容，特别是在科技成果转化激励语境下而言更是如此。简言之，科技成果转化与技术转移并不完全相同，技术转移是科技成果转化中

---

❶ 国家知识产权局专利局专利审查协作江苏中心编写. 标准与标准必要专利研究［M］. 北京：知识产权出版社，2019：274；贺德方. 对科技成果及科技成果转化若干基本概念的辨析与思考［J］. 中国软科学，2011（11）：1-7.

最重要的内容。❶

一、科技成果转化的始祖：技术转移

技术转移最初是用来解决"南北"问题的一个战略而被提出来的。❷ 实际上《联合国国际技术转移行动守则》对技术转移也有规定，1985 年，联合国贸易与发展会议（UNCTAD）制定《国际技术转移行动守则（草案）》，把技术转移定义为关于制造一项产品、应用一项工艺或提供一项服务的系统性知识转移，但不包括只涉及货物出售或只涉及出租的交易。❸

（一）技术转移的历史更长久

实际上，从技术转移本身而言，其是具有源远流长的历史的。这与技术转移的基本定义有关，凡是技术发生了"转移"的时候，即可以认为存在技术转移。这里的转移既可以理解为地域空间的转移，也可以理解为权属的转移。权利的分配实际上是现代社会生活的产物，边界的界定为技术转移提供了新的价值蕴含。然而，从实践角度而言，地域空间层面的技术转移则贯穿了人类发展的历史，很多作品的探讨也基于此展开。如日本的富田彻男在谈及技术转移与社会文化时就提及中国造纸术、印刷术转移到日本；❹ 尹晓冬也提及 16—17 世纪西方向中国进行的火器技术转移，其中既包括火器制造工艺，也包括实用技术；❺ 孙烈谈及德国克虏伯与晚清火炮技术转移时，既提及知识的输入，又提及火炮的仿制。❻ 故此，提及技

---

❶ 马忠法. 技术转移法［M］. 北京：中国人民大学出版社，2021：1.
❷ 张晓凌，张玢，庞鹏沙. 技术转移绩效管理［M］. 北京：知识产权出版社，2014：35.
❸ 然而，发达国家与发展中国家对草案中的部分条款产生了分歧，最终该守则未真正实施，但这也恰恰证实了国际技术转移的重要性以及世界各国的重视。参见：张亚峰，许可，王永杰，等. 基于多重制度逻辑的国际技术转移新态势探析［J］. 科技进步与对策，2022，39（8）：153–160.
❹ 富田彻男. 技术转移与社会文化［M］. 张明国，译. 北京：商务印书馆，2003：51.
❺ 尹晓冬. 16—17 世纪明末清初西方火器技术向中国的转移［M］. 济南：山东教育出版社，2014.
❻ 孙烈. 德国克虏伯与晚清火炮：贸易与仿制模式下的技术转移［M］. 济南：山东教育出版社，2014：306.

术转移实际上更多的是从技术发生地发生转移而言的，在产权较为重要的法治理念之下，自然技术转移朝向授权为中心的视角发生用语含义的扩散。

技术转移从国际技术转移到国内技术转移，也经历了一个过程。[1] 技术发达地区对技术欠发达地区的技术转移，一方面有益于发展中国家和地区的自身学习，有利于促进国际层面的地方发展差异的缩小，另一方面也有利于技术发达地区的技术主体能够拓宽技术的市场范围，获得更广泛的市场收益，因此从本质上而言是一个双赢的模型。但是技术国际转移往往面临国家之间竞争的考虑，进而也面临相关技术领域衍生的国家安全价值的考量，在当前国际竞争日益激烈的情况下，技术国际转移也面临相应的挑战。在此基础上，国内技术转移则有了新的意义和价值。国内技术转移的实现更多的是在统一法治规则体系之下以授权、转让等方式实现的，因此更多的是借助一国之内的知识产权规则、民事权利下的意思自治等得以保障。从激励视角来看，国内技术转移也能够获得同等价值观之下的高效的技术转移，而且从产生的技术转移后果上而言也能够控制相应的国家安全有关因素，因此更容易得到普遍性关注和共识。

（二）技术转移重在对技术的借鉴

技术是由实践经验和科学原理发展而成的、用于解决实际问题的系统知识，在生产领域存在技术，在管理、决策、交换、流通等领域也存在技术，进一步而言又可以将技术分为硬技术和软技术，硬技术即依赖自然科学知识、原理和经验的技术，软技术即管理技术、决策技术等以自然科学与社会科学相互交叉的学科为基础的技术。[2] 技术转移与技术创新密不可分，技术创新包括观念创新、运作创新、实效创新，是科技、经济与社会综合的持续活动。[3] 技术转移既包括地理位置上的转移，也包括权利的转移，每一次技术转移不一定形成新的事物，而科技成果转化的完成则蕴含

---

[1] 李建强，等. 创新视阈下的高校技术转移 [M]. 上海：上海交通大学出版社，2013：3.
[2] 李志军. 当代国际技术转移与对策 [M]. 北京：中国财政经济出版社，1997：10.
[3] 夏国藩. 技术创新与技术转移 [M]. 北京：航空工业出版社，1993：5.

着一次向生产力的转化。❶ 严格而言，国内外对技术转移的认识有相应的共同之处，即技术转移主要是技术知识的转让，与科技成果转化相比，其发生变化的主要是技术知识所有权、使用权的变化，一般不涉及技术知识形态的变化。❷ 进而言之，并不是每一次技术转移都能够促进科技成果转化。❸ 言下之意，技术转移重在技术本身而非对技术衍生产生新的内容。在中文语境下，技术转移是区分于技术创新、技术转让、技术转化、科技成果转化等其他术语的，具有独立的法律地位，因此在探讨科技成果转化激励有关问题时，无法完全用技术转移来指代，而且即便用到技术转移也不能完全代表科技成果转化的激励逻辑。

二、科技成果转化的内涵

根据中国《促进科技成果转化法》（2015 修正）的规定，科技成果是指通过科学研究与技术开发所产生的具有实用价值的成果，科技成果转化是指为提高生产力水平而对科技成果所进行的后续试验、开发、应用、推广直至形成新技术、新工艺、新材料、新产品，发展新产业等活动。因此规范意义而言科技成果转化本身即包含创新。

科技成果与技术转移本身的范围也不同，科技成果转化的方式既包括狭义的技术转移，也包括其他方式的转化。从结果上而言，技术转移可能只是权属、地域的变化，但是从本质上而言其并不要求创新结果；科技成果转化是一个从科技成果进行的进一步创新活动，因此科技成果转化本身就是创新的重要构成，与此同时蕴含着从科技成果到市场化、商品化的过程，更接近于一种动态的创新链条。

科技成果既包括知识产权，也包括科学发现等，实际上科技成果也从未排斥过技术之外的科学，如专利技术及计算机软件、集成电路布图设

---

❶ 李建强，等. 创新视阈下的高校技术转移 [M]. 上海：上海交通大学出版社，2013：8 - 9.

❷ 霍国庆. 科技成果转化的两种基本模式 [J]. 智库理论与实践，2022，7（5）：73 - 80，110.

❸ 方华梁. 科技成果转化与技术转移：两个术语的辨析 [J]. 科技管理研究，2010，30（10）：229 - 230.

计、动植物新品种、设计图纸、试验结果、试验记录、工艺、流程、配方、样品和数据等非专利技术和信息。而技术转移中的技术则更多地指向技术，对科学则并不注重。

探讨科技成果转化的问题时，不能将科技成果与知识产权完全等同。知识产权与科技成果属于两个立法上相分离的体系，知识产权更多地系属私法领域，而科技成果转化中的很多内容颇具公法特征。因此，人们通俗语言中的科技成果与知识产权之间具有交叉关系，彼此之间并不完全相互涵盖，即科技成果中有非知识产权的内容，知识产权中也有非科技成果的内容。当然，在谈及科技成果及科技成果转化时，知识产权法中的专利、著作权、植物新品种等都是非常核心的内容。这也是为何在对科技成果进行界定时，有些地方立法会将其分为专利技术、非专利技术和信息等。

自1996年《促进科技成果转化法》颁布实施以来，国务院及有关部门先后出台了一系列配套措施。虽然中国《促进科技成果转化法》（2015修正）中已经明确了科技成果及科技成果转化的概念，但是中国地方立法并非完全照搬该法中的规定，有的做了有益的调整。26个省（区、市）结合本地实际，制定了地方促进科技成果转化条例（见表1），在推动科技创新和促进科技成果转化方面积极探索改革措施，为促进科技成果转化法的修订实施奠定了良好的制度基础。[1] 通过对各省份科技成果转化立法的梳理可以发现，多数省份出台了地方促进科技成果转化条例，湖南、湖北、辽宁、新疆和西藏暂未出台地方科技成果转化条例，但是有《湖南省实施〈中华人民共和国促进科技成果转化法〉办法（2019修订）》《湖北省实施〈中华人民共和国促进科技成果转化法〉办法（2019修正）》《辽宁省实施〈中华人民共和国促进科技成果转化法〉规定（2016修正）》《新疆维吾尔自治区实施〈中华人民共和国促进科技成果转化法〉办法（2022修订）》

---

[1] 2016年11月2日全国人大常委会副委员长兼秘书长王晨，在第十二届全国人民代表大会常务委员会第二十四次会议上，作全国人民代表大会常务委员会执法检查组关于检查《中华人民共和国促进科技成果转化法》实施情况的报告。

《西藏自治区实施〈中华人民共和国促进科技成果转化法〉办法（2018
修订）》❶。

在各省份的地方促进科技成果转化条例的规定中，对科技成果及科技
成果转化的规范形成三种模式。第一种模式，照搬或者基本照搬《促进科
技成果转化法》中对科技成果、科技成果转化的概念规定。第二种模式，
列举创新式规定，如《北京市促进科技成果转化条例（2019）》，对科技成
果与科技成果转化做出了与《促进科技成果转化法》不同的规定。第三种
模式，浙江省的规定则以一种整合方式出现，是《促进科技成果转化法》
与《北京市促进科技成果转化条例（2019）》的一种综合。此外，还有些
地方立法不重复对科技成果、科技成果转化进行概念规定，实际直接指向
《促进科技成果转化法》中对科技成果、科技成果转化的概念规定，如吉
林省、山西省、内蒙古自治区、四川省、甘肃省。

表1 科技成果、科技成果转化概念规范

来　源	科技成果	科技成果转化	备　注
促进科技成果转化法（2015修正）	第2条第1款：本法所称科技成果，是指通过科学研究与技术开发所产生的具有实用价值的成果。职务科技成果，是指执行研究开发机构、高等院校和企业等单位的工作任务，或者主要是利用上述单位的物质技术条件所完成的科技成果。	第2条第2款：本法所称科技成果转化，是指为提高生产力水平而对科技成果所进行的后续试验、开发、应用、推广直至形成新技术、新工艺、新材料、新产品，发展新产业等活动。	概括式规定

---

❶ 《西藏自治区实施〈中华人民共和国促进科技成果转化法〉办法（2018修订）》第2条：

本办法所称科技成果，是指通过科学研究与技术开发所产生的具有实用价值的成果。职务科
技成果，是指执行研究开发机构、高等院校和企业等单位的工作任务，或者主要是利用上述单位
的物质技术条件所完成的科技成果。

本办法所称科技成果转化，是指为提高生产力水平而对科技成果所进行的后续试验、开发、
应用、推广直至形成新技术、新工艺、新材料、新产品，发展新产业等活动。

来　源	科技成果	科技成果转化	备　注
江苏省促进科技成果转化条例（2010修正）	无	第2条： 本条例所称科技成果转化，是指为提高生产力水平而对科学研究与技术开发所产生的具有实用价值的科技成果所进行的后续试验、开发、应用、推广直至形成新产品、新工艺、新材料，发展新产业等活动。	
河北省促进科技成果转化条例（2016）	第3条第1款： 本条例所称科技成果，是指通过科学研究与技术开发所产生的具有实用价值的成果。职务科技成果，是指执行研究开发机构、高等院校和企业等单位的工作任务，或者主要是利用上述单位的物质技术条件所完成的科技成果。	第3条第2款： 本条例所称科技成果转化，是指为提高生产力水平而对科技成果所进行的后续试验、开发、应用、推广直至形成新技术、新工艺、新材料、新产品，发展新产业等活动。	
上海市促进科技成果转化条例（2017）	第2条第2款： 本条例所称科技成果，是指通过科学研究与技术开发所产生的具有实用价值的成果。职务科技成果，是指执行研究开发机构、高等院校和企业等单位的工作任务，或者主要是利用上述单位的物质技术条件所完成的科技成果。	第2条第3款： 本条例所称科技成果转化，是指为提高生产力水平而对科技成果所进行的后续试验、开发、应用、推广直至形成新技术、新工艺、新材料、新产品，发展新产业等活动。	同《促进科技成果转化法》（2015修正）第2条

续表

来　源	科技成果	科技成果转化	备　注
重庆市促进科技成果转化条例（2020修订）	第2条第2款： 本条例所称科技成果，是指通过科学研究与技术开发所产生的具有实用价值的成果。职务科技成果，是指执行研究开发机构、高等院校和企业等单位的工作任务，或者主要是利用上述单位的物质技术条件所完成的科技成果。	第2条第3款： 本条例所称科技成果转化，是指为提高生产力水平对科技成果所进行的后续试验、开发、应用、推广直至形成新技术、新工艺、新材料、新产品，发展新产业等活动。	
云南省促进科技成果转化条例（2020）	第39条第2—3款： 科技成果，是指通过科学研究与技术开发所产生的具有实用价值的成果。职务科技成果，是指执行研发机构、高等院校和企业等单位的工作任务，或者主要是利用上述单位的物质技术条件所完成的科技成果。	第39条第4款： 科技成果转化，是指为提高生产力水平而对科技成果所进行的后续试验、开发、应用、推广直至形成新技术、新工艺、新材料、新产品、新品种，发展新产业等活动。	
河南省促进科技成果转化条例（2019）	第3条第1—2款： 本条例所称科技成果，是指通过科学研究与技术开发产生的具有实用价值的成果。 本条例所称职务科技成果，是指执行研究开发机构、高等院校和企业等单位的工作仼务，或者主要是利用上述单位的物质技术条件所完成的科技成果。	第3条第3款： 本条例所称科技成果转化，是指为提高生产力水平而对科技成果进行的后续试验、开发、应用、推广直至形成新技术、新工艺、新材料、新产品、新服务、新标准、新模式，发展新产业等活动。	

来　源	科技成果	科技成果转化	备　注
宁夏回族自治区促进科技成果转化条例（2018 修订）	第44条第（一）、（二）项：科技成果，是指通过科学研究与技术开发所产生的具有实用价值的成果。职务科技成果，是指执行高等院校、研究开发机构和企业等单位的工作任务，或者主要是利用上述单位的物质技术条件所完成的科技成果。	第44条第（三）项：科技成果转化，是指为提高生产力水平而对科技成果所进行的后续试验、开发、应用、推广直至形成新技术、新工艺、新材料、新产品、新服务、新标准、新产业等活动。	
陕西省促进科技成果转化条例（2017 修订）	第53条第（一）、（二）项：科技成果，是指通过科学研究与技术开发所产生的具有实用价值的成果。职务科技成果，是指执行研究开发机构、高等院校和企业等单位的工作任务，或者主要是利用上述单位的物质技术条件所完成的科技成果。	第53条第（三）项：科技成果转化，是指为提高生产力水平而对科技成果所进行的后续试验、开发、应用、推广直至形成新技术、新工艺、新材料、新产品，发展新产业等活动。	
黑龙江省促进科技成果转化条例（2016）	第42条第（一）、（二）项：科技成果，是指通过科学研究与技术开发所产生的具有实用价值的成果；职务科技成果，是指执行研究开发机构、高等院校和企业等单位的工作任务，或者主要是利用上述单位的物质技术条件所完成的科技成果。	第42条第（三）项：科技成果转化，是指为提高生产力水平而对科技成果所进行的后续试验、开发、应用、推广直至形成新技术、新工艺、新材料、新产品，发展新产业、新服务等活动。	

续表

来　源	科技成果	科技成果转化	备　注
广西壮族自治区促进科技成果转化条例（2018 修订）	第2条第2款： 本条例所称科技成果，是指通过科学研究与技术开发所产生的具有实用价值的成果，包括专利技术及计算机软件、集成电路布图设计、动植物新品种、设计图纸、试验结果、试验记录、工艺、流程、配方、样品和数据等非专利技术和信息。	第2条第3款： 本条例所称科技成果转化，是指为提高生产力水平而对科技成果所进行的后续试验、开发、应用、推广直至形成新技术、新工艺、新材料、新产品、新服务、新标准，发展新产业、新业态、新模式等活动。	
江西省促进科技成果转化条例（2020）	无	第2条　本条例所称科技成果转化，是指为提高生产力水平而对科学研究与技术开发所产生的具有实用价值的科技成果所进行的后续试验、开发、应用、推广直至形成新技术、新工艺、新材料、新产品，发展新产业等活动。	
天津市促进科技成果转化条例（2021 修正）	无	第2条　本市为提高生产力水平而对科技成果所进行的后续试验、开发、应用、推广直至形成新技术、新工艺、新材料、新产品，发展新产业等科技成果转化及相关活动，适用本条例。	

来　源	科技成果	科技成果转化	备　注
广东省促进科技成果转化条例（2019修正）	无	第2条第2款： 本条例所称科技成果转化，是指为提高生产力水平而对科技成果所进行的后续试验、开发、应用、推广直至形成新技术、新工艺、新材料、新产品、新服务，发展新产业等活动。	
山东省促进科技成果转化条例（2017修订）	无	第2条第2款： 本条例所称科技成果转化，是指为提高生产力水平对科技成果所进行的后续试验、开发、应用、推广直至形成新技术、新工艺、新材料、新产品，发展新产业等活动。	
安徽省促进科技成果转化条例（2018修订）	无	第2条第2款： 本条例所称科技成果转化，是指为提高生产力水平而对科技成果所进行的后续试验、开发、应用、推广直至形成新技术、新工艺、新材料、新标准、新产品，发展新产业等活动。	
贵州省促进科技成果转化条例（2021修正）	无	第2条第2款： 本条例所称科技成果转化，是指为提高生产力水平而对科技成果所进行的后续试验、开发、应用、推广直至形成新技术、新工艺、新材料、新产品和新服务，发展新产业等活动。	

来　源	科技成果	科技成果转化	备　注
福建省促进科技成果转化条例（2017）	无	第2条第2款： 本条例所称科技成果转化，是指为提高生产力水平而对科技成果所进行的后续试验、开发、应用、推广直至形成新技术、新工艺、新材料、新产品，发展新产业等活动。	.
青海省促进科技成果转化条例（2020）	无	第2条第2款： 本条例所称科技成果转化，是指为提高生产力水平而对科技成果所进行的后续试验、开发、应用、推广直至形成新技术、新工艺、新材料、新产品，发展新产业等活动。	
北京市促进科技成果转化条例（2019）	第43条第1款： 本条例所称科技成果包括专利技术、计算机软件、技术秘密、集成电路布图设计、植物新品种、新药、设计图、配方等。	第43条第2款： 本条例所称科技成果转化活动包括在科技成果转化中开展的技术开发、技术服务、技术咨询等活动。	列举式规定
浙江省促进科技成果转化条例（2021修正）	第2条第2款： 本条例所称科技成果，是指通过科学研究与技术开发所产生的具有实用价值的成果，包括专利技术及计算机软件、集成电路布图设计、植物新品种、设计图纸、试验结果、试验记录、工艺、流程、配方、样品和数据等非专利技术和信息。	第2条第3款： 本条例所称科技成果转化，是指为提高生产力水平而对科技成果所进行的后续试验、开发、应用、推广直至形成新技术、新工艺、新材料、新产品、新服务、新标准，发展新产业等活动。	"科技成果"：概括式＋列举式

续表

来　源	科技成果	科技成果转化	备　注
吉林省促进科技成果转化条例（2023修订）	无	无	
山西省促进科技成果转化条例（2019修订）	无	无	
内蒙古自治区促进科技成果转化条例（2018修订）	无	无	
四川省促进科技成果转化条例（2018修订）	无	无	
甘肃省促进科技成果转化条例（2016修订）	无	无	

三、科技成果转化与相关术语混用的考察

在日常话语及相关学术论述中对科技成果术语的使用并不规范，主要体现为将科技成果与知识产权、专利混用，科技成果转化也往往与技术转移等术语混用。在共同的认知之下，实际上科技成果并没有得到完全统一的界定，而且往往在模糊化处理的结果上显示出相应不规范引起的理解误差。

科技成果转化在中国具有时代发展意义，当前强调的科技成果转化并不局限于技术转移。当前有些规范文件已经对科技成果转化与技术转移做了区分性对待，例如《深圳市技术转移和成果转化项目资助管理办法》规定"技术转移是指制造某种产品、应用某种工艺或提供某种服务的系统知识，通过各种途径从技术供给方向技术需求方转移的过程。""成果转化是指为提高生产力水平而对科学研究与技术开发所产生的具有实用价值的科技成果所进行的后续试验、开发、应用、推广直至形成新产品、新工艺、新材料，发展新产业等活动。"❶相关概念区分的必要性和精确化，在有些

---

❶ 《深圳市技术转移和成果转化项目资助管理办法》（深科技创新规〔2023〕2号）第2条。

地方立法征求意见中也得到了特殊关注，如浙江省《科技成果"先用后转"全面推广实施方案》（征求意见稿）在征求意见中就有建议提出要在立法用语中精确区分转化、转让、转移，但也有观点认为转让、许可均为科技成果转化的方式，统称为转化。❶

究其原因，一方面与中国科技立法与知识产权立法分属的体系不同，另一方面与中国科技成果转化与知识产权历史发展杂糅有关。形式上而言，中国知识产权立法独立于科技立法，立法形式上的分离并没有解决科技成果与知识产权在通俗话语体系中的非规范关系，诸如二者边界模糊甚至互为替代则成为常见现象。在实践中，科技立法延伸的知识产权规则及纠纷需要诉诸法律依据、法律救济时仍待依知识产权法框架及具体规定予以解决。由此，造成科技立法需要达到的目的在知识产权法解释上存在逻辑问题，进而出现科技立法制度实际落地困难的结果。不同地方科技立法及实践产生了不同的科技发展认识，对知识产权在科技立法中的定位及规范性、科学性考察也不尽相同。如对科技成果是"所有权"还是"专有权"这一基本问题就有不同的认识。此外，中国关注科技成果转化虽然较早，但是科技成果转化的实践长期处于被动局面，科技成果转化率持续走低衍生出的各种困难也使得科技成果转化激励机制的探索显得特别紧迫。然而，在知识产权方面却呈现出量上的持续攀高。这也使得知识产权与科技成果转化处于一种杂糅状态，如何协调转化率中的分子、分母成为关键。

第二节　科技成果转化目的：为何要成果转化

科技成果转化是一个历史发展的产物，而大多数科技成果并未得到实际的转化，探讨科技成果转化的目的在于促进科技成果转化。那么这里有

---

❶ 参见《科技成果"先用后转"全面推广实施方案》（征求意见稿）反馈及采纳情况，杭州市科技局提出的意见建议及采纳情况，采纳原因［EB/OL］.［2023-09-28］. https：//kjt. zj. gov. cn/art/2023/3/2/art_1229706743_46565. html.

一个前提问题需要解决：科技成果为何要得以转化？换言之，科技成果不转化、不推动科技成果转化会产生什么后果？探讨这个问题的重要性在于：第一，厘清科技成果转化激励的正当性。虽然这是一个不用思考就觉得有益处的内容，但是其是否必须朝向更高转化率甚至百分之百转化率的方向来实践，可以用其正当性来提供支撑。第二，制定科技成果转化规则时，可以适当考虑科技成果转化的目的，对有关激励机制做出适当的调整，这种调整也要注意规则的稳定性和价值塑造。第三，科技成果转化中，各方利益关系以及参与、贡献动力，与科技成果转化的正当性理解也有千丝万缕的联系，深入理解科技成果转化的目的有助于其间关系的安排以及各种权利、义务的边界界定。

一、没有科技成果转化，世界会怎样

科技成果转化就像创新一样，是一种具有朴素积极价值的现代化内容。之所以认为科技成果转化是现代化的内容，是因为科技成果转化作为一种集体事项，已经得到社会的普遍接受、关注、重视，其已经被赋予现代化含义。在更早的时候也有实质上的科技成果转化，而那些科技成果转化仅仅是一种自然发生的现象，其与社会需求直接相关。在漫长的技术转移历史中，技术转移的传播者和接受者双方面的因素共同造就了相关技术转移中知识吸收消化并影响知识吸收消化的程度。❶ 在同一个社会体制之下，科技成果转化往往更容易达成共识，因此科技成果转化往往成为一种合作或交易中理所当然的结果、理所当然应当践行的过程。反过来，人们对科技成果转化是可以做出相应的反思的，即科技成果如果不转化会怎么样？这一反思可分两种情况予以考虑：第一种反思路径在于，有了科技成果但是不转化；第二种反思路径在于，科技成果和科技成果转化都缺乏。

第一种路径的反思，与当前的社会现状是比较契合的，因此值得先予

---

❶ 尹晓冬. 16—17 世纪明末清初西方火器技术向中国的转移 [M]. 济南：山东教育出版社，2014：237.

以分析。科技成果转化制度来源于科技成果保护的现实需求，或者说成为财产权、准财产权是科技成果获得普遍意义上社会认识的重要体现。科技成果获得知识产权法为主要形式的保护是激励科技创新、科技成果产出的重要方式，仅仅以知识产权为依托对科技成果做出产权方面的约定，并无法对科技成果转化带来进一步的激励效果。况且，知识产权无法涵盖所有的科技成果，例如很多对人类进步特别有价值的科学发现从规范意义而言是无法直接用知识产权获得保护的，而在专利法上更是直接明确排除了科学发现。❶

如果存在大量的科技成果积累，却对科技成果转化不予以对应的激励重视，那么最大可能的结果之一就是被保护的科技成果以合法垄断的形式被某部分主体控制，为了避免侵犯他人的合法垄断权将产生一些不必要的同阶段创新研发投入，市场上的创新研发重复性活动将增多，特别是对政府财政投入更是如此。科技成果对社会的积极贡献止步于研究、获权，对社会的价值体现不足，还可能产生阻碍创新的风险。被合法垄断的科技成果往往在一定年限内被有限接触，如果该项科技成果未被转化，那么在社会技术应用场景中其被接触的机会则会相应降低，或者提高他人接触相关技术的成本，为创新带来直接或者间接障碍。

第二种路径的反思，实际上与有观点认为的知识产权制度阻碍创新、减少短期内对科技成果产品的传播❷具有相应的关联，在该种观点之下科技成果也存在对应的问题。如若对科技成果转化不予关注、对科技成果也予以轻视，那么激励创新的其他路径如政府奖励则存在对应的路径缺陷。产权规则是法治社会保护创新的重要路径之一，比起政府奖励等替代方案而言，产权规则具有更强的稳定性和可预期性。科技成果亦如此，且科技成果本身需要有一定价值，❸ 科技成果转化更需要对其价值进行进一步的

---

❶ 《专利法》第 25 条：对下列各项，不授予专利权：（一）科学发现；……

❷ Nicholas Kalaitzandonakes, Elias G. Carayannis, et al. From Agriscience to Agribusiness Theories, Policies and Practices in Technology Transfer and Commercialization [M]. Cham：Springer, 2018：129.

❸ 贺德方. 对科技成果及科技成果转化若干基本概念的辨析与思考 [J]. 中国软科学，2011（11）：1 - 7.

实现，特别是其中的经济价值，即科技成果转化而非科技成果是有利于促进经济发展的。科技成果转化是基于科技成果产权规则而来的，核心是实现科技成果多种方式应用的效果，而科技成果则一般不强调应用效果。❶因此，科技成果转化与科技成果在促进经济发展方面有相当大的差异，或者说对科技成果的重视并不一定产生对科技成果转化的重视，而科技成果的产权界定激励也并不一定完全产生科技成果转化的激励，科技成果转化的重要性直接与市场商品化环境相衔接，具有直观的社会经济效果。

从社会结构来看，人们寻求进步并不仅仅纯粹基于远大目标，还基于当前生活质量提升等方面的具体现实需求。基于需求而产生的技术进步，若没有科技成果转化，那么需求就无法得到有效满足。从人的知识增进来看，科技成果转化也是满足人们对科技成果进行现实运用的重要流程依托，没有科技成果转化社会固然可以运转，就像没有创新人类依然能够生活一样，但是可能会产生知识固化、创新探索精神式微，在这个假设下可能出现人类止步不前甚至倒退的现象。然而还应该认识到，科技往往基于人类需求甚至偶然而获得相应的进步。❷科技成果转化是科技进步齿轮上重要的一环，是集体活动得以体现的重要场合，很多给人类发展带来重要引领的技术都是在争先恐后的创新活动中获得实现的，而相应的科技成果成为商品、准商品等转化结果进入市场则是最重要的竞技形式。

总结而言，科技成果并不等同于科技成果转化，科技成果转化不仅是对科技成果社会经济价值实现的重要结果，也是激励科技创新得以持续推进的过程依托，其凝结着人类创新应用的需求，同时也孕育着人类创新精神的延续，对具体主体而言更是一种经济和社会地位的双重增进。参与科技成果转化的个人往往也能够从科技成果转化中获得相应的利益分成，这能够为个人的进一步创新积累"资本"。换言之，如果没有科技成果转化，

---

❶ 贺德方. 对科技成果及科技成果转化若干基本概念的辨析与思考［J］. 中国软科学，2011（11）：1－7.

❷ ［英］马特·里德利. 创新的起源：一部科学技术进步史［M］. 王大鹏，张智慧，译. 北京：机械工业出版社，2021：237－240.

科技成果可以照常获得，甚至科技成果也可以不再更新，人们的基本生活也可以继续维持，而人们是有逐新内在本能的，这在制度加持之下得以充分发挥，造就了创新在当下指数级别的增进，并创造出科技成果转化的重量级社会效果。

从中国视角出发，科技成果转化的重要性更是不言而喻，如若没有科技成果转化，那么相应的国际发展将进一步受到限制。由于历史原因，中国技术转移在新中国成立之后几乎与西方世界隔绝了近 30 年。❶ 于当下而言，如若缺乏对科技成果转化的关注，那么将进一步造成专利及其他科技成果长期处于沉睡状态，对社会价值而言意义并不很大。将中国置于国际层面，以规则为依托的全球化在当下并不稳定，从竞争转向合作的扭转难之又难，而以价值观为依托的逆全球化态势也彰显出科技发展的重要性。在其中，科技成果转化的意义非凡，因为科技成果转化是解决实际问题的关键，从科技成果到科技成果转化，是创新产生实际竞争力的核心点。当然我们设想如果完全没有科技成果转化是没有太大意义的，因为人们不可能再回到完全没有科技成果转化的阶段。因此，我们探讨这个假设更重要的是认识到没有科技成果转化激励可能发生的不利变化趋势。

二、科技成果转化对世界发展的价值

科技成果作为一种创新，其实现过程依赖科技成果转化，科技成果转化既包括方法的创新，也包括产品的创新的实现。这些创新本身有助于创造价值，当然价值具有更加丰富的内涵，无论是获取利润还是竞争优势都构成创造价值。❷

（一）盘活科技成果：增进竞争与科技实践

无论是从国内层面还是从国际层面而言，科技成果的存量都非常巨

---

❶ 马忠法. 技术转移法 [M]. 北京：中国人民大学出版社，2021：86.

❷ [英] 克里斯汀·格林哈尔希，[英] 马克·罗格. 创新、知识产权与经济增长 [M]. 刘劼君，李维光，译. 北京：知识产权出版社，2017：4.

大。科技成果承载的科技进步被认可才使得相关内容成为规范意义下的"科技成果"，这也是科技成果转化的优势所在。科技成果转化基于科技成果有价值，这种科技层面的价值反映到实践中的综合社会环境，则体现为科技成果转化带来相应的竞争优势。

科技成果总量巨大，但是获得实际转化的并不多。在中国科技成果转化率最高在30%左右，而发达国家是60%～70%。❶ 科技成果转化的最终结果就是盘活科技成果，避免大量科技成果"沉睡"，充分实现科技成果的宝贵价值。实际上对科技成果转化而言，方式也是多种多样的，有些方式从初步层面来讲只是使得科技成果获得相应的交易价值，比如被市场某些主体以竞争策略为考虑点而转让，这种也是科技成果转化，但是如若后续没有相应的实践运用，那么只是实现了科技成果转化的最基础的商业价值，促进了竞争优势的实现，但是并没有获得科技成果的实践运用核心——科技成果转化的科技价值实现。因此，要考虑对科技成果转化激励的目的是什么，这一思考直接关乎实践中科技成果转化激励的效果评估。然而中国科技成果多数难以转化为实际产品、形成规模经济效益非常有限。❷ 例如，实践中有些企业为了获得科技成果转化有关的财政支持等益处，而与关联公司、商业伙伴等虚构专利许可、专利转让等科技成果转化交易。虽然这些行为被相关规范文件明确禁止，❸ 但是诸多虚构科技成果转化的行为并没有被发现。这就造成相应的科技成果转化激励落实可能有失水准，同时又对科技成果转化的诚信秩序建设造成负面影响。

科技成果激励机制实际上对科技成果转化率是有直接影响的。近些年基于中国科技成果转化有关激励政策的完善及社会对科技成果转化的关注

❶ 李毅中. 我国科技成果转化率不高的重要原因是缺乏投资 [J]. 科学中国人，2021（7）：31－33.

❷ 杨文明. 自主创新政策：作用机制与网络 [M]. 北京：经济管理出版社，2021：106.

❸ 例如《促进科技成果转化法》（2015 修正）第 47 条规定："违反本法规定，在科技成果转化活动中弄虚作假，采取欺骗手段，骗取奖励和荣誉称号、诈骗钱财、非法牟利的，由政府有关部门依照管理职责责令改正，取消该奖励和荣誉称号，没收违法所得，并处以罚款。给他人造成经济损失的，依法承担民事赔偿责任。构成犯罪的，依法追究刑事责任。"

加强，专利转化率有了相当程度的提升。在相关领域促进了科技竞争，同时也塑造了对科技成果进行转化的意识，提升了相关企业和有关人员对科技成果予以关注的机会。

（二）促进科技进步，增进人类知识总量

科技成果转化不单单是纯粹的科技成果转化，在科技成果转化过程中还会持续产生新的创新机会，促进人类在相关领域知识增量的持续攀升。很多创新活动都是科技成果转化过程中提出的在相应场景下的技术或者方法方案等，在其中科学发现也时有发生。因此从结果来看，科技成果转化是有利于人类知识增量的，体现了人类追求科技进步的场景转化可能。

激励科技成果转化以促进科技成果转化的质和量为基本目标，推动知识总量的增加。科技成果转化对知识的增加不仅体现为显性的知识，还体现为隐性的知识，这种隐性知识的增加有利于丰富科技领域经验，对科技成果转化的流程及成功经验将具有重要作用。从科技成果转化的实践也可以发现，科技成果转化动力越强者越容易在科技成果转化上获得较高的成就，而这种科技成果转化激励的经验也为其积累了进一步修正科技成果转化激励方案的可能，成就螺旋式上升的隐性知识增加。从一个企业到一个区域、从一个区域到一个国家，均会有此层面的知识增加积累效应体现。这正意味着，在不同主体之间、不同区域之间、不同国家之间科技成果转化激励相互借鉴是有积极价值的，可以促进显性知识和隐性知识的双重流动。

（三）增进创新活动中个体参与社会的成就感

科技成果在诸多形式中，有的受传统知识产权制度的保护，有的则未必。对于做出创新的主体而言，其多数场合可以受到知识产权制度的激励，愿意通过专利"以公开换保护"，愿意通过著作权获取相应的市场价值和社会认可，也愿意通过其他反不正当竞争等形式获取相应的竞争优势，实际上对其予以知识产权保护的对价是其在智力成果等方面的社会贡

献。科技成果转化是进一步优化创新价值重要依托形式，个体对科技成果转化的社会价值实现具有更大的参与感和荣誉感。个人或者企事业单位对社会的创新贡献提升，一方面可以为其带来相应的经济利益，另一方面也可以为其带来更广泛的商业机会、创新积累优势，还可能为其带来相应的社会影响。从社会参与角度来讲，个体的创新融入社会获得相应的应用，对个人来讲是一种社会参与的体现。科技成果创新阶段与科技成果转化阶段的参与主体可能具有差异性，因此这是两个可以分离的参与，具有更进一步的参与价值，无论是个人还是单位都可以从科技成果转化中获取更进一步的参与感与成就感。

这种成就感不仅是一种科技成就感，还可能是一种商业成就感、社会关系的成就感。科技成果进入应用环节，本身就证明其获得了一定的认可，这种认可与创新本身并不等同。从结果上而言，进入科技成果转化阶段的科技成果本身也并不多，因此这种成就感作为个体参与社会的一种方式，具有非常正面的积极价值。甚至从个体创新的连续性上而言，获得某种成就感能够推动其在相关领域进行持续的投入，推动社会创新落到应用环节的持续性。科技成果转化中有供方、需方，在其间建立转化的关系则在一定程度上构建起了紧密的关系网，这种社会关系在创新领域也是资源的一种构成，可以为后续的创新活动提供进一步的支撑。

（四）促动科技国际流动的平等性，增进人类平衡发展

在知识霸权的探讨之下，发达国家与发展中国家、欠发达国家之间形成知识优势、劣势之差，基于 TRIPS 协议等知识产权为核心的制度趋同化，这一现象持续酝酿带来的知识发展不平等问题日趋严重。科技成果受到知识产权保护进而形成技术领域的知识霸权，实际上就是基于知识产权制度以及国家安全等政策考虑演变的结果。促进科技的国际流动之平等，有助于缓解知识霸权带来的区域发展不平衡。比起科技成果，科技成果转化更能够促进科技的国际流动，缓解科技发展失衡带来的不利影响。

创新的范围远远大于科技成果范围，创新的普遍性并不排斥任何群

体。科技成果的价值性实际上则筛选出相应的群体，一般体现为知识水平高的群体，这就使得科技成果的创新活动一般发生在特殊的群体中。科技成果转化使得这种较为高知识水平群体产生的创新，融入相应的产品、商品及相应的社会环节，能够为更广泛的群体所接触。这有利于促进科技成果在本身发展不平等的社会区域之间产生趋平等化的结果。特别是在国际范围内的科技成果转化，这种"南北"科技成果转化带来的技术流动积极效果更加明显。

此外，科技成果转化除了具有以上价值之外，还直观地推动了人们科技与生活的便利化；而科技创新领域的成果转化是具有相当的辐射效应的，对相关产业的带动力不可忽视，特别是在法治环境下，科技成果转化的推进有利于人们对科技成果转化法治文化的认识；对于特定的国家而言，能够通过科技成果转化激励制度和政策，提升本国科技成果的质量，并塑造本国科技的国际层面竞争力，对促进综合国力而言也是有利的。总而言之，科技成果转化能够从侧面缓解科技成果合法垄断对创新的阻碍力量，丰富人们的生活、增进有利竞争、推动国家国力提升、推动国际科技发展平衡，从结果上而言是真正促进社会福利提升的重要依托，而在其间附加的商业价值、政治价值、法律价值都是非常有益的。

第三节　科技成果转化激励的历史视角：由知识产权到科技成果转化

一、强国政策：知识产权与科技成果互动

从本质上而言，知识产权与科技成果转化是相辅相成的，二者在很多时候都处于交叉状态。特别是知识产权中的专利、商业秘密等，更是与科技成果密不可分。从科技成果视角来看，专利也是其构成的基础部分和核心部分，是最具价值的科技成果转化的对象之一。基于此，在很多时候探

讨科技成果转化及其困难时，往往以专利为依托环境，其制度和政策就显得尤为重要。

从科技成果转化的视角来看，知识产权与科技成果之间的互动关系呈现出密切关联度。如前所述，科技成果本身包含知识产权的内容，而科技成果转化的激励方式多以知识产权激励为依托，并从知识产权权属制度拓展至收益制度，这种激励制度和激励方式的拓展也反过来从侧面影响知识产权制度、丰富知识产权有关理念和实践赋能方式。

实际上从国家政策角度也能发现知识产权与科技成果之间的关联。国家在前期发展阶段往往希望借助国外技术向国内技术转移，实现外国科技成果在国内的转化，达到国内技术主体学习国外技术、进一步创新的结果。这一路径可以促进一个国家科技能力的提升，这往往也被一个国家赋以科技强国、技术强国的政策承载体。在此基础上，当一个国家达到一定的科技成果向内转化的程度之后，往往可能对其他国家带来担忧，由此他国可能会限制对该国的科技成果转化。这会从本质上触发一个国家科技自强的政策转向发生。例如，日本随着引进外国技术实现产业技术全面现代化后，与美国等西方国家贸易摩擦加剧，20 世纪 80 年代后其科技政策重点便发生变化，更加注重自主科技创新、向基础研究与尖端科技领域倾斜。❶ 科技强国之下重要的是从国外引进更多的技术，而当发展到一定阶段技术受人"制约"时必须加强知识产权制度的认识，知识产权强国往往成为进一步的政策。❷ 中国实际上也与日本类似，在知识产权立法之初对知识产权普遍具有陌生感，但是当时对技术引进的重视度是比较高的。知识产权的立法在某种程度上也依附于科技强国，举例而言，中国《专利法》立法之初的目的，一个重要的考虑就是："我国实行专利制度的主要目的之一是便于引进外国的先进技术，鼓励外国人来我国投资。"❸ 中国知

---

❶ 闫坤，邓美薇. 日本科技政策体系的演变及其启示［N］. 中国经济时报，2023－08－04（A3）.

❷ ［日］都留重人. 日本经济奇迹的终结［M］. 成都：四川人民出版社，2020：95－98.

❸ 参见时任中国专利局局长黄坤益，1983 年 12 月 2 日在第六届全国人民代表大会常务委员会第三次会议上关于《中华人民共和国专利法（草案）》的说明。

识产权持续立法之后一段时间内，实践中知识产权制度的执行并不是很乐观，对科技强国的重视度却持续增强，直到 2008 年国务院颁布《国家知识产权战略纲要》中国知识产权才逐步得到足够的重视。随着中共中央、国务院于 2021 年 9 月印发《知识产权强国建设纲要（2021—2035 年)》提出知识产权强国战略，中国科技强国与知识产权强国并行，构成中国创新激励领域的双重政策格局。

二、阶段划分：中国科技成果转化激励的发展

有观点对中国创新体系的发展脉络进行了划分，分别为：第一阶段 1978—1985 年科技活动恢复期，第二阶段 1986—1994 年科研体制改革期，第三阶段 1995—2001 年科研体系调整期，第四阶段 2001—2011 年创新体系建设期，第五阶段 2012 年至今创新驱动发展期。[❶] 有学者也对中国高校技术转移的发展阶段进行了划分，基本展示了中国科技成果转化的历史发展脉络：第一阶段为 1978 年第一次全国科学技术大会提出"科技是生产力"到 1995 年，为探索期；第二阶段为 1995 年就科教兴国战略的提出到 2006 年，为发展阶段；第三阶段为 2006 年《国家中长期科学和技术发展规划纲要（2006—2020 年)》颁布之后，为规范阶段。[❷] 这一发展阶段的划分，为中国科技成果转化提供了相应的阶段总结，为分析相应阶段的科技成果转化激励提供了参考。

自 2006 年中国开启了全面自主创新时代。[❸] 2006 年至今，实际上对科技成果转化还可以进一步做阶段划分。（1）战略主导的知识产权高度迅速发展阶段：2008 年发布的《国家知识产权战略纲要》进一步提升了科技成果转化视域下知识产权的政策地位，至此知识产权的重要性以及规范性逐步得以提升，特别是其中专利的商品化、市场化得到广泛的关注，很多实

❶ 阮芳，何大勇，李赞铧，等. 解码中国创新：过去、现在与未来［EB/OL］.［2023 - 09 - 28］. https：//web - assets. bcg. com/80/f6/a121c4c143edaee48b49c11587a6/china - innovation - past - present - and - future. pdf.

❷ 李建强，等. 创新视阈下的高校技术转移［M］. 上海：上海交通大学出版社，2013：1 - 6.

❸ 杨文明. 自主创新政策：作用机制与网络［M］. 北京：经济管理出版社，2021：35.

践中的企业也意识到专利作为最重要的一种科技成果其价值依赖于转化。然而，由于各种原因，2015 年以前实际上中国科技成果转化的成效并不明显。❶ 2015 年中共中央办公厅、国务院办公厅发布《深化科技体制改革实施方案》，指出科技成果转化为现实生产力是创新驱动发展的本质要求，要深入推进科技成果使用、处置和收益管理改革，强化对科技成果转化的激励，完善技术转移机制，加速科技成果产业化。2016 年 5 月中共中央、国务院发布《国家创新驱动发展战略纲要》，指出中国科技发展"三步走"的战略目标❷，这为中国科技发展指明方向的同时，也突出创新驱动发展的道路选择。其中还特别指出要构建专业化技术转移服务体系。发展研发设计、中试熟化、创业孵化、检验检测认证、知识产权等各类科技服务。完善全国技术交易市场体系，发展规范化、专业化、市场化、网络化的技术和知识产权交易平台。科研院所和高校建立专业化技术转移机构和职业化技术转移人才队伍，畅通技术转移通道。（2）以《促进科技成果转化法》的修改和"赋权改革"为关键事项，为科技成果转化的成熟期。在此阶段，中国科技成果转化的重要性以及激励性价值获得前所未有的新关注，科技成果转化激励也得到诸多改革、探索，总结了一定的经验，逐步获得成熟的科技成果转化规模和市场。特别需要提出的有三点：第一，2015 年对中国《促进科技成果转化法》进行修改，其中最重要的就是关于科技成果"三权"——科技成果使用权、收益权、处置权的改革。❸ 这将中国科技成果转化的激励性从权利分散角度进行了探索，对中国自此以后的科技成果转化激励的完善具有非常积极的价值。第二，2020 年 5 月 9

---

❶　郭蕾，张炜炜，胡莺雷. 高校异地科研机构建设面临的挑战及对策初探［J］. 高科技与产业化，2022，28（12）：62 – 67.

❷　第一步，到 2020 年进入创新型国家行列，基本建成中国特色国家创新体系，有力支撑全面建成小康社会目标的实现。第二步，到 2030 年跻身创新型国家前列，发展驱动力实现根本转换，经济社会发展水平和国际竞争力大幅提升，为建成经济强国和共同富裕社会奠定坚实基础。第三步，到 2050 年建成世界科技创新强国，成为世界主要科学中心和创新高地，为我国建成富强民主文明和谐的社会主义现代化国家、实现中华民族伟大复兴的中国梦提供强大支撑。

❸　翟晓舟. 科技成果转化"三权"的财产权利属性研究［J］. 江西社会科学，2019，39（6）：171 – 179.

日，科技部等9部门联合印发《赋予科研人员职务科技成果所有权或长期使用权试点实施方案》，对科技成果有关的激励措施等改革力度之大更是将科技成果转化激励提高到前所未有的高度。此次科技成果转化的改革以试点的方式开展，试点单位主要以大学、科研院所为主。❶ 第三，雨后春笋般的实践探索。各地对科技成果转化激励的探索也不断推陈出新，特别是高校、科研院所对科技成果转化激励机制的探索出现了前所未有的动力和成绩。但是对科技成果转化的激励问题仍然需要得到进一步的关注和探索，健全科技成果转化激励机制是解决转化难问题的关键，深入推动科研人员等有关主体在其中的赋权改革，通过稳定的激励机制获得稳定的创新激励环境，成为加快科技成果转化运用的关键方向。

---

❶ 根据《赋予科研人员职务科技成果所有权或长期使用权试点实施方案》要求，经有关部门及地方推荐，9部门共同确定了《赋予科研人员职务科技成果所有权或长期使用权试点单位名单》。北京市试点单位包括：北京市科学技术研究院、北京工业大学、积水潭医院；辽宁省试点单位包括：沈阳化工大学、辽宁科技大学；上海市试点单位包括：上海大学、上海理工大学、上海海事大学；江苏省试点单位包括：江苏省产业技术研究院、南京工业大学、苏州大学；浙江省试点单位包括：浙江工业大学、杭州电子科技大学、浙江省农业科学院；湖北省试点单位包括：湖北工业大学；广东省试点单位包括：暨南大学、广东工业大学、广东省科学院；海南省试点单位包括：海南大学；四川省试点单位包括：成都中医药大学、成都理工大学。此外，教育部推荐的试点单位包括：复旦大学、上海交通大学、南京大学、浙江大学、四川大学、西南交通大学、西安交通大学；工业和信息化部推荐的试点单位包括：哈尔滨工业大学、北京航空航天大学、北京理工大学、西北工业大学；农业农村部推荐的试点单位包括：中国农业科学院北京畜牧兽医研究所、中国水稻研究所；卫生健康委推荐的试点单位包括：中国医学科学院—北京协和医学院、国家卫生健康委科学技术研究所；中国科学院推荐的试点单位包括：中国科学技术大学、兰州化学物理研究所、国家纳米科学中心、上海微系统与信息技术研究所。

第二章　规范：科技成果转化激励的立法解读

科技成果转化激励的立法，是科技成果转化实践得以展开的重要规范依据。科技成果转化并非一个纯粹的法律层面的概念，其作为一个颇具综合性的概念，既包括立法中的知识产权内容，又包括其他无法为知识产权所涵盖的内容，且从规范条文的分布上而言，科技成果转化更是超越私权、私法范围而被科技立法涵盖的内容。因此，对科技成果转化激励的立法进行梳理和解读，是分析科技成果转化激励问题与找寻出路的关键前提。在此需要指出，当前的科技成果转化已经超越狭义的规范意义的内涵，因此对科技成果转化激励的立法研究，本书既探讨其狭义立法，也对其政策赋能做一定的探究。

第一节　中国科技转化法规政策中的激励制度

国家层面对科技立法具有全面的规范作用，也是地方对科技成果立法的重要依据与蓝本。

一、国家层面对科技成果转化激励的立法

中国科技成果立法具有相应的特点，本部分主要从科技成果转化激励视角出发对国家层面科技成果转化的立法进行探讨。

中国国家层面的科技成果转化激励立法主要依托于国家创新政策和法律、行政法规等展开。2015 年以来，中国形成了《促进科技成果转化法》《实施〈中华人民共和国促进科技成果转化法〉若干规定》《促进科技成果转移转化行动方案》的科技成果转化"三部曲"；2020 年，中央首次将技术要素作为五大生产要素之一进行部署；2021 年，《科学技术进步法》的修订为成果转化提供了更全面的法律保障。中国科技成果转化的"四梁八柱"基本形成。❶ 这对中国科技成果转化而言意义非凡，政策法规体系的日臻完善对持续深化科技成果转化激励具有基本的指导价值，给相应的体制机制改革提供了全面指引。

（一）立法中通过立法宗旨激励科技成果转化

中国多部法律规定都对科技成果转化激励有所体现，这些"激励"以多种方式呈现。《促进科技成果转化法》作为中国科技成果转化的首部法律，对科技成果转化从立法宗旨条款即可见。其第 1 条就开宗明义，"为了促进科技成果转化为现实生产力"，❷ 直接将激励科技成果转化体现于立法目的，表明促进科技成果转化是该法的第一宗旨。这一立法宗旨条款对促进科技成果转化的激励展开具有重要意义：一方面可以指引促进科技成果转化制度的续造，推动科技成果转化激励制度的完善；另一方面可以为科技成果转化提供源头的抽象支持，对科技成果转化地方与产业的落实提供支持。在解释科技成果转化激励有关制度和政策时，也能够得出科技成果转化激励的首要目标为促进科技成果转化为现实生产力。因此，《促进科技成果转化法》第 1 条为科技成果转化激励提供的动力是基础的，也是非常关键的。

---

❶ 刘垠. 全面发力 纵深推进 科技体制改革让创新动力澎湃［N］. 科技日报，2022 - 04 - 08（5）.

❷ 《促进科技成果转化法》第 1 条："为了促进科技成果转化为现实生产力，规范科技成果转化活动，加速科学技术进步，推动经济建设和社会发展，制定本法。"

《促进科技成果转化法》从立法层级上而言是比较高的，在立法宗旨条款下，其具体条文对科技成果转化激励主要体现为以下几个方面：第一，对科技成果完成人与转化人的激励；第二，鼓励科研机构与企业之间在科技成果转化方面展开产学研合作，包括人才培养、平台建设、合作科技成果转化；第三，对科技成果转化权利与利益持以开放态度。除此之外，总体的科技成果转化立法框架对科技成果转化结构既有巩固也有丰富。

《科学技术进步法》也通过立法宗旨条款强调了对科技成果转化的激励，其第 1 条载明的立法目的包括"促进科技成果向现实生产力转化"。❶科技成果转化是科技进步的重要构成部分和体现形式之一，是科技进步获得螺旋式上升的重要链块。科技成果转化不仅能够促进科技进步，还能够使得科技进步持续攀高，在科技成果转化中获得新的科技进步挑战，激励科研活动、成果转化有机衔接，提升科技成果转化效率、效益，联合引领科技和经济社会发展。

2020 年 5 月，科技部等 9 部门印发《赋予科研人员职务科技成果所有权或长期使用权试点实施方案》，其中对科技成果转化的重要性更是提到前所未有的高度，指出要"树立科技成果只有转化才能真正实现创新价值、不转化是最大损失的理念，创新促进科技成果转化的机制和模式，着力破除制约科技成果转化的障碍和藩篱，通过赋予科研人员职务科技成果所有权或长期使用权实施产权激励，完善科技成果转化激励政策，激发科研人员创新创业的积极性，促进科技与经济深度融合，推动经济高质量发展，加快建设创新型国家"。这一定性对科技成果转化的激励而言具有重大意义，一方面肯定了科技成果转化及科技成果转化激励的必要性和关键性，另一方面指出促进和激励科技成果转化的重要方向，即对职务科技成

---

❶ 《科学技术进步法》第 1 条："为了全面促进科学技术进步，发挥科学技术第一生产力、创新第一动力、人才第一资源的作用，促进科技成果向现实生产力转化，推动科技创新支撑和引领经济社会发展，全面建设社会主义现代化国家，根据宪法，制定本法。"

果进行改革，赋予科研人员所有权或长期使用权。且多部门联合出台该"方案"，有助于实施科技成果转化激励过程中，多方协同共同达成科技成果转化激励的制度衔接，以使相关制度能够得以落到实处。

在这里需要明确的是，作为典型的科技立法，科技成果转化的立法与知识产权私法立法模式不同，但是仍然不可否认，知识产权是科技成果向现实生产力转化的重要桥梁和纽带，在科技成果转化激励中具有重要价值。特别是知识产权法中的专利、著作权、集成电路布图设计、商业秘密、植物新品种等，作为科技成果转化为现实生产力，是科技成果转化对象的重中之重。从立法层面来看，《专利法》和《著作权法》对科技成果转化并没有明确的规定。但这并不意味着专利法和著作权法等知识产权私法对科技成果转化漠不关心，一方面，知识产权立法中职务科技成果规则的规定可以为科技成果转化激励提供支持；另一方面，其他知识产权有关政策文件对知识产权有关的科技成果转化激励给予了相应的补充。《知识产权强国建设纲要（2021—2035年）》明确提出要"建设激励创新发展的知识产权市场运行机制"。《"十四五"国家知识产权保护和运用规划》的主要目标就包含知识产权转移转化的目标构成。❶ 2012年，《关于进一步加强职务发明人合法权益保护 促进知识产权运用实施的若干意见》从激励知识产权运用实施角度做了提高职务发明报酬比例的规定，表明对科技成果转化激励的全力"支持"。❷《职务发明条例草案（送审稿）》制定的目的之一就在于推动知识产权科技成果的运用实施。2015年国务院发布的《中国制造2025》明确规定推进科技成果产业化，指出要完善科技成果转

---

❶ 《"十四五"国家知识产权保护和运用规划》（国发〔2021〕20号）"（三）主要目标"："知识产权运用取得新成效。知识产权转移转化体制机制更加完善，知识产权归属制度更加健全，知识产权流转更加顺畅，知识产权转化效益显著提高，知识产权市场价值进一步凸显，专利密集型产业增加值和版权产业增加值占GDP比重稳步提升，推动产业转型升级和新兴产业创新发展。"

❷ "对在未与职务发明人约定也未在单位规章制度中规定报酬的情形下，国有企事业单位和军队单位自行实施其发明专利权的，给予全体职务发明人的报酬总额不低于实施该发明专利的营业利润的3%；转让、许可他人实施发明专利权或者以发明专利权出资入股的，给予全体职务发明人的报酬总额不低于转让费、许可费或者出资比例的20%。国有企事业单位和军队单位拥有的其他知识产权可以参照上述比例办理。"

化激励机制，推动事业单位科技成果使用、处置和收益管理改革，健全科技成果科学评估和市场定价机制；完善科技成果转化协同推进机制，引导政产学研用按照市场规律和创新规律加强合作，鼓励企业和社会资本建立一批从事技术集成、熟化和工程化的中试基地。加快国防科技成果转化和产业化进程，推进军民技术双向转移转化等。2020 年教育部、国家知识产权局、科技部发布的《关于提升高等学校专利质量促进转化运用的若干意见》更是提出"突出转化导向"的原则，即"树立高校专利等科技成果只有转化才能实现创新价值、不转化是最大损失的理念，突出转化应用导向，倒逼高校知识产权管理工作的优化提升"，而且该"意见"对科技成果转化激励做出了原则性的指示，提出要"强化政策引导"，"发挥资助奖励、考核评价等政策在推进改革、指导工作中的重要作用，建立并不断完善有利于提升专利质量、强化转化运用的各类政策和措施"。这些知识产权法外的有关政策对科技成果转化的积极倡导与规则安排，实际上是知识产权法的续造，延续了知识产权有关的制度安排，在知识产权激励与科技成果转化激励之间做出相应的衔接。

除了知识产权与科技成果转化有关法律政策对科技成果转化予以肯定激励之外，还有其他方面的政策文件指出促进科技成果转化，明确了科技成果转化在相关领域的重要性。《国家中长期人才发展规划纲要（2010—2020 年)》明确要"促进科技成果转化和技术转移"。中共中央办公厅、国务院办公厅印发的《关于进一步加强青年科技人才培养和使用的若干措施》指出要采取适当的方式在科技成果转化收益等方面向做出突出贡献的青年科技人才倾斜。《中华人民共和国国民经济和社会发展第十四个五年规划和 2035 年远景目标纲要》（以下简称"十四五"规划）中也提出，要"创新科技成果转化机制，鼓励将符合条件的由财政资金支持形成的科技成果许可给中小企业使用……开展科技成果转化贷款风险补偿试点"。《中共中央 国务院关于深化体制机制改革加快实施创新驱动发展战略的若干意见》指出要完善知识产权转化激励政策，"促使全社会认识到知识产权作为创新的'原动力'和科技成果向现实生产力转化的'桥梁'，是实现科技强到产业强、经济强必不可少的关键环节，必须置于基础性地位抓紧抓好"，❶ 并提出了相应的具体改革任务，如加快下放科技成果使用、处置和收益权、提高科研人员成果转化收益比例、加大科研人员股权激励力度、建立完善高等学校、科研院所的科技成果转移转化的统计和报告制度以及强制许可等。2023 年工信部等 10 部门印发《科技成果赋智中小企业专项行动（2023—2025 年）》，提出"目标导向"原则，对激励科技成果向中小企业集聚提出相应的措施。❷

在诸多政策层面对科技成果的重视，在其中立法宗旨及政策目标中展现出的对科技成果转化的把握为科技成果转化带来激励效应。这些抽象的规定为后续具体对科技成果转化予以激励的方式方法提供指引。

（二）具体规定中科技成果转化激励体现

在国家对科技成果转化激励进行立法之后，中央层面相关部门和地方有关部门都展开了相应的立法或政策规定，但是很难有差异化的体现、重合率较高，也很少有体现相关行业科技成果转化激励特色的做法。因此具体规定中科技成果转化激励体现也比较趋同。

1. 科技成果转化激励的对象

科技成果转化激励从根本上而言是对主体的激励，因为本质上的创新是经过人的智力劳动而来的成果，科技成果转化虽然基于创新产生，但是其后续的发生并不仅仅依赖于科技成果创新。因此，科技成果转化激励的对象并不限于科技成果完成主体。在科技成果转化激励有关的规定中，主要体现为对科技成果完成人与科技成果转化人的激励。这两个主体是决定科技成果转化能否产生、能否实现的关键，完成人一般是创新的主体和创

---

❶ 参见《国家知识产权局关于贯彻落实〈中共中央 国务院关于深化体制机制改革加快实施创新驱动发展战略的若干意见〉的通知》。

❷ "围绕中小企业核心技术能力提升，聚焦科技成果有效推广应用，充分发挥新型体制机制优势，创新工作方法，加速科技成果向中小企业集聚。整合政产学研用资源优势，采取有效措施，提升科技成果转化和产业化的精准性、有效性，满足中小企业技术创新需求。"

新成果的权利主体，其对是否予以转化能够从一定程度上"拍板"（至少有一定的决策权），转化人则决定着科技成果的具体转化，是科技成果转化的具体实施主体。换言之，科技成果完成人决定了科技成果本身的存在，是科技成果转化的前提，同时基于相关制度有时也决定科技成果是否转化、能否转化；科技成果转化人则是对科技成果转化作出重要贡献的主体，决定科技成果转化成效。因此在科技成果有关的政策规定中，对科技成果完成人和科技成果转化人都予以激励。

2. 科技成果转化激励的方式

在科技成果转化的前置制度中，已经有如知识产权相关制度对科技成果创新予以激励，起到了最基本的权属激励。在科技成果转化中，主要是通过对科技成果转移转化的收益做出相应的分配，对相应的主体予以激励。《促进科技成果转化法》作为科技成果转化的基本法，对科技成果转化的相关收益分成做出了较为具体的规定。（1）明确了对科技成果转化激励的方式包括奖励、报酬。❶ （2）明确了科技成果转化的收益归属问题：对于国家设立的研究开发机构、高等院校，其科技成果转化所获得的收入全部留归本单位。在对完成、转化职务科技成果作出重要贡献的人员给予奖励和报酬后，主要用于科学技术研究开发与成果转化等工作。❷ 这一规定对科技成果转化的收益权做出明确的定性，并进而规定了相应的支配方向，使得科技成果转化收益反哺科研活动和科技成果转化活动。（3）对于职务科技成果这一核心科技成果形式做出了收益分成的规定，体现了约定优先、民主公开的原则。约定优先体现于：职务科技成果转化后，由科技成果完成单位对完成、转化该项科技成果作出重要贡献的人员给予奖励和报酬，在具体的奖励和报酬的方式、数额和时限方面，科技成果完成单位可以规定或者与科技人员约定。民主公开体现于，单位制定相关规定应当

---

❶ 对于这里的奖励和报酬各作何解释以及如何与《专利法》等规定中的术语做衔接，则成为实践中另一个重要问题。具体争议可参见：尹锋林. 新《促进科技成果转化法》与知识产权运用相关问题研究［M］. 北京：知识产权出版社，2015：93.

❷ 《促进科技成果转化法》第43条。

充分听取本单位科技人员的意见，并在本单位公开相关规定。❶ 这有助于提升科技成果转化激励规则的可操作性和促进相关主体的参与性，对科技成果转化的具体实施和事前准备提供支持。然而，对于有些科技成果转化单位并没有根据如上方案做出相应的规定或约定，这种情况是否对科技成果转化就不予激励了呢？《促进科技成果转化法》对此予以了关注，规定科技成果完成单位未规定、也未与科技人员约定奖励和报酬的方式和数额的情况下进行奖励、报酬的标准：将该项职务科技成果转让、许可给他人实施的，从该项科技成果转让净收入或者许可净收入中提取不低于50%的比例；利用该项职务科技成果作价投资的，从该项科技成果形成的股份或者出资比例中提取不低于50%的比例；将该项职务科技成果自行实施或者与他人合作实施的，应当在实施转化成功投产后连续三至五年，每年从实施该项科技成果的营业利润中提取不低于5%的比例。对于国家设立的研究开发机构、高等院校规定或者与科技人员约定奖励和报酬的方式和数额也应当符合该比例标准，国有企业、事业单位依照本法规定对完成、转化职务科技成果作出重要贡献的人员给予奖励和报酬的支出计入当年本单位工资总额，但不受当年本单位工资总额限制、不纳入本单位工资总额基数。(4) 税收优惠。国务院和地方各级人民政府应当加强税收政策协同，为科技成果转化创造良好环境，国家依照有关税收法律、行政法规规定对科技成果转化活动实行税收优惠。❷

对于高等学校的科技成果转化的激励，相关政策文件中也给出了相应的指引性规定。教育部、科技部《关于加强高等学校科技成果转移转化工作的若干意见》中规定了高校对职务科技成果完成人和为成果转化作出重要贡献的其他人员给予奖励的标准，"以技术转让或者许可方式转化职务科技成果的，应当从技术转让或者许可所取得的净收入中提取不低于50%

---

❶ 《促进科技成果转化法》第44条。

❷ 具体参见《支持协调发展税费优惠政策指引》，对技术转让、技术开发和与之相关的技术咨询、技术服务免征增值税、技术转让所得减免企业所得税、技术成果投资入股递延纳税；国家鼓励的集成电路设计、装备、材料、封装、测试企业定期减免企业所得税，等等。

的比例用于奖励；以科技成果作价投资实施转化的，应当从作价投资取得的股份或者出资比例中提取不低于50%的比例用于奖励；在研究开发和科技成果转化中作出主要贡献的人员，获得奖励的份额不低于总额的50%"。这种规定对高校科技成果转化而言具有较大的指导价值，在科技成果转化的实践中，很多高校都做出了高于50%的提取比例，以对科技成果转化起到更强的激励作用。

职务科技成果转化激励机制是科技成果转化激励机制的重要核心构成部分。中国职务科技成果混合所有制的改革，围绕权利分解展开，并以科技成果转化的促进为目标。根据《赋予科研人员职务科技成果所有权或长期使用权试点实施方案》的规定，科技成果转化的激励可以是事（转化）后的现金、股权激励方式，也可以是事前赋予职务科技成果所有权。言下之意，赋予科研人员科技成果所有权本身就是对科技成果转化的一种激励。

从相关政策文件对科技成果转化激励的具体方式来看，主要有经济奖励和股份奖励。这些奖励主要以对科研人员的奖励为核心展开，对其他主体的奖励为辅。从奖励的具体化上而言，对科技成果有关收益中拿出50%进行"激励"是一种得到认可的标准，50%的激励标准在诸多科技成果转化文件中也得到了认可。❶

3. 科技成果转化有关主体间关系的鼓励

科技成果转化的激励如果仅仅针对主体、针对事项，可能会造成孤立

---

❶ 原国家粮食局《关于大力促进粮食科技成果转化的实施意见》（国粮储〔2016〕148号）第（十二）条：

健全粮食科技成果转化收益分配激励机制。粮食行业科研单位应依据国家有关规定，在充分听取本单位科技人员意见的基础上，制定转化科技成果收益分配制度，并在本单位公开。依法对职务科技成果完成人和为成果转化作出重要贡献的其他人员给予奖励时，按照以下规定执行：

1. 以技术转让或者许可方式转化职务科技成果的，应当从技术转让或者许可所取得的净收入中提取不低于50%的比例用于奖励。

2. 以科技成果作价投资实施转化的，应当从作价投资取得的股份或者出资比例中提取不低于50%的比例用于奖励。

3. 在研究开发和科技成果转化中作出主要贡献的人员，获得奖励的份额不低于奖励总额的50%。

科技成果创新与转化行为的错误认识。在创新体系之下，科研活动与开发活动、转化活动、市场活动是环环相扣的，更精确而言是在诸多复杂主体之间错综复杂存在的。科技成果转化的前后主体之间，本来存在主体性质的差异，在相关创新体系运转过程中缺乏足够的信息沟通和匹配，造成的科技成果转化"供""求"关系不是很顺畅。这在中国科技成果转化有关文件中受到了关注，对中国科技成果转化之间的关系触动予以鼓励，表明科技成果转化在创新体系之下是动态的、流动的。

中国有关法律政策文件中，具有明显的关系鼓励，核心是鼓励科研机构与企业之间在科技成果转化方面展开产学研合作，包括人才培养、平台建设、合作科技成果转化，还关注了对中小企业科技成果转化的需求，鼓励科研机构、高等学校的科技成果向企业转移，并优先向中小微企业转移。❶ 中国科技成果转化方面的下位法对上位法中科技成果转化激励的贯彻落实是比较直观的。❷ 为了进一步促进科技成果转化的具体化，相关文件还鼓励科研人员在一定的条件下到企业去进行科技成果转化，或者在企业兼职实施科技成果转化。这为促动"人"的流动，特别是有关科技成果转化核心技术领域人才继续参与科技成果转化扫除了部分障碍。

对关系的鼓励表明科技成果转化信息流动性的增强，在相关规定中对科技成果转化权利与利益持以开放态度❸则成为优化科技成果关系的重要催化剂。这意味着在具体的实践中，尊重相关方在科技成果转化有关的权属以及有关收益方面的协商，将更多的科技成果转化置于市场环境下体现

---

❶ 《实施〈中华人民共和国促进科技成果转化法〉若干规定》一、（一）"国家鼓励研究开发机构、高等院校通过转让、许可或者作价投资等方式，向企业或者其他组织转移科技成果。国家设立的研究开发机构和高等院校应当采取措施，优先向中小微企业转移科技成果，为大众创业、万众创新提供技术供给。"

❷ 何丽敏，刘海波，许可. 国有资产管理视角下央企科技成果转化制度困境及突破对策[J]. 济南大学学报（社会科学版），2022，32（3）：102－110.

❸ 《促进科技成果转化法》第44条：

职务科技成果转化后，由科技成果完成单位对完成、转化该项科技成果做出重要贡献的人员给予奖励和报酬。

科技成果完成单位可以规定或者与科技人员约定奖励和报酬的方式、数额和时限。单位制定相关规定，应当充分听取本单位科技人员的意见，并在本单位公开相关规定。

出协议成为基本方案的趋势。虽然实践中可能还存在一些障碍需要解决，但是这些对科技成果转化关系鼓励的规定，无疑为科技成果转化的自由化提供了依据。

除了普遍意义上的科技成果转化规定外，其他方面及有关部门在相关文件中也表明对激励科技成果转化的积极态度。为贯彻落实《国家中长期科学和技术发展规划纲要》，加速推动科技成果转化与应用，引导社会力量和地方政府加大科技成果转化投入，中央财政设立国家科技成果转化引导基金，并制定《国家科技成果转化引导基金管理暂行办法》。如对于科技成果转化而言，技术合同纠纷是最常见的法律纠纷，在此类案件的处理中，最高人民法院表明要"加强保护守约方合法权益，合理认定技术成果开发、转让、许可、质押、技术咨询和中介等环节形成的利益分配及责任承担，引导和支持企业加强技术研发能力建设，推动产学研用紧密结合，培育和规范知识产权服务市场，促进技术成果迅速转化为现实生产力和市场竞争力"。❶ 在职务科技发明方面，国家知识产权局、教育部、科技部等联合印发的《关于进一步加强职务发明人合法权益保护促进知识产权运用实施的若干意见》也明确了对职务发明人积极参与知识产权运用实施、发挥能动作用并获得相应的报酬、奖励的支持。

二、地方科技成果转化激励的立法

中央层面的科技成果法规政策文件的规定，对于地方落实相关制度而言存在两方面的问题：第一，不同地方的科技成果环境不同、基础不同，地方科技成果转化资源配套也不同，如何展开地方的科技成果转化实践有必要通过地方立法来体现地方在科技成果转化激励上的可为空间；第二，不同地方的产业优势不同，有些地方科技发展擅长较为前沿的探索，而有的地方则非如此，因此地方科技成果转化立法需要与当地创新体系相一

---

❶ 最高人民法院《关于充分发挥审判职能作用为深化科技体制改革和加快国家创新体系建设提供司法保障的意见》（法发〔2012〕15 号）。

致。无论如何，科技成果激励机制在地方立法中应当遵循"不抵触、有特色、可操作"的原则。❶ 从整体上而言，不抵触是基本都能够达标的，有特色和可操作性则在实践中的地方立法上有些挑战。有些地方的科技成果立法几乎是对《促进科技成果转化法》等的照搬，使得地方立法丧失了可为性，地方立法价值稍显欠缺。但是有些地方在科技成果转化立法上做出了相应的特色，具有匹配当地科技成果转化需求的特点，值得肯定。

（一）北京科技成果转化激励的立法

北京作为首善之都，其在科技创新特别是在科技成果转化的激励方面，具有较为丰富的资源和政策依托，并且在实践中其科技创新的能量巨大，科技成果转化的需求和激励力度也比较大，敢于先行、改革力度也值得肯定。对之予以探究是窥探中国发达地区科技成果转化激励立法的首选对象。北京也立足于发挥好中关村国家自主创新示范区、中国（北京）自由贸易试验区的政策优势，对科技成果转化激励予以持续深化改革，从京津冀一体化视角也做出了相应的联动实践，为完善科技治理体系、创新主体创造更好科研生态、技术生态、产业生态提供了值得推广的模式。

1.《北京市促进科技成果转化条例》

比起其他省市，北京市出台地方科技成果转化条例的时间并不早，但是其在地方立法上存在相应的特色。《北京市促进科技成果转化条例》于2019年11月出台，其在职务科技成果权属、职称评审等方面做出多项创新性制度设计，有效激发了高校院所、医疗卫生机构等科技成果转化的积极性。具体而言：（1）职务科技成果衍生的知识产权及其他科技成果的使用、转让、投资等权利可以全部或部分赋予科研完成人，以约定方式解决研发机构、高等院校和科技成果完成人对科技成果转化收入的分配方案。❷（2）提高了科技成果转化收益提取比例用于科技成果转化作出重要贡献人

---

❶ 王海芸，曹爱红. 立法视角下职务科技成果所有权规定模式对比研究 [J]. 科技进步与对策，2022，39（11）：134 – 141.

❷《北京市促进科技成果转化条例》第9条。

员的奖励和报酬。"政府设立的研发机构、高等院校可以按照下列标准对完成、转化该项科技成果作出重要贡献的人员给予奖励和报酬：（一）将职务科技成果转让、许可给他人实施的，从该项科技成果转让净收入或者许可净收入中提取不低于百分之七十的比例；（二）利用职务科技成果作价投资的，从该项科技成果形成的股份或者出资比例中提取不低于百分之七十的比例；（三）将职务科技成果自行实施转化或者与他人合作实施转化的，在实施转化成功投产后，从开始盈利的年度起连续五年内，每年从实施转化该项科技成果的营业利润中提取不低于百分之五的比例。五年奖励期限满后依据其他法律法规应当继续给予奖励或者报酬的，从其规定。"❶（3）在职称评定中赋予科技成果转化以单独地位，且加强了科技成果转化在相关职称评定中的重要地位。即"建立有利于促进科技成果转化的专业技术职称评审体系，设立知识产权、技术经纪等职称专业类别，并将科技成果转化创造的经济效益和社会效益作为科技成果转化人才职称评审的主要评价因素"。❷（4）通过对科技成果转化人才的评定，对其给予符合北京特色的优待。该条例规定"市人民政府应当制定科技成果转化人才培养和引进政策，加强科技成果转化人才培养基地建设，落实本市引进的科技成果转化人才在落户、住房、医疗保险、子女就学等方面的待遇。对于本市引进的外籍科技成果转化人才，市公安、外国专家等部门应当按照有关规定，在办理入境签证、居留许可和就业许可时，简化程序、提供便利"❸。这一规定具有重要意义。北京作为科技高地，对人才的吸引力非常大，但是人才往往由于落户难而无法长期在北京稳定工作生活，可能会出现人才流失的现象。北京市的这一规定为科技成果转化人才提供了"真材实料"的激励，并且要求其他部门提供相应的便利，有利于该规定的落实，展现了对科技成果转化激励的诚意。

2022年9月，科技部、发改委、教育部、财政部、国务院国资委等9

---

❶ 《北京市促进科技成果转化条例》第12条。
❷ 《北京市促进科技成果转化条例》第34条。
❸ 《北京市促进科技成果转化条例》第35条。

部门联合印发文件❶，允许注册地址在中关村国家自主创新示范区核心区（海淀园）的中央高等院校、科研机构及企事业单位等适用《北京市促进科技成果转化条例》，完善本单位科技成果转化相关管理制度、工作流程等，北京市科委、中关村管委会等北京市相关部门应与在园中央单位建立对接机制，指导在园中央单位落实条例，及时发现并协调解决落实过程中遇到的困难和障碍，加强对在园中央单位的服务。这也为该条例的落实提供了相应的指引，对于科技成果转化的央地协调来讲十分有利，能够大大提升《北京市促进科技成果转化条例》的实施效果和对北京有关科技成果转化主体的激励效果。

2. 北京"科创 30 条"

2019 年 10 月，北京市人民政府发布《关于新时代深化科技体制改革加快推进全国科技创新中心建设的若干政策措施》，即北京"科创 30 条"。其中不仅提及加强科技成果转化制度保障，还指出改革科技成果转化管理机制，并且要加大科研项目经费激励力度。关于科技成果转化的激励方面主要体现为：（1）明确科技成果转化纳入考核和评价体系，即推动医疗卫生机构和医学科技人才评价机制改革，将临床试验和科技成果转化纳入医疗卫生机构绩效考核和人员职称评审体系；（2）赋权改革惠益科技人员，即明确允许赋予科技人员职务科技成果所有权或长期使用权，明确科技成果完成人自主实施科技成果转化相关权利，规范担任领导职务的科技人员获得奖励报酬的方式和条件；（3）技术类无形资产与其他类型国有资产实行差异化管理，允许高等学校、局级及以上科研机构和高水平医疗卫生机构委托国有资产管理公司，代表本单位统一开展科技成果转化活动；高等学校、科研机构、高水平医疗卫生机构及其所属的具有法人资格单位担任领导职务的科技人员，是科技成果主要完成人或者对科技成果转化作出重要贡献的，可按照国家有关规定获得奖励报酬，并实行公开公示制度；（4）宽松化

---

❶ 科技部办公厅等《关于允许在中关村国家自主创新示范区核心区（海淀园）的中央高等院校、科研机构及企事业单位等适用〈北京市促进科技成果转化条例〉的通知》（国科办区〔2022〕116 号）。

科技成果转化的落地空间,即一方面在符合规划和用途管制前提下,允许经依法登记的农村集体经营性建设用地用于建设科技孵化、科技成果转化和产业落地空间;另一方面依托首都科技条件平台等公共服务平台,推进仪器设备、科技成果、科技信息资源共享共用。这为科技成果转化提供了积极的外围激励,为科技成果转化落地、扎根北京提供了人性化的激励条件。

3. 中关村科技成果转化的激励措施

中关村一直是创新高地,其科技成果转化当然也被赋予较高的期待。在科技成果转化方面,中关村接连发布《关于在中关村国家自主创新示范区核心区开展高等院校、科研机构和医疗卫生机构科技成果先使用后付费改革试点实施方案》《关于推动北京市技术经理人队伍建设工作方案》《北京市技术转移机构及技术经理人登记办法》《北京市关于落实完善科技成果评价机制的实施意见》等4项科技成果转化的配套政策,其具体规定及实践中的特色科技成果转化激励措施如下。

先使用后付费。《关于在中关村国家自主创新示范区核心区开展高等院校、科研机构和医疗卫生机构科技成果先使用后付费改革试点实施方案》规定了"先使用后付费"的创新模式,化解了科技成果转化中的核心难题,有利于化解科技成果转化中相关主体之间的"信任危机"。通常而言,信任的主体之间展开合作也会更放心。❶ 这一创新模式的规定,则有利于前期建立信任关系,扩大科技成果转化机会。

有关激励措施得到有力落实。北京市科学技术委员会、中关村科技园区管理委员会印发的《关于推动中关村加快建设世界领先科技园区的若干政策措施》❷ 规定,通过系列的措施激励中关村科技成果转化及有力落实《北京市促进科技成果转化条例》,通过系列方案契合中关村先行先试改革任务。具体包括:(1)支持围绕高精尖产业领域建设第三方概念验证平

---

❶ 承天蒙. 高校教师谈科技成果转化:很多企业只想"收果子"[EB/OL].[2023 - 09 - 28]. https://m. thepaper. cn/rss_newsDetail_23449723? from = sohu.

❷ 《关于推动中关村加快建设世界领先科技园区的若干政策措施》(京科发〔2022〕4号)"12. 支持科技成果转化和产业化"。

台，为高等学校、科研机构、医疗卫生机构及企业等提供概念验证服务。（2）支持高等学校、科研机构、医疗卫生机构与企业等创新主体联合开展产学研医协同合作，围绕核心技术和高价值科技成果，实施技术开发、产品验证、市场应用研究等概念验证活动。支持建设专业化技术转移机构，为科技成果转化落地提供专业化服务。（3）支持技术转移机构市场化聘用技术经理人，开展全过程科技成果转化活动。（4）支持中小微企业通过技术开发、技术转让、技术许可等方式，从高等学校、研发机构、医疗卫生机构等转化科技成果，并开展产业化落地。支持设立以科技成果转化和产业化为目标的产业开发研究院，形成从应用研发、成果转化、企业孵化到产业培育的创新能力。

北京市也针对高校的科技成果转化出台了相应的政策。2014年，北京市出台《加快推进高等学校科技成果转化和科技协同创新若干意见》，又称"京校十条"，按照该政策，高校实施科技成果转化给予科技人员奖励比例下限由以前的20%提高至70%，且允许高校科技成果转化收益中用于人员激励支出的部分一次性计入当年高等学校工资总额，但不纳入工资总额基数。这一规定在当时引起了较大的反响。2020年，北京市教育委员会发布《关于进一步提升北京高校专利质量加快促进科技成果转移转化的意见》以进一步推动科技成果转化。该意见中最重要的亮点在于建设北京高校科技成果转移转化促进中心的规定。该意见指出"创新科技成果转移转化体制机制，探索构建新型科技成果转移转化组织模式，加强高水平科研成果发掘、高质量专利培育、高标准转化服务，按照'成熟一个、建设一个'的原则，在北京高校建设科技成果转移转化促进中心。依托高校人才和科技优势，聚焦科技成果转移转化难点问题，引导开展基础前沿研究、产业关键共性技术研发、应用开发等创新活动，推动重大科技成果转化和产业化，与校内有关机构协同开展技术转移人才培养，打造高水平、专业化科技成果转移转化示范和服务平台"。对于科技成果转化中心的运转，北京市财政会给予相应的经费支持。北京理工大学、北京工业大学等高校均获批建设"北京高校科技成果转移转化促进中心"。这对于促进高校科技成果转化具有重要的激励作用，对于具体科技成果转化活动的展开也具有巨大的支撑意义。2021 年中共北京市委、北京市人民政府在《北京市"十四五"时期国际科技创新中心建设规划》中也明确了科技成果转化体系建设，对科技成果转化激励实践提出了重要指引。

北京市科技成果转化成果斐然，❶ 与诸多创新主体聚集北京有关，当然也与地方科技成果转化激励的立法密不可分。同时，也要认识到中央层面对地方有关政策的指导，❷ 地方的科技成果转化激励也能够获得有关部委的支持，❸ 这种协同的激励机制也在其中发挥了一定的作用，是值得肯定的。

（二）"江浙沪"科技成果转化激励的立法

江浙沪是中国经济发展高地，在经济上的发展离不开科技支撑，科技成果转化在江浙沪也得到较高关注。从立法上而言，江浙沪科技成果转化立法相对较早，江苏省于 2000 年发布《江苏省促进科技成果转化条例》，于 2010 年修改；浙江省于 2004 年发布《浙江省促进科技成果转化条例》，于 2017 年、2021 年两次修改；上海市于 2017 年发布《上海市促进科技成果转化条例》。

1. 上海科技成果激励立法

虽然《上海市科技成果转化条例》出台并不早，但是上海的科技成果转化其他文件却早早先行，在上海科技成果转化中发挥了重要作用。1998

---

❶　北京市科学技术委员会. 北京科技成果转化十年成果斐然［EB/OL］.（2022 - 09 - 30）［2023 - 09 - 28］. https：//www. beijing. gov. cn/ywdt/gzdt/202209/t20220930_2828615. html.

❷　国务院 2016 年发布《北京加强全国科技创新中心建设总体方案》（国发〔2016〕52 号），提出加快科技成果向现实生产力转化；利用中关村政策优势，推动国防科技成果向民用领域转移转化和产业化；首都高端引领型产业承载区（城六区以外的平原地区）重点加快科技成果转化，推进生产性服务业、战略性新兴产业和高端制造业创新发展；围绕首都创新成果转化共建科技成果转化基地；吸引国际高端科技成果在京落地等。

❸　如为深入学习贯彻党的二十大精神，落实习近平总书记关于北京国际科技创新中心建设的重要批示精神，科技部、北京市人民政府、国家发展改革委、教育部、工业和信息化部、财政部、人力资源社会保障部、国务院国资委、中国科学院、工程院、国家移民管理局、自然科学基金委共同制定了《深入贯彻落实习近平总书记重要批示精神 加快推动北京国际科技创新中心建设的工作方案》，其中对科技成果转化有关工作也有相应的涉及。

年上海市就出台了《上海市促进高新技术成果转化的若干规定》（又称上海"科技十八条"），开启了科技创新、科技成果转化等有关的政策支持。上海"科技十八条"重点规定了研发与产业化之间的商业化阶段，支持中小企业创新和促进高新技术成果的转化，在政策扶持力度、组合性上具有较大的特色。❶ 目前，上海市出台的《上海市促进科技成果转化条例》《关于进一步促进科技成果转移转化实施意见》《上海市促进科技成果转移转化行动方案 （2017—2020）/（2021—2023）》（又称"科技成果转化三部曲"）结合其他科技创新及科技成果转化有关的政策规定共同构成对科技成果转化的政策法规支持。

2015 年上海市人民政府办公厅出台《关于进一步促进科技成果转移转化的实施意见》，规定"高等院校、科研院所对职务科技成果实施转化的，要依法规定或者与职务科技成果的完成团队、转化团队约定奖励和报酬的方式和数额。未规定、也未约定的，允许将不低于 70% 的转化收益归属团队。""国有科技创新型企业可对在科技创新中作出重要贡献的技术人员和经营管理人员实施股权和分红权激励。对高等院校和科研院所以科技成果作价入股的企业，用于股权奖励和股权出售的激励总额中，用于股权奖励的部分可以超过 50%，用于股权奖励的激励额可以超过近 3 年（不满 3 年的，计算已有年限）税后利润形成的净资产增值额的 17.5%。"

2017 年 4 月《上海市促进科技成果转化条例》发布，根据该条例的规定：（1）成果完成单位可以规定或者与科技人员约定奖励和报酬的方案并自主实施。（2）要求研发机构、高等院校在转化收入中提取一定比例用于支持本单位成果转化专门机构的运行和发展。（3）企业科技成果转化可享受税收优惠，且为企业提供融资、保险等服务。（4）科技成果转化收益分配遵循约定优先原则，将职务科技成果转让、许可给他人实施以及作价投资的，可以从转让许可净收入、形成的股份或出资比例中，提取不低于 70% 的比例，作为奖励和报酬；将职务科技成果自行实施或者与他人合作实施的，

---

❶ 吴寿仁. 上海科技成果转移转化模式研究 ［J］. 创新科技，2021，21（8）：45 – 54.

在实施转化成功投产后，可以从开始盈利的年度起连续五年，每年从实施该项科技成果产生的营业利润中提取不低于5%的比例，作为奖励和报酬。❶

《上海市促进科技成果转移转化行动方案（2017—2020）/（2021—2023）》对科技成果转化激励方向做了相应的规定，从激励技术转移转化人才到混合所有制改革，彰显出上海市对科技成果转化激励的细致关注，从具体问题着手解决科技成果转化激励的难题。

此外，上海市还有多重与科技成果转化有关的规定，这些规定从不同的角度对科技成果转化激励给予规定。（1）《上海市推进科技创新中心建设条例》重要内容之一即提升科技成果转化能力，赋予科研人员科技成果所有权或长期使用权，建立健全国有技术类无形资产监管机制，建设研发与转化功能型平台，提升科技成果转化效率。（2）在作价入股这种科技成果转化形式上，上海市出台的《张江国家自主创新示范区企业股权和分红激励试点实施细则》等提出了可操作方案，对实践中科技成果转化的作价入股和分红激励方式提供了指引。（3）上海市教委针对高校也出台了具体的科技成果转化文件，为高校的科技成果转化提供了切实的激励措施。2013年上海市教育委员会出台《上海市教育委员会系统高等学校科技成果转化及其股权激励暂行实施细则》，对申请股权激励试点高校的科技成果转化激励做了规定，提出对职务发明人的奖励比例、职务发明人股权激励办法及具体程序，提升了科技成果以作价入股形式得以转化的可操作性。（4）上海市还出台了针对医疗卫生有关的科技成果转化文件《上海市促进医疗卫生机构科技成果转化操作细则（试行）》，对相关领域的科技成果转化也做出了规定，在科技成果转化的收益分配上规定：①以技术转让或者许可方式转化职务科技成果的，应当从技术转让或者许可所取得的净收入中提取不低于70%的比例用于奖励科技成果完成人（团队）；②以科技成果作价投资实施转化的，应当从作价投资取得的股份或者出资比例中提取不低于

---

❶ 项颖知. 上海促进科技成果转化条例正式出炉 6 月 1 日起实施 亮点解读 [EB/OL]. (2017 –
04 –20) [2023 –09 –28]. https://shzw.eastday.com/shzw/G/20170420/u1ai10520749.html.

70% 的比例用于奖励科技成果完成人（团队）；③医疗卫生机构可从职务科技成果转让、许可净收入中提取不低于 10% 的比例，用于保障技术转移部门运行，推动专业化发展，其中可提取不低于 3% 的比例，用于医疗卫生机构内部转化服务专职人员奖励和人才培养。（5）上海市宝山区推出《宝山区加快建设上海科创中心主阵地 促进产业高质量发展政策》的 10 个方面 30 条新政（简称"科创 30 条"），将每年拿出不少于 10 亿元，给予企业最优惠的政策支持，推动宝山产业高质量发展，加快打造上海科创中心主阵地。其中提出：对于关键核心技术研发项目按研发投入的 50% 给予支持，一般项目最高 1000 万元，重点项目最高 3000 万元，重大技术攻关项目最高 4000 万元。鼓励促进科技成果转化与产业化，给予项目总投入30%，最高 150 万元支持。对于引进培育国内外科技前沿研发机构、功能总部、重点实验室等给予市、区两级最高 4000 万元资助。对于重大装备首台（套）、新材料首批次、软件产品首版次项目给予最高 1000 万元扶持。（6）《上海市高新技术成果转化专项扶持资金管理办法》还对高新技术成果转化的扶持等做出规定，对当地的科技成果转化提供了相应的激励支持。当然还有其他诸多有关科技成果转化的政策规定，这些为上海市科技成果转化提供了全面的支撑，对科技成果转化激励而言具有重要指引价值。

2. 江苏科技成果激励立法

2018 年 8 月，江苏省出台《关于深化科技体制机制改革推动高质量发展若干政策》，表示放开服务社会的横向科研项目管理，加大赋权激励，减少微观干预，着力促进科技成果转化。

苏州工业园区还出台了"科创 30 条"。苏州工业园区在"2021 年科技创新发展大会"上发布《苏州工业园区关于加快建设世界一流高科技园区的若干政策》，也被称为"1＋8＋X"的"科创 30 条"政策体系，即"1"为纲领性文件，围绕提升科技创新策源功能、强化企业创新主体地位、提高产业发展质量和效益、高水平推动开放协同创新、打造一流创新创业生态；"8"为专项政策文件，涵盖科技人才引育、新兴产业发展、独角兽瞪羚企业培育、科技总部企业扎根发展、科技金融服务等 8 个方面；"X"为"1"和"8"的操作细则，确保政策的执行和落实。❶

3. 浙江科技成果转化激励立法

浙江科技成果"先用后转"实施力度较大，对地方科技成果转化带来较大激励。2023 年 3 月，浙江省科学技术厅对《科技成果"先用后转"全面推广实施方案》（征求意见稿）公开征求意见，相关单位也提出了相应的意见。❷ 该方案提出对科技成果转化进行先免费试用、后付费转化的措施，具体为高校院所、医疗卫生机构、新型研发机构等单位以普通许可的方式将科技成果面向一个或多个被许可人免费试用一定期限后，交易双方根据自愿原则再行约定付费转让（许可）事宜。具体而言，该方案中还提出扩大"先用后转"成果池、完善"先用后转"规则标准、强化"先用后转"权益保障、优化"先用后转"运营服务、迭代"先用后转"支撑系统等多项重点任务，特别是其中提到对科技成果转化的特殊对待问题，如落实职务科技成果单列管理要求，"先用后转"成果及其作价形成的股权不纳入国有资产保值增值考核范围；另如，高校院所"先用后转"过程中产生的产学研合作项目，符合条件的可认定为省重点研发计划项目；除此之外，也提出对技术转移机构和人员实行积分管理，"先用后转"绩效突出的作为年度优秀机构和个人评选的重要依据。❸

区域性的科技成果转化能够推动资源的互动，促进科技成果转化信息的互通，加快科技成果转化。《长三角科技创新共同体建设发展规划》提出对江浙沪皖长三角区域建设的规划，其中科技成果转化也作为创新链条上最重要一环倍加重视，其中提及要构建一体化科技成果转移转化体系。《关于推进长三角科技创新共同体协同开放创新的实施意见》进而指出要

❶ 孙宝平. 苏州工业园发布"科创 30 条"［N］. 国际商报，2021 – 05 – 13（7）.

❷ 浙江省科学技术厅关于公开征求《科技成果"先用后转"全面推广实施方案》（征求意见稿）意见的函（已归档）［EB/OL］.（2023 – 03 – 02）［2023 – 09 – 28］. https：//kjt. zj. gov. cn/art/2023/3/2/art_1229706743_46565. html.

❸ 《浙江省科技成果"先用后转"全面推广实施方案》（征求意见稿）.

"依托长三角国家科技成果转移转化示范区建设国际技术转移网络，合力推动科技成果跨境对接转化，促进国际先进科技成果在长三角地区转化落地"。区域性的科技成果转化立法有利于相关区域之间协同发展，在创新成果转化上形成区域合力，彼此借力的情况下更有利于区域创新环境的形成，进而带来地方科技成果转化激励制度趋同辐射、输出的优势。

实际上这里提出北京和江浙沪的科技成果转化激励的立法，并非其他省市的不重要，而是对中国地方的科技成果转化立法有一个初步的认识。其他省市的科技成果转化立法也有相应的特色，如有的科技成果转化地方条例出台比较早，有的地方科技成果转化地方立法在多方面做出了更具有执行性的规定。例如，广东省科技成果转化立法建立了定价免责和投资亏损免责的规定，❶另如有些地方在本地科技成果转化法中突出了政府引导作用和企业主体地位，对成果完成人以及转化中作出重要贡献的人员奖励等转化激励做出了具体的规定。❷地方立法为本地科技成果转化激励的最终来源，因为很多激励措施需要有当地财政支持，这是科技成果转化激励地方立法的重要性所在，也是不同地方有不同立法的原因所在。

第二节　中国科技成果转化激励的立法特色

一、政策与规定双轨之下科技成果转化激励体系逐步完善

《促进科技成果转化法》等规定与促进科技成果转化有关的政策，形

---

❶　《广东省促进科技成果转化条例》第 15 条规定："高等院校、科学技术研究开发机构通过协议定价、技术交易市场挂牌交易、拍卖等方式确定科技成果价格，单位负责人已履行勤勉尽责义务且没有非法牟利的，不承担科技成果转化后价格变化的责任。"第 17 条第 2 款规定："利用本省财政性资金设立的高等院校、科学技术研究开发机构实施科技成果转化活动，已经履行勤勉尽责义务仍发生投资亏损的，经单位主管部门审核后，不纳入高等院校、科学技术研究开发机构国有资产对外投资保值增值考核范围，免责办理亏损资产核销手续。"

❷　翟晓舟. 科技行政执法体制改革研究——以法规修订为例 [J]. 陕西行政学院学报，2018，32（3）：104 – 108.

成了促进科技成果转化的双轨道依据。科技成果转化有关政策对中国科技成果转化激励的落实而言具有较大的影响。中国科技成果转化激励在地方的遍地开花，得益于政策以压力型“上行下效”方式迅速贯彻落实的有效性。地方对科技成果转化激励的立法体现出的对上级政府政策吸纳、政策学习和政策创新，是科技成果转化激励演变的双重动力，地方科技成果转化立法与中央科技成果转化立法共同推动了中国科技成果转化立法的体系完善。[1]

政策与法律的协调十分重要，注重相关具体激励规定之间的协调是值得关注的重点。政策可以分为供给型、环境型、需求型政策，具体的政策类型中政府起到的作用不同。[2] 还应当注重不同政策类型之间的协调，以促进科技成果转化激励的同时，使得科技成果转化的政策能够形成内在逻辑统一、自洽的创新体系。

（一）来自科技成果转化法的三层次基本定调

科技成果转化仍然应当以《促进科技成果转化法》为纲，这是对法律适用、法律政策统一的基本要求。聚焦而言，科技成果转化的激励制度体现形式多种多样，其核心却较为明确且稳定。《促进科技成果转化法》第1条对之予以定调，这种定调为科技成果转化的激励也提出相应的指引，成为中国科技成果转化有关政策法规的灵魂。

1. 促进科技成果转化为现实生产力

科技成果转化激励的最重要目的、最基本表现是将科技成果转化为现实生产力。科技成果转化的方式具有多元化特征，激励科技成果转化的方式也具有多样性，激励的目的就是实现科技成果转化、将科技成果变成社会生产力。正所谓，只要发明还没有得到实际应用，那么其在经济上就是

---

[1] 平霰，危怀安，谭智方，等．科技成果转化激励政策：工具特征、话语转向及演进逻辑［J］．中国科技论坛，2023（6）：51－62．

[2] 程华东，杨剑．安徽省与江浙沪地区科技成果转化政策比较研究：基于政策文本量化分析［J］．常州工学院学报，2022，35（2）：55－62．

不起作用的。这也对科技成果转化激励的方向提供了相应的指引，科技成果转化绝对不应仅仅看其是否为科技成果权利人带来经济价值，还需要看其商品化、产业化的情况。

由于科技成果转化目标指向科技成果向现实生产力的转变，那么就需要在科技成果转化激励中对其转化结果予以引导。进一步而言，中国科技成果转化有关的规定对科技成果本身提出"价值性"要求是合理的，这是其能够向现实生产力转变的前提。这能够有效遏制现实中仅仅为了转化数字好看而进行虚假科技成果转让许可等现象。把握住这个核心应当是其他科技成果转化激励政策与规定的底线。对于有违该科技成果转化目标的，是否应当予以激励应另当别论。

2. 规范科技成果转化活动

科技成果转化活动涉及多方主体参与，不同主体在科技成果转化中有不同的诉求、在科技成果转化中负担的风险也不尽相同。因此，对于科技成果转化的激励应当有相应的规范性，规范的目的是促使科技成果转化更加规范。这就进一步使得科技成果转化在规范性和效率性上形成张力。目前科技成果转化激励体系对科技成果转化的规范性要求并没有太高，而是在科技成果转化的具体实践中，基于各方对风险的防范意识而做出相应的抉择。

科技成果转化激励必定会有相应资源的倾斜。有些主体可能基于多方面原因采取相应的措施争取科技成果转化激励的资源。正当的科技成果转化对科技成果转化激励资源的争取是值得鼓励的，不应当全盘否定其中有些争取资源失败的结果。相反，对于一些弄虚作假等方式做出的骗取科技成果转化激励资源的，则需要予以否定性评价。中国科技成果转化有关的法律政策等对之有一定的关注，做出了否定性评价和制裁措施。这表明中国科技成果转化的法律规定和政策在此方面具有相同的价值取向，差别在于政策一般是予以否定性评价，法律规定对这些行为还规定了具体的责任负担。

3. 加速科学技术进步，推动经济建设和社会发展

科学技术进步是中国科技立法的基本目标，科技成果转化是科技进步的

关键构成，科技成果转化对科技进步体系具有非凡意义。科技成果转化核心在于通过将相关的创新思路转化为现实的生产力，进而推动科学技术进步。在此过程中，科技成果转化激励目的就在于希望通过相应的措施激励科技成果转化的发生，提升科技成果转化的量和质，以应用方式促进科技进步。

从结果上而言，科技成果转化激励的立法能够产生实实在在的经济效益，为社会经济发展带来贡献。科技成果转化在促进生产力的提升、产生经济效益的同时，还能推动创新关系构建、创新主体互动、知识扩散等不可忽视的效果，健全创新体系的动态协同效果实现。

由此而言，《促进科技成果转化法》通过立法宗旨条款为中国科技成果转化及其激励提出了基本方向指引，是有关法规政策拓展的基本起点，亦是法规政策需要践行的内在核心逻辑。

（二）双轨制的科技成果转化激励体系

1. 法律规定与政策激励

法律与政策具有内在一致性，但是二者又有所不同，在实践中政策与法律之间形成谐变关系，二者相互影响、相互建塑、优势互补、互联耦合，形成更加完善的社会规范体系。❶ 科技成果转化激励很多时候并不具有强制性，在实践中很多激励的完成也需要依托于实际情况具体衡量，常常被衡量的因素包括但不限于地方区域财政情况、地方对创新的吸引力、地方科技成果创新资源的可转化量、上级政策压力等。这在科技成果转化激励的体系中具有相应的反映，例如，中国不同地方的科技成果转化立法，具有不同的进度，不同地方的科技成果转化立法具体规定和做法也不尽相同。

此外，政策与法律的不同还反映在政策的灵活性上。法律规定对稳定性要求较高，且法律比政策具有更强的精密性和严格性。科技成果转化激励与其他科技成果转化活动一同构成完整的科技成果转化规范体系。根据

---

❶ 李龙，李慧敏. 政策与法律的互补谐变关系探析 [J]. 理论与改革，2017（1）：54–58.

具体规划而制定的有侧重方向的科技成果转化激励政策，比法律规定具有更大的弹性，且政策出台也比法律规定更加有弹性。特别是针对科技成果转化激励的试点、特殊领域的科技成果转化，有针对性的科技成果转化激励的政策性较为普遍。在达成政策目标的情况下，这些政策规定中的科技成果转化激励则可能退出历史舞台。

政策性规定与法律规定的另一个不同体现于，政策性的规定一般没有强制性约束力。法律则有较为紧密的法律制裁对象、法律制裁手段、法律制裁后果等较强约束力的规定。政策则侧重于指引行为的正确方向而非对行为定性并约束。在科技成果转化激励的场景下，科技成果转化法律和政策都没有太多的行为评价及约束，而多用鼓励或建议用语。比如在《促进科技成果转化法》第43—45条对科技成果转化奖励、报酬予以规定之后，在第五章"法律责任"部分并没有对未给予奖励、报酬的责任负担规定。这一特点使得科技成果转化的政策、法律体系呈现出较强的统一性、逻辑自洽性，二者更容易形成合力，为实践中的科技成果转化激励提供明确、有价值的指引。

2. 创新体系的完善

总体而言，科技成果转化激励及科技成果转化有关规定隶属于创新体系，创新体系的法律政策完善有助于为实践中创新环境的优化提供相应的支撑，激励创新主体对创新活动的付出，加快创新因素在创新环节的流动，推动中国科技水平的提升。在创新体系之下，当前科技成果转化有关的文件政策已经繁多，这些政策文件对科技成果转化激励从不同切入口进行了规定，而且这些规定多以鼓励为主、强制性的规定有所弱化。另外，在科技成果转化激励中也体现出了以附加地方公共部门对有关科技成果转化活动提供支持的要求，这从根本上使政府公共部门从不同角度介入科技成果转化有关活动有了依据，也激励政府在创新体系中依据相关规定积极参与。这对于科技成果转化激励而言，具有组织视角的宝贵价值。特别是从税赋、金融等角度的政府义务规定，更是为科技成果转化激励提供了妥当的支撑，缓解科技成果转化在创新体系中面临的根本困难，有助于解决科技成果转化"最后一公里"的问题。

3. 激励的双重规定

科技成果转化激励本身是一种对科技成果转化的鼓励。科技成果转化有关的法律法规、政策文件均有规定。可以发现的规律是，地方性的科技成果转化立法一般对科技成果转化激励比《促进科技成果转化法》更进一步，而科技成果转化有关的政策文件也对有关科技成果转化激励规定做了拓展。这一方面使得科技成果转化立法得到了落实层面的政策支持，另一方面也使得科技成果转化立法中的激励性规定得到了进一步的补充、充实。

需要进一步说明的是，这种基于科技成果转化政策引发的对科技成果转化激励规定，并不完全是对法律的遵从，其可能对法律规定带来相应的挑战。例如，科技成果转化激励有关的制度探索中职务科技成果的权属制度改革安排已经脱离了专利法中职务发明专利的权属制度的规定，这可能反过来动摇知识产权法律基础。知识产权法对科技立法中的这些挑战如何回应，成为法律政策统一的新课题。从结果上也可以说，科技成果转化激励的立法政策反过来可能形塑知识产权制度。

二、科技成果转化激励规范政策的行业差异

中国科技成果转化立法体现出一种特色就是一般规定之下还有诸多基于行业、产业而形成的具体规定。这些具体规定与一般规定之间形成特殊与一般的关系，特别是在中国创新型国家建设这一时代背景下，在特殊领域的科技成果转化进行专门立法具有一定的意义和价值。一方面，特殊立法便于对特殊领域的科技成果转化激励进行试点试验，以便总结出相应的可扩展方案；另一方面，一些对中国当前阶段发展十分重要的特殊产业中，科技成果转化往往是制约中国科技实力提升的关键障碍，因此对相关特殊产业的科技成果转化予以特殊激励能够加快其发展，尽快实现其在社会生产生活中的预期目标，具有现实意义。

对于一般产业、行业、领域而言，科技成果转化激励与中国科技成

转化历史发展阶段有关，随中国一般意义上的科技进步水平、知识产权保护水平、创新能力水平和环境等发生相应的转变。如若没有特殊的针对性规定，那么科技成果转化激励就遵循一般的科技成果转化有关的激励规定即可。一般性的科技成果转化激励具有普遍适用的效力，其一般也能够起到预期的激励作用。

对于特殊领域而言，中国科技成果转化给出了特定的规定，这些领域之所以特殊，是因为这些领域对中国科技、经济、社会、政治具有特殊的意义，特别是结合当前的国际竞争局势形成中国必须在相应领域加强科技自立自强，否则可能形成对中国发展特别不利的局面。《国家技术转移体系建设方案》提出要对经济社会发展急需领域加强技术转移，特别是医疗领域、战略必争领域、农业领域等。❶

（一）对高科技产业的特殊科技成果转化激励立法

综合国力的竞争核心是科技的竞争，在科技竞争领域研究成果的保护、科技成果转化与前沿研究具有同等的重要性。通过知识产权等制度保护科技成果能够为科技成果的研发提供保障，而科技成果转化的激励则成为科技成果实现其价值的催化剂。科技成果转化率标榜着一个国家科技成果可用、适用的情况，特殊激励高科技产业科技成果转化具有积极的价值。

在中国高科技领域主要体现为：国家急需高科技领域、高精尖技术领域、战略发展领域等。这些领域之所以被称为高科技领域，重要原因在于其对国民经济发展具有战略意义和价值。有关领域国际层面竞争的白热化

---

❶ 面向经济社会发展急需领域推动技术转移。围绕环境治理、精准扶贫、人口健康、公共安全等社会民生领域的重大科技需求，发挥临床医学研究中心等公益性技术转移平台作用，发布公益性技术成果指导目录，开展示范推广应用，让人民群众共享先进科技成果。聚焦影响长远发展的战略必争领域，加强技术供需对接，加快推动重大科技成果转化应用。瞄准人工智能等覆盖面大、经济效益明显的重点领域，加强关键共性技术推广应用，促进产业转型升级。面向农业农村经济社会发展科技需求，充分发挥公益性农技推广机构为主、社会化服务组织为补充的"一主多元"农技推广体系作用，加强农业技术转移体系建设。

彰显出中国在有关技术领域发展所受到的阻碍，在芯片领域中国受到的制约还被形象地称为"卡脖子"。当然这不仅仅是一个简单的科技成果转化问题，而是一个蕴含政治、经济、科技、法律的综合性问题。仅就科技成果转化而言，芯片领域的科技成果转化则成为解决相关技术难题的重中之重。对此，中央高度重视，地方政府也对高科技领域科技成果转化给予高度关注，如京津冀联合发布《促进科技成果转化 协同推动京津冀高精尖重点产业发展工作方案（2023）》，突出对高精尖技术领域科技成果转化的重视。

（二）农业科技成果转化立法激励特殊立法

农业在中国发展战略中居于重要位置，无论是保障农业农村优先发展还是对农业农村的特殊政策支持，都体现了农业在社会经济中的重要角色。随着现代化技术的发展，农业的科技依赖逐渐增强，农业科技成果转化成为推动农业科技转化为现实生产力、赋能农业农村发展的重要路径之一。

《科学技术进步法》第 23 条对促进农业科技成果转化和产业化给出了明确规定，还提及政府的作用。[1]《全国现代设施农业建设规划（2023—2030 年）》也指出要推进新技术研发与推广应用。[2]为了充分调动农业部属科研院所及科技人员转移转化科技成果的积极性，规范成果转移转化行为，推动农业科技源头创新，提升科技支撑现代农业发展的能力和水平，

---

[1] 《科学技术进步法》第 23 条：

国家鼓励和支持农业科学技术的基础研究和应用研究，传播和普及农业科学技术知识，加快农业科学技术成果转化和产业化，促进农业科学技术进步。

县级以上人民政府应当采取措施，支持公益性农业科学技术研究开发机构和农业技术推广机构进行农业新品种、新技术的研究开发和应用。

地方各级人民政府应当鼓励和引导农村群众性科学技术组织为种植业、林业、畜牧业、渔业等的发展提供科学技术服务，对农民进行科学技术培训。

[2] 强化科技支撑。"推进科技创新。支持设施农业领域重点实验室、设施装备制造创新平台等建设，推动产学研深度融合，实施设施农业专用品种选育、病虫害防治等科技项目，强化设施装备工程化协同攻关，开展设施农业新能源装备、新技术研发与推广应用，加快解决制约设施农业发展的重大关键和共性技术问题。"

农业部于 2016 年 12 月发布《农业部深入实施〈中华人民共和国促进科技成果转化法〉若干细则》。该"细则"专门规定了具有针对性的促进科技成果转化措施：（1）科研院所转化科技成果所获得的收入全部留归单位依法自主分配，纳入单位预算，实行统一管理，不上缴国库。用于人员奖励和报酬的支出，应纳入年度工资总额计划，计入当年本单位工资总额，不纳入本单位工资总额基数。（2）成果转化收益分配应兼顾成果完成人、成果转化人员、专职成果转化机构、研究院所等各方利益，以及相关基础研究和公益性成果研发、转化事业的发展。（3）科研院所开展技术开发、技术咨询、技术服务等活动取得的净收入视同成果转化收入。对于人员的激励，该"细则"从强化科研院所履行科技成果转化长期激励的法人责任、激励重要贡献人员、鼓励持股转化成果、鼓励科技人员兼职兼薪和离岗创业等方面做出了具体规定。为了展开农业领域的科技成果转化激励工作，诸多地方还出台了对应的工作办法，❶ 这为农业领域展开科技成果转化激励提供了强操作性的依据。

粮食安全是农业领域需要被关注的另一个关键板块。关于粮食领域的科技成果转化，2016 年原国家粮食局发布了《关于大力促进粮食科技成果转化的实施意见》（国粮储〔2016〕148 号），对粮食行业的科技成果转化提出相应的指示，鼓励粮食企业健全科技成果转化分配激励机制：（1）鼓励粮食企业充分利用股权出售、股权奖励、股票期权、项目收益分红、岗位分红等方式激励科技人员开展科技成果转化，建立健全符合粮食科技成果转化工作特点的职称评定、岗位管理、考核评价制度和收入分配激励约束机制。（2）各级粮食行政管理部门要结合深化国有粮食企业改革，督促落实国有科技型企业股权和分红激励政策，对科技人员实施激励。（3）对于担任领导职务的科技人员获得成果转化奖励按分类管理原则执行。各级粮食行政管理部门所属科研单位（不含内设机构）正职领导，以及上述单

---

❶ 《河北省农业科技成果转化与技术推广服务财政补助资金使用及绩效管理办法》（冀财规〔2020〕12 号），《大连市农业科技成果转化项目管理实施细则（试行）》。

位所属具有独立法人资格单位的正职领导，是科技成果的主要完成人或者对科技成果转化作出重要贡献的，可以按照《促进科技成果转化法》的规定获得现金奖励，原则上不得获取股权激励。其他担任领导职务的科技人员，是科技成果的主要完成人或者对科技成果转化作出重要贡献的，可以按照《促进科技成果转化法》的规定获得现金、股份或者出资比例等奖励和报酬。

对农业领域科技成果转化激励的特殊规定，既是科技成果转化激励在农业领域的反映，也是对农业强烈关注产生的科技成果转化必选项。中国诸多科技成果转化文件、农业有关文件对科技成果转化都有或多或少的关注，实际上暗含了农业领域科技成果转化的重要性，其不仅是促进中国农业发展的关键路径之一，更是维护中国粮食安全等重要目标的保障。

（三）医疗卫生领域的科技成果转化激励的特殊立法

2016 年国家卫生计生委、科学技术部、国家食品药品监督管理总局、国家中医药管理局、中央军委后勤保障部卫生局联合发布《关于加强卫生与健康科技成果转移转化工作的指导意见》，提出积极推动卫生与健康科技成果开放共享、开展卫生与健康科技成果转移转化行动、实施卫生与健康适宜技术推广计划、加强卫生技术评估与科技成果评价工作、发展科技成果转移转化的专业化服务、健全以增加知识价值为导向的收益分配政策、建立有利于科技成果转移转化的人事管理制度、建立健全知识产权保护和成果转移转化程序规则等多项措施推进医疗卫生领域的科技成果转化。《"十四五"优质高效医疗卫生服务体系建设实施方案》也强调了科技成果转化，指出要形成一批成果转化高地，推动临床科研成果转化，优化国家医学中心科技成果创新和转移转化环境，鼓励创新药物和技术使用，支持开展科技创新和成果转化，提升中医药装备和中药新药研发、科技成果转化等能力。

地方有关部门也结合地方发展目标出台了医疗卫生领域的科技成果转化文件，如《上海市促进医疗卫生机构科技成果转化操作细则（试行）》

《促进深圳市医疗卫生机构科技成果转化实施意见》《关于开展中关村国家自主创新示范区核心区高等院校、科研机构和医疗卫生机构职务科技成果转化管理改革试点实施方案》等。这对加强地方在医疗健康领域进行科技成果转化激励有关的改革提供了详细的依据，并对科技成果转化激励提供了行业参考，具有积极价值。

（四）国防军工领域科技成果转化激励的特殊立法

国家为国防和军队建设直接投入资金形成的并用于国防目的的知识产权，以及其他投入产生并用于国防和军队建设的知识产权，为国防知识产权。❶ 国防军工领域科技成果转化与一般领域的科技成果转化具有不同的逻辑体系。从科技发展历史来看，实际上很多技术都是在国防军事领域首先获得创新和使用的，但是诸多国防科技成果如何转向更大范围的适用，特别是其如何能够产生市场化的民用效果，则值得关注。国防科技成果转化中的激励与普通领域的科技成果转化稍有不同，因此对其进行单列考虑并提出激励制度完善是有必要的。

中国对国防工业的科技成果转化关注较高，而且在科技成果转化激励上也形成了与一般科技成果转化激励不一样的切入方向。2017年国务院办公厅发布《关于推动国防科技工业军民融合深度发展的意见》，指出要"推动降密解密工作，完善国防科技工业知识产权归属和收益分配等政策，推动国防科技工业和民用领域科技成果双向转移转化"。2021年5月，国防科工局、财政部、国资委联合出台《促进国防工业科技成果民用转化的实施意见》。该"意见"除了做出与《促进科技成果转化法》相关人员奖励和报酬标准的衔接❷外，还做出了定价免责、转化失败免责的规定，❸ 对于军转民科技成果转化有关主体具有较大的激励价值。需要特别指出的是，该"意见"还对资金支持做出系列鼓励性规定，如鼓励在国防工业领

---

❶ 武剑. 国防专利技术转移动力机制 [M]. 北京：国防工业出版社，2017：2.
❷ 《促进国防工业科技成果民用转化的实施意见》"三、奖酬标准"。
❸ 《促进国防工业科技成果民用转化的实施意见》"五、尽职免责机制"。

域通过社会募集设立国防工业科技成果转化引导基金，重点扶持具有转化应用前景的国防工业科技成果二次开发，鼓励地方政府提供资金扶持，鼓励社会资本参与国防工业科技成果转化并为其提供政策支持等。❶ 国防科工局综合司、国家知识产权局办公室还联合印发了《国防科技工业知识产权转化目录》，为深入国防科技工业科技成果向民用转化提供了实际的指引。"'十四五'规划"也明确指出，"深化军民科技协同创新，加强海洋、空天、网络空间、生物、新能源、人工智能、量子科技等领域军民统筹发展，推动军地科研设施资源共享，推进军地科研成果双向转化应用和重点产业发展"。这为国防军工领域科技成果转化的特殊性及实践指明了方向，对军地科技成果双向转化做出了肯定，为下一步军民融合科技成果转化机制体制完善提供了政策指引。

三、全面性的科技成果转化激励方式

在科技成果转化激励方面的探索，更多地借助于权属激励来实现对科技成果完成人、权利人的激励。从现有的规定来看，突出的是"三权下放"和"赋权改革"。科技成果"三权下放"指的是将科技成果处置权、收益权、使用权下放给高校、科研院所，由具体的单位展开相应的激励机制决策和探索。实际上决策权对展开职务科技成果权属改革十分重要，基于决策权有些单位展开了科技成果国有资产的混合所有制改革，积极探究科技成果转化中的国有资产机制调和。《赋予科研人员职务科技成果所有权或长期使用权试点实施方案》规定："优化科技成果转化国有资产管理方式。充分赋予试点单位管理科技成果自主权，探索形成符合科技成果转化规律的国有资产管理模式。"这是对科技成果转化激励过程扫除国有资产有关管理问题障碍的关键一步，是实践中科研院所、高等学校等财政支持单位进行科技成果转化激励过程中产生的关键顾虑。"赋权改革"基于《赋予科研人员职务科技成果所有权或长期使用权试点实施方案》深入展

---

❶ 《促进国防工业科技成果民用转化的实施意见》"十、资金支持"。

开，主要是由相关单位对科研人员赋予科技成果所有权或长期使用权，激励科技成果转化、激发科研人员对科技成果转化作出贡献。

收益权方面的激励主要体现为赋予科研人员不低于一定比例的科技成果收益权，而且允许具有相应行政级别以下的科研人员依法享有科技成果转化收益，这对提高科技成果转化完成人的转化积极性不言而喻。收益权方面的规定从直观的经济侧对科研人员、科研团队等与科技成果转化关系密切的主体展开激励，具体收益权也强调收益与实际贡献相匹配，更突出了经济侧激励的作用路线。

科技成果转化激励还延伸到税费优惠政策领域。科技成果、科技成果转化有关制度是创新环境的构成，实际上也有人对科技成果有关的税费改革作为一种税费政策支持是否能够有效推动科技成果转化产生怀疑。中国从税收优惠方面对科技成果转化提供了一定的激励。"结合税制改革方向，按照强化科技成果转化激励的原则，统筹研究科技成果转化奖励收入有关税收政策"是《国家技术转移体系建设方案》明确提出的改革方向。财政部、国家税务总局早在1999年就发布了《关于促进科技成果转化有关税收政策的通知》，对科研机构、高等学校科技成果转化有关税收做了规定：第一，科研机构的技术转让收入继续免征营业税，对高等学校的技术转让收入自1999年5月1日起免征营业税；第二，科研机构、高等学校服务于各业的技术成果转让、技术培训、技术咨询、技术服务、技术承包所取得的技术性服务收入暂免征收企业所得税；第三，自1999年7月1日起，科研机构、高等学校转化职务科技成果以股份或出资比例等股权形式给予个人奖励，获奖人在取得股份、出资比例时，暂不缴纳个人所得税；取得按股份、出资比例分红或转让股权、出资比例所得时，应依法缴纳个人所得税。有关此项规定的具体操作由国家税务总局另行制定。❶《实施〈中华人

❶ 根据2008年《财政部、国家税务总局关于企业所得税若干优惠政策的通知》（财税〔2008〕1号）第5条规定，"上述第2条被废止。"财政部 国家税务总局关于促进科技成果转化有关税收政策的通知［EB/OL］.（2021－08－30）［2023－09－28］. https：//guangdong. chinatax. gov. cn/gdsw/grsdsgg_hmqsc_cjkj/2021－08/30/content_297506f318e940f2afde20220d52ddd8. shtml.

民共和国促进科技成果转化法〉若干规定》也明确，要落实好有关促进科技成果转化有关的税收政策，并探索支持单位和个人科技成果转化的税收政策。根据财政部、国家税务总局《关于全面推开营业税改增值税试点的通知》的规定，对技术转让、技术开发和与之相关的技术咨询、技术服务免征增值税。2018 年 5 月 30 日，财政部、税务总局和科技部联合发布《关于科技人员取得职务科技成果转化现金奖励有关个人所得税政策的通知》，明确自 2018 年 7 月 1 日起，依法批准设立的非营利性研究开发机构和高等学校根据《促进科技成果转化法》规定，从职务科技成果转化收入中给予科技人员的现金奖励，可减按 50% 计入科技人员当月"工资、薪金所得"，依法缴纳个人所得税。❶

在科研院所、高等学校科研人员的科技成果转化激励中，激励应当区分于其本身的薪酬待遇，另行独立给予激励。避免将科技成果转化收益权混淆于其工资，反过来侵蚀科技成果转化激励体系，降低科技成果转化激励的作用。《国家技术转移体系建设方案》明确"高校、科研院所科研人员依法取得的成果转化奖励收入，不纳入绩效工资"，这有利于隔离科技成果转化有关科研人员本应该获得的酬劳与科技成果转化产生的利益，增强科技成果转化有关主体从科技成果转化中的获得感，充分激励科技成果转化。

除了具体的科技成果转化激励规定之外，还有诸多有关科技成果转化程序便捷化的规定，对科技成果转化也起到激励的作用。随着政府有关改革的推进，简政放权在科技成果转化活动中也有深刻体现。这些作为相关政策文件对科技成果转化的支持，便捷了科技成果转化有关活动推进的效率，增加了科技成果有关主体对科技成果予以转化的意愿，也提升了相关单位进行制度探索的自由性，从侧面激励了科技成果转化。虽然科技管理权限下放不是直接促进科技成果转化的机制，但是为科技成

---

❶　科技人员职务科技成果转化奖金将享个税优惠［EB/OL］.（2018－06－04）［2023－09－28］. https：//www.gov.cn/zhengce/2018－06/04/content_5295949.htm.

果转化的促进提供了便捷方面的支持，对激励科技成果转化而言功不可没。第一，科技成果转化经费方面的支持，包括预算调剂、相关采购等，交由项目承担单位自行决定，这使得科技成果转化有关的活动展开有了更好的开发环境。第二，项目过程管理权由项目承担单位负责，少了烦琐的流程，为科技成果转化提供了不少可探索的流程优化空间。例如，除非特殊情况，不要求科技成果转化的审批或者备案。❶ 而且，《关于实行以增加知识价值为导向分配政策的若干意见》提出，以科技成果作价入股作为对科技人员的奖励涉及股权注册登记及变更的，无须报科研机构、高校的主管部门审批。加快出台科研机构、高校以科技成果作价入股方式投资未上市中小企业形成的国有股，在企业上市时豁免向全国社会保障基金转持的政策。

对于平台建设，中国科技成果转化有关立法也给出了相应的激励规定。《"十四五"国家高新技术产业开发区发展规划》专门规定了"加强科技成果转移转化"，其指出："支持地方政府依托国家高新区建设国家科技成果转移转化示范区，在职务科技成果所有权改革、要素市场化配置改革、科技成果评价改革等方面创新机制、先行先试。支持园区建设专业化技术转移机构、技术成果交易平台、科技成果中试工程化服务平台、概念验证中心、质量基础设施服务平台等，培育科技咨询师、技术经纪人等高素质复合型人才。鼓励园区建立健全科技成果常态化路演机制，做实中国创新挑战赛、科技成果直通车、颠覆性技术创新大赛等品牌活动。"

最后，除了以上科技成果转化激励之外，还有一些辅助性的规定也能够促进科技成果转化。例如，《中小企业促进法》直接言明国家鼓励通过相关服务促进科技成果转化，推动企业技术、产品的升级，鼓励科研机

---

❶ 国务院《实施〈中华人民共和国促进科技成果转化法〉若干规定》（国发〔2016〕16号），"国家设立的研究开发机构、高等院校对其持有的科技成果，可以自主决定转让、许可或者作价投资，除涉及国家秘密、国家安全外，不需审批或者备案。"

构、高等学校和企业之间在科技成果转化的诸多方面展开合作。❶

第三节　中国科技成果转化激励立法的问题

2014 年，《中共中央关于全面推进依法治国若干重大问题的决定》明确要完善促进科技成果转化的体制机制。2015 年，《关于深化体制机制改革 加快实施创新驱动发展战略若干意见》进一步指出要完善成果转化激励政策。中国科技促进法具有这样一种特性，即是对政府利用财政性资金形成的科技成果管理的政策法规集合，核心是知识产权所有权和转化机制及其保障。❷《促进科技成果转化法》为中国科技成果转化提供了法律依据，但是相关规定过于教条和僵化，缺乏程序性规定，可操作性有待增强。❸科技成果处置权、收益权等没有体现出科技成果转化的特点，对相关人员的考核评价也存在轻成果运用等诸多不利现象，影响了科技成果转化的积极性。❹

---

❶　《中小企业促进法》第 36 条第 2 款：

国家鼓励各类创新服务机构为中小企业提供技术信息、研发设计与应用、质量标准、实验试验、检验检测、技术转让、技术培训等服务，促进科技成果转化，推动企业技术、产品升级。

第 37 条：

县级以上人民政府有关部门应当拓宽渠道，采取补贴、培训等措施，引导高等学校毕业生到中小企业就业，帮助中小企业引进创新人才。

国家鼓励科研机构、高等学校和大型企业等创造条件向中小企业开放试验设施，开展技术研发与合作，帮助中小企业开发新产品，培养专业人才。

国家鼓励科研机构、高等学校支持本单位的科技人员以兼职、挂职、参与项目合作等形式到中小企业从事产学研合作和科技成果转化活动，并按照国家有关规定取得相应报酬。

❷　楼世洲，俞丹丰，吴海江，等. 美国科技促进法对大学科技成果转化的影响及启示：《拜杜法案》四十年实践回顾 [J]. 清华大学教育研究，2023，44（1）：90-97.

❸　张成华，陈永清，张同建. 我国科技成果转化的科技人员产权激励研究 [J]. 科学管理研究，2022，40（3）：130-135.

❹　阚珂，王志刚.《中华人民共和国促进科技成果转化法》释义 [M]. 北京：中国民主法制出版社，2015：4.

一、科技成果转化有关立法特性不足

（一）行业特性不足

虽然中国在科技成果转化法律政策方面已经有较长时间的探索，在相关方面也持续尽力完善，然而在特殊行业的科技成果转化法律政策文件中体现出的共性远远大于特性，结合行业特色予以具体规定的并不多见。因此，诸多文件雷同的成分较大，行业特殊立法中的科技成果转化条款体现出紧密贯彻中央有关文件的浓厚色彩。这并不是说所有行业在科技成果转化上都必须有特色，而是在该有特色、该展现特色的文件中，缺乏足够的特色探索。特色探索不是流于形式或为了特色而特色，而是需要结合行业发展特色可以做出的具体特殊规定。举例而言，中国在医疗卫生领域的科技成果非常多，但是医疗卫生领域的科技成果转化具有高风险、高投入、回报周期长等特点，如其中的创新药物产业周期一般为10年以上，那么在科技成果转化激励的规定上结合这一特点如何在概念验证等方面为科技成果转化提供更多激励支撑，则缺乏探索。另如，在农业领域的科技成果转化激励政策规定中缺乏对农业科技成果转化激励特性的关注，植物新品种的科技成果转化在农业领域具有重要价值，农业领域的科技成果转化亟须有关企业与研究单位建立起衔接机制，此时对于激励企业参与就相当重要，然而在立法文件中对此缺乏足够的重视。再如，对于中国半导体行业发展特别重要的芯片有关技术属于"卡脖子"的状态，在供应链已然受到威胁的情况下对该领域的科技成果转化特殊规定却几乎空白，缺乏在有关要素上产生激励效果的法律依据。

（二）地方特色不足

中国地方在科技成果转化立法方面比较积极，无论是科技成果转化法律政策的落实细则还是地方科技成果转化的专门立法可谓蔚然成风，为当地的科技成果转化激励具体化提供了重要的依据。从整体上而言，中国科技成果转化激励立法有关政策或措施的发布主体过多、调整范围不一致或部分重叠，碎片化比较明显。❶ 这本身为科技成果转化的地方立法带来一定的困难，在具体执行上也存在衔接不足的现象。然而，这并不是最大的问题，更突出的问题是地方立法缺乏地方创新特色，在立法文件中体现最明显的就是对上级政策法规条文的机械照搬。这可能与地方立法过于依赖"不抵触"原则有关，但是"不抵触"原则本身有其局限性，过于依赖"不抵触"原则可能造成作为整体的地方立法体系难以发挥应有的治理功能。❷ 地方知识产权保护水平影响科技成果转化，❸ 地方在科技成果转化激励的立法时应当结合本地知识产权保护水平、立法情况，做出符合地方知识产权保护状况的科技成果转化激励立法。地方在科技成果转化激励方面本身能力也各有差异，地方在科技成果转化激励上也应当结合当地的资源情况、人才情况、科技成果分布等具体状况，做出符合地方发展水平、能力、方向的地方立法。例如，在立法中不同地方对科技成果转化的激励力度呈现出一定差异，就是值得肯定的做法。科技成果转化激励方面地方立法创新，能够为地方之间相互借鉴学习提供基础，也能够为上位法的完善提供提炼素材，具有积极意义。

（三）科技成果转化激励目标问题

科技成果转化激励的立法缺乏创新特色，根本原因在于科技成果转化激励的目标不明确，这也直接造成科技成果转化激励效果不明显。科技成果转化激励效果体现有限的原因之一在于，科技成果转化激励的重点激励对象在于"人"，包括科研人员等，意图通过相关的科技成果转化有关措施提升科技成果有关科研人员的转化意愿。这本身是没有逻辑性问题的，

---

❶ 谢婷婷，李梦悦，张克武. 职务科技成果所有权改革的激励机制研究 [J]. 西南科技大学学报（哲学社会科学版），2022，39（2）：85－90.

❷ 刘光华，李泰毅. 地方立法体系的结构优化理据与路径 [J]. 深圳社会科学，2023，6（3）：47－59.

❸ 胡凯，王炜哲. 如何打通高校科技成果转化的"最后一公里"？——基于技术转移办公室体制的考察 [J]. 数量经济技术经济研究，2023，40（4）：5－27.

但是这个思路忽略了中国科技成果中职务科技成果的比例，特别是能够被科技成果转化"看上"而意图激励的科技成果，更多地为职务科技成果。在职务科技成果场景下，有决策权的主体并不一定是科技成果有关的科研人员，拥有更大决策权的可能是单位。因此，这就形成一定的激励错位。然而如果简单转化思路对相关单位进行激励，又会忽略人的主观能动性。所以在此结构之下，应当采取的方案是要偏向提升"人"在科技成果全链条中的作用和决策权。除此之外，中国科技成果转化激励对转化机构及转化人员的激励不突出，也影响具体科技成果有关的转化契机和转化成效及其影响。一方面，对科技成果转化机构及转化人员激励不足，就无法促使其提供更优化的服务、形成更专业的队伍、对科技成果转化更投入；另一方面，科技成果转化机构与人员在整个激励体系中的地位不高，也限制了其自身的发展。特别是当前创新发展阶段，正在发生由激励科研转向兼顾激励科技成果转化，科技成果转化激励机制的偏向形成的创新激励效果不甚明显，反过来可能对真正有需求或者真正能够得到支持发展的科技成果转化有关活动构成阻碍。

还有一个重要的逻辑问题，假设科技成果转化有关的利益总量是一定的，那么对各方面都想予以激励的时候，可能就会造成没有激励的效果。反过来讲，如果想要在科技成果转化激励中获得理想的激励效果，那么在立法中应当清楚最重要的激励目标是什么，通过何种路径、激励对象、激励方案是最能够解决问题的。当前中国科技成果转化激励中常见的最重要激励对象是科研人员，在地方立法、行业立法中也贯彻了这一做法，虽然可能撬动科研人员的积极性，但是否使得激励科研人员产生了畅通无阻的效果，如是否破除了程序性的激励阻碍，往往成为激励制度设置需要重点考虑的对象。

关于科技成果转化激励的目标明确化，需要厘清激励措施起效逻辑，还需要明确科技成果的类型和激励场景，在此基础上进行立法，才能体现出科技成果转化的激励创新特色和保障科技成果转化激励能够实现"激励"目标。总体来讲，科技成果转化激励的目的应当是促进科技成果转化，其中对人的激励、税费减免等都是实现目的的手段。

二、科技成果转化激励的制度依托比较有限

中国目前科技成果转化激励主要依托于职务科技成果展开，无论是对人的激励还是对组织的激励，无论是收益权的激励还是赋权的激励，关注的重点都是职务科技成果，特别是高校、科研院所的职务科技成果，近些年来医院等机构也逐步被关注到，纳入相应的改革范围。[1] 相反，对企业的科技成果转化激励制度的专门规定则比较少，甚至一些主要的科技成果转化文件制度条款适用对象局限于高校、科研院所的职务科技成果。基于对高校、科研院所职务科技成果的关注，其中核心的国有资产管理改革也成为激励探索的重要探索方向之一。科技成果因为具有较强的人身依附性，核心价值是人力资源，科技成果与科研人员是分不开的，[2] 所以其本身完全作为国有资产是不太合理的。虽然有些地方的科技成果权属混合所有制改革有了相应的成果，但是并没有得到《专利法》等有关条文的支持。职务科技成果的基本逻辑来源于专利法，而专利法中职务发明权属制度本身就存在相应的争议。[3] 在职务科技成果转化激励方面的改革探索，与专利法的有关规定也产生冲突，这些冲突的解决有待相关立法的协调衔接。

中国科技成果转化激励的立法对权属利益的规定也缺乏与相关体制机制的协调。科技成果所有权与科技成果转化决策权息息相关。中国科技成果转化特别是专利转化并不理想，一个重要的原因在于，中国职务发明作出实际贡献的科研人员并没有主动权或参与感。以高校职务发明为例，一

---

[1] 如 2015 年《促进科技成果转化法》修改之后，上海市出台了地方系列配套措施，但是主要围绕的是研究开发机构和高等院校等，医疗机构直到 2019 年上海市《关于进一步深化科技体制机制改革增强科技创新中心策源能力的意见》才首次明确将医疗卫生机构纳入。参见：李晶慧. 作价入股推进医院科技成果转化的探讨 [J]. 中国卫生资源，2023，26（1）：76-79.

[2] 杨红斌，马雄德. 基于产权激励的高校科技成果转化实施路径 [J]. 中国高校科技，2021（7）：82-86.

[3] 尹锋林. 新《促进科技成果转化法》与知识产权运用相关问题研究 [M]. 北京：知识产权出版社，2015：11-12.

般而言中国职务发明的发明人从一开始就被排挤在外，因为专利权人是高校，发明人充当的是可有可无的技术顾问角色；反观美国发明人模式下，其高校职务发明人有原生专利申请权，发明人具有相当高的参与感和协商筹码。❶ 在国有资产管理方面的规定协调还有待进一步完善。中国高校多属于国有事业单位，科技成果归属高校所有并长期被列为国有资产，相关转化程序烦琐而严格，因为科技成果转化涉及经济性问题因此开展科技成果转化长期存在诸多顾虑。❷ 职务科技成果混合所有制对科技成果转化来讲是最有效的手段，解决了职务科技成果市场定价、作价入股股权奖励、科技成果固有部分的保值和升值等问题，❸ 极大地激励了科技成果转化。虽然在实践中对作为国有资产的科技成果转化的管理做了探索，但是这终究与中国国有资产管理有关规定有一定出入，在科技成果转化实践中形成的经验需要国有资产管理有关文件的接纳，避免因为国有资产管理的规范性而形成对科技成果转化混合所有制改革的制约。

立法之间的协调在政策上也有突出体现。比如知识产权有关的政策文件中对科技成果转化激励体现就不足。科技成果转化离不开政府有关的服务，但是在国家知识产权局发布的《知识产权公共服务"十四五"规划》中并没有提到知识产权成果转化的公共服务配置，这对于知识产权成果的转化激励，从公共服务配置上而言，是未受到足够关注的。国家知识产权局的《知识产权人才"十四五"规划》提出，要在知识产权人才方面"打通知识产权人才工作全链条"，"培养一支理工、管理、法律等学科背景的复合型高素质知识产权公共服务人才队伍"，但是并没有明确关注科技成果转化人才。

科技成果激励政策及措施缺乏配套措施也是问题之一，且这是科技成果转化有关政策制度落实不到位的重要成因，科技成果转化激励的分配制

---

❶ 邓恒，王含. 专利制度在高校科技成果转化中的运行机理及改革路径 [J]. 科技进步与对策，2020, 37 (17)：101 – 108.

❷ 杨红斌，马雄德. 基于产权激励的高校科技成果转化实施路径 [J]. 中国高校科技，2021 (7)：82 – 86.

❸ 康凯宁. 职务科技成果混合所有制探析 [J]. 中国高校科技，2015 (8)：69 – 72.

度、考核制度、奖酬制度等都存在配套不足的现象。❶ 以税费激励为例，虽然中国在科技成果有关税费方面给出相应的激励措施，但是个税方面的激励还存在法规适用的困难，无法真正发挥制度的激励作用。❷ 中国立法也没有注意到税收优惠政策作用强度弱于政府创新资助政策、作用时效最短的现象。❸ 中国科技成果转化税收有关的优惠更多地聚焦于研发阶段，对科技成果转化和应用阶段的税收政策扶持力度较低，而且税收优惠政策很难延及科技成果转化的后期市场，科技成果入股也存在股权奖励免于或递延纳税、股权转让产生所得税纳税等方面予以进一步拓展的问题。❹ 享受减免税优惠的奖励局限于科技人员的职务科技成果现金奖励上，条件严苛、范围较窄。❺ 而且，在科技成果转化税费方面的改革，本来希望税收惠益政策❻对科技成果转化激励能够起到相应的激励作用，然而只有明确权限的内容，特别是以知识产权形式体现的内容，可享受税收优惠政策，如专利、计算机软件著作权、集成电路布图设计专有权、植物新品种权等，关于商业秘密、科学发现等科技成果转化在相应的税收优惠政策上难以落实。

激励实际上既包含正面的激励，也包含负面的激励。中国科技成果转化有关激励着重关注正面激励，忽视了负面激励对科技成果转化激励的作用路径。对一个需要激励的对象而言，正面的激励可以促进其对相关行为的付出，而负面的"激励"同样能够起到相应的作用。诸如"惩罚"等负

---

❶ 谢婷婷，李梦悦，张克武. 职务科技成果所有权改革的激励机制研究［J］. 西南科技大学学报（哲学社会科学版），2022，39（2）：85 – 90.

❷ 王力. 科技成果转化相关税务问题探讨［J］. 新会计，2021（11）：24 – 27.

❸ 李春艳，成雷，孟维站. 我国创新激励政策的作用机制及效果研究：基于异质性厂商NK – DSGE 的模拟分析［J］. 东北师大学报（哲学社会科学版），2023（3）：141 – 149.

❹ 明丽. 促进我国科技成果转化及应用的财税扶持政策研究［J］. 商业经济，2020（10）：154 – 155.

❺ 陈远燕，刘斯佳，宋振瑜. 促进科技成果转化财税激励政策的国际借鉴与启示［J］. 税务研究，2019（12）：54 – 59.

❻ 如财政部、税务总局、科技部《关于科技人员取得职务科技成果转化现金奖励有关个人所得税政策的通知》规定：从职务科技成果转化收入中给予科技人员的现金奖励，可减按 50% 计入科技人员当月"工资、薪金所得"，依法缴纳个人所得税。

激励，在实践中具有积极的价值，特别是当今"自主科技成果""自主知识产权"弥足珍贵的时代，科技成果转化中需要负面予以"激励"的行为有必要被关注和明确规定。负激励也有助于科技成果转化更加规范、营造创新诚信秩序。科技成果转化改革力度最大、进度最快的理所应当属于高校及科研院所等。但是这些机构一般是财政机构，即运营资金来源于公共财政。中国高校的科技成果归属体现出单位主义模式，科技成果为国有资产定性之下，相关单位对国有资产负有监督管理义务，故而一般仅关注科技成果数量的积累，在成果转化工作中缺乏动力。❶ 虽然有关规定提出鼓励这些机构的科技成果转化，但是在具体实践中存在比较复杂的环境。例如，有些医院在科技成果转化的作价入股面前止步不前，原因在于科研团队和医院既是科技成果作价入股公示的股权持有者，同时又是科技成果转化产品的使用者、消费者，存在被认为关联交易甚至利益输送、廉政风险等。❷ 但是这些内容在立法规定中的负面激励，没有得到充分的体现，导致实践中科技成果转化领域出现问题，首先从学术角度进行审查，而多数追究法律责任的机会被淡化。

科技成果转化激励过程中也需要认识到科技成果转化是一个高风险行业，人们普遍对损失、对风险都是厌恶的，科技成果转化中的多种风险并存，有时直接决定了相关科技成果转化能否得以实施。通过相关制度对风险承担予以激励，将风险转移给能够承担的主体或者擅长处理风险的主体、共同承担风险，能够扫除科技成果转化中的风险顾虑，激励相关人员对科技成果转化敢于尝试、敢于实践。

三、科技成果转化激励对象的问题

科技成果转化激励最主要的作用方式是通过激励相应的主体，促使相

---

❶ 吴洪富，姜佳莹. 高校科研人员创新创业的职务科技成果产权激励：制度创新与未来展望 [J]. 黑龙江高教研究，2021，39（11）：80 - 84.

❷ 李晶慧. 作价入股推进医院科技成果转化的探讨 [J]. 中国卫生资源，2023，26（1）：76 - 79.

应的主体在科技成果转化上作出更多更优贡献，提升科技成果转化的成
效。中国科技成果转化激励主要关注的主体是科研人员、科研团队，但是
如果将科技成果置于转化场合则发现对转化作出重要贡献的是转化参与
者。当然，源头活水仍然是科技成果的完成人，对其进行激励固然不可忽
视，但是其在科技成果转化活动中如果有贡献仍然可以以"对科技成果转
化作出重要贡献的人"来予以激励。科技成果转化特别是科技成果的市场
化，并不仅仅是科技成果研发人、权利人的功劳，其与科技成果转化过程
中的参与主体如中介机构、技术经理人的贡献也密不可分，但是中国成果
转化激励有关立法，对这些主体的激励机制不是很突出。技术经理人在科
技成果产业化中发挥着重要作用，被称为科技成果转化"最后一公里"的
探路者和"催化剂"。在当前的各种规定和政策中对技术经理人激励的缺
位，造成技术经理人相关工作的被动，进一步而言，也容易造成技术经理
人的行业频繁流动较为普遍。北京市推出了《关于推动北京市技术经理人
队伍建设工作方案》《北京市技术转移机构及技术经理人登记办法》等政
策，但是在这些政策中多体现的是技术经理人作为一种专业人才的工作内
容及提供服务的内容，并没有针对性的技术经理人的激励措施。此外，中
国有些规范政策中规定了对科技成果转化作出贡献的主体予以激励。即便
是对科技成果转化作出重要贡献的人员予以奖励或给予劳动报酬，并非完
全没有条件限制。首要条件限制就是，作出"重要"贡献的人员。此外有
的规定是"为推进成果转化作出贡献的管理人员"。❶ 对于如何衡量贡献的
"重要"与否，或者是否必须为作出贡献的"管理人员"，在实践中很可能
产生诸多模糊不清的问题。

　　科技成果转化有关政策规范对转化机构的激励也比较欠缺。固然很多
文件中都提出依据合同来实现对中介机构激励的方案，但是仅仅依据合同
并不利于激发转化机构在科技成果转化活动中的贡献，因为对科研人员的

---

　　❶ 《促进国防工业科技成果民用转化的实施意见》规定："成果转化收益可用于奖励国防工
业科技成果完成人和为推进成果转化作出贡献的管理人员。"

大力激励已经使得中介机构被注意的空间非常小，现有的规定无法吸引技术转移办公室竭尽全力地为科技成果转化"工作"。从美国的实践可以发现，科技成果转化机构被激励的做法是常态。从美国大学的科技成果转化办公室的科技成果转化模式来看，主要可以分为四种。（1）麻省理工学院技术许可办公室模式：集中许可办公室，大学的发明专利和技术转让等由许可办公室统一管理。（2）约翰斯·霍普金斯大学模式：分散式许可办公室，大学的发明专利报告和许可活动由不同学院、部门和大学其他单位的独立许可办公室进行。（3）威斯康星大学麦迪逊分校模式：负责专利许可转移的大学基金会模式。（4）密歇根州立大学模式：依托外包公司进行转化，大学将部分或全部许可活动外包给技术研究公司进行统一打理。❶ 虽然大多数美国大学的技术转移办公室并没有盈利，只有少数获得了巨大成就，❷ 但是美国高校因为有了这些"中介"的独立运作而获得了耀眼的关注。在这些科技成果转化机构中，"中介"角色都获得了相应的激励。如麻省理工学院职务科技成果收益中的15%被分配用于技术转移办公室的正常工作；❸ 斯坦福大学的科技成果转化收益中的15%也被分配给技术转移办公室，用于技术转移办公室的转化奖励及日常工作。❹ 对科技成果转化机构的激励是十分必要的，可以充分发挥专业机构的转化作用，助力科技成果商业化，高校院所、研发机构等单位可在科技成果转化净收益中提取一定比例设立专项转化资金，支持专业机构建设发展，激发转化人员工作积极性。❺

---

❶ 楼世洲，俞丹丰，吴海江，等. 美国科技促进法对大学科技成果转化的影响及启示：《拜杜法案》四十年实践回顾 [J]. 清华大学教育研究，2023，44（1）：90 – 97.

❷ [美] 格尔森·S. 谢尔. 美苏科技交流史：美苏科研合作的重要历史 [M]. 洪云，蔡福政，李雪连，译. 北京：中国科学技术出版社，2022：276.

❸ 杨艺灵，陈同扬. 麻省理工学院科技成果转化的经验与借鉴 [J]. 科技与创新，2023（6）：132 – 134.

❹ Inventor Equity & Taxes FAQ [EB/OL]. [2023 – 09 – 28]. https：//otl. stanford. edu/inventor – equity – taxes – faq.

❺ 王涵，万劲波. 加大科技成果转化激励力度 政策"落地"面临挑战 [EB/OL]. [2023 – 09 – 28]. https：//h5. drcnet. com. cn/docview. aspx? version = edu&docid = 6245084&leafid = 23055&chnid = 5825.

此外，中国现有规定中对科技成果转化投资的激励不够，虽然有很多倡导性条款，然而这对社会资金等投入科技成果转化高风险活动无法产生足够动力。实践中，科技成果转化最缺乏的因素之一就是科技成果转化的资金，因此需要激励各种投资，包括各种基金体系的完善，投融资渠道的畅通。《国家技术转移体系建设方案》对之提出要完善多元化投融资服务，具体为："国家和地方科技成果转化引导基金通过设立创业投资子基金、贷款风险补偿等方式，引导社会资本加大对技术转移早期项目和科技型中小微企业的投融资支持。开展知识产权证券化融资试点，鼓励商业银行开展知识产权质押贷款业务。按照国务院统一部署，鼓励银行业金融机构积极稳妥开展内部投贷联动试点和外部投贷联动。落实创业投资企业和天使投资个人投向种子期、初创期科技型企业按投资额 70% 抵扣应纳税所得额的试点优惠政策。"另外，专项资金也比较有限。科技成果转化整体是需要大量资金投入的，而中国目前在此方面比较有限，无法支撑科技成果转化活动的展开，特别是一些缺乏市场资金注入的场合，更需要相应的专项资金的支持。《促进科技成果转化法》指出，国家对科技成果转化合理安排财政资金投入、国家鼓励设立科技成果转化基金或者风险基金，但是这在实践中仍然缺乏具体操作性强、具有约束力的规定，特别是缺乏激励视角的规定。

国务院《实施〈中华人民共和国促进科技成果转化法〉若干规定》对担任领导职务的科技人员获得科技成果转化奖励规定了分类管理的原则。（1）国务院部门、单位和各地方所属研究开发机构、高等院校等事业单位（不含内设机构）正职领导，以及上述事业单位所属具有独立法人资格单位的正职领导，是科技成果的主要完成人或者对科技成果转化作出重要贡献的，可以按照《促进科技成果转化法》的规定获得现金奖励，原则上不得获取股权激励。其他担任领导职务的科技人员，是科技成果的主要完成人或者对科技成果转化作出重要贡献的，可以按照《促进科技成果转化法》的规定获得现金、股份或者出资比例等奖励和报酬。（2）对担任领导职务的科技人员的科技成果转化收益分配实行公开公示制度，不得利用职权侵占他人科技成果转化收益。该规定主要是为了规范领导干部管理、保护国有资产，但是这可能使有些科技成果转化错失时机，不利于发挥领导干部在科技成果转化中的积极作用。为了促进领导干部在科技成果转化中的积极贡献，《促进科技成果转移转化行动方案》提出要研究探索科研机构、高校领导干部正职任前在科技成果转化中获得股权的代持制度，但是对其任职期间的科技成果转化收益仍然持以较为严格的管理红线。这一红线虽然能够在一定程度上防止国有资产被侵吞及科研腐败等现象发生，然而对于科技成果转化的激励可能造成相当的阻碍，❶ 从整体科技成果背景来看，这可能对担任领导职务有关人员的科技成果转化活动造成不利影响，还可能形成变相违法的"钻空子"问题。

科技成果转化激励对象需要考虑相关人员的积极性，特别是其工作环境、对科技成果转化的态度，从不同视角综合考虑对其激励的侧重点。科技成果转化并不是自然发生的，尤其是对诸多以知识产权为核心的科技成果而言，知识产权人因为知识产权本身已经可以通过学术评价体系等围绕知识产权获得相应的创新动力，其对科技成果转化的风险以及模式展开并不擅长，甚至对科技成果转化处于可有可无的心理状态。即便科技成果转化在社会上已经获得相应的宣传，但是科研人员一般情况下对科技成果转化的实践也无暇顾及，因为科技成果转化的复杂性需要投入过多的精力，势必影响其创新节奏、分散其创新活动进展。况且，科研人员确实缺乏对科技成果转化活动的了解，毕竟科技成果转化不仅是一项创新工作，而且是一项融合商业、技术、资源调配等诸多因素的复合性工作。从科技成果转化的实践来看，在科技成果转化过程中还有诸多风险可能发生，科研人员基于创新安全考虑使得其相对较为保守，因此对于科技成果转化而言，一般热情并不高。

在强调激励科技成果转化的同时，需要认识到基础研究的重要性，对基础研究的忽视很可能造成科技成果转化激励偏应用化而忽视科技成果转

---

❶ 王敬敬，刘叶婷，隆云滔. 科技成果转化中领导干部股权代持机制研究［J］. 领导科学，2018（32）：41－45.

化中基础研究的重要价值，特别是基础前沿研究的价值。一味强调科技成果转化激励还可能造成资源、人才从科研流向科技成果转化，对基础研究、科研活动造成本质上的制约。2020 年中共中央、国务院发布的《关于新时代加快完善社会主义市场经济体制的意见》中提出要健全鼓励支持基础研究、原始创新的体制机制，在重要领域适度超前布局建设国家重大科技基础设施，研究建立重大科技基础设施建设运营多元投入机制，支持民营企业参与关键领域核心技术创新攻关。该"意见"强调了科技成果转化激励在基础研究上的重要意义和价值。目前中国的科研在基础研究上有相当的欠缺，特别是在相应的关键技术行业，应用研究比基础研究受欢迎，即已经成熟的技术进行成果转化将其产业化。❶ 这也造成在一些产业，企业或许还比高校、科研院所在特定的基础研究需求方面更敏感，高校和科研院所的基础研究优势在这里就显得突出。因此，在科技成果转化方面，应当关注到这一现象，将高校和科研院所的优势发挥出来，在保持其基础研究优势的前提下激励其将科技成果转移给企业，供企业进一步产业化。中国科技成果转化有关规定需要重新定位高校、科研院所的职能、贡献优势，切莫将科技成果转化的重任置于高校、科研院所而忽略了其在研究上的重要角色，避免在创新体系中顾此失彼甚至得不偿失。《关于全面加强基础科学研究的若干意见》也指出，"创新体制机制，推动基础研究、应用研究与产业化对接融通，促进科研院所、高校、企业、创客等各类创新主体协作融通，把国家重大科技项目等打造成为融通创新的重要载体"，言下之意在科技成果转化与基础研究方面应当各尽所长，共同为创新体系作出相应的贡献。当然这里也必须提及产学研的重要性。虽然产学研的本意是好的，意图通过产学研将企业和高校、科研院所的人才、需求、技术等诸多方面的资源结合起来，充分利用彼此之间的优势达到 1＋1 远大于 2 的目标，但是在科技成果转化领域，产学研的展开并没有特别大的成效。

---

❶ 谢志峰，赵新. 芯事 2：一本书洞察芯片产业发展趋势［M］. 上海：上海科学技术出版社，2023：245.

第三章 实践：科技成果转化激励的落实问题

科技成果转化本身是一个复杂体系，科技成果转化的激励在其中是关键的，但不是固定的，而是以动态形式体现的。科技成果转化的逻辑是多层面、多切入点共同作用的结果，激励层面和切入点需要密切配合才能体现出相应的激励后果；单独的激励机制和激励环节当然也有其价值，但是这种价值的发挥或容易被其他层面和环节的不足所抵消，具有激励失效的风险。

第一节 科技成果转化激励规定落实困难

很多单位特别是高等学校、科研机构基于当前科技成果转化激励机制与体系构建展开探索还是比较积极的，而且形成了多种激励方式。虽然现有科技成果转化激励机制尚有诸多问题亟待改进，然而立足于当前的科技成果转化激励制度发现，其贯彻落实的效果并不理想，这一科技成果转化激励制度落实的问题也制约着我国科技成果转化激励目标的实现。根本原因在于科技成果转化有关激励机制等规定在实践中受到了相应的约束，影响了科研人员及科技成果转化有关主体的积极性、主动性，制约了科技成

果转化激励政策的实施效果。❶

一、落实前提：激励科技成果转化的缘由

（一）科技成果转化激励的普遍性问题

当前国际科技领域竞争日益激烈，逆全球化风潮席卷科技领域，科技自立自强甚有必要。中国科技成果数量并不落后，专利数量连续多年在世界名列前茅，然而现实中仍然出现诸多领域被"卡脖子"或者技术仍待自主现象较为突出。这背后隐藏了一个重要现象：中国科技成果转化率低，大量科技成果特别是专利"沉睡"。

实际上中国对科技成果转化很早就有所关注，且在这种持续的关注下中国科技成果转化制度在近些年得到了切实改革。时至今日，中国科技成果转化已经成为一种引发全民注意的内容，公共机构和企业都对科技成果转化重要性有了新的认识，在系列改革中科技成果转化激励也得到社会的关注。这当然是好事，对激励中国科技自立自强、提升公民科学素养、提升科技竞争力不容小觑。然而，一个现实问题是，资源总是有限的，对于科技成果转化激励是否有必要全面铺开，抑或科技自主是否意味着科技成果转化必须在所有的技术领域都予以进行？对于一个特定的科技领域而言，我们对科技成果转化是否必须亲力亲为？本质上而言，科技成果转化对于每个科技成果个案是否必须进行？实质上目前的科技成果转化激励有关政策规定对这些并没有特别明确"表态"，从结果导向上可以看到，对科技成果转化激励效果的评价标准，如科技成果转化量、科技成果转化交易额，则可以推测科技成果转化激励是意图追求"结果"的。

然而，对科技成果转化激励并不意味着必须对所有的科技成果予以转化，也并不意味着所有的科技成果都是有科技成果转化激励价值的，实际

---

❶　参见国务院办公厅《关于抓好赋予科研机构和人员更大自主权有关文件贯彻落实工作的通知》（国办发〔2018〕127 号）。

上所有的科技成果转化可能也是不科学的。例如，一些虚假交易形成的科技成果转移并没有得到实际的应用，即没有转化为现实的生产力，那么这些是否为科技成果转化追求的终点？当然这并不意味着科技成果转化中的交易没有价值，科技成果本身具有布局战略价值，从竞争视角而言可以处理得当以形成竞争优势，但这并不是科技成果转化需要着重关注的内容。然而，这也不意味着科技成果转移与科技成果转化是完全割裂的。因为科技成果转化有时是基于科技成果转移延伸出来的，比如有些企业会购买其他科技成果权利人的科技成果，进而在适当的时候为自己转化所用，但是这个转化并不是立即发生的，也不是确定会发生的，只是有了交易行为之后才有的选择项。因此科技成果转移有其自身的价值，但是绝对不等同于科技成果转化。

没有厘清科技成果转化激励缘由的情况下，力图对所有科技成果都激励转化，实际上并非一种应当有的选择。这种激励的大肆宣扬，可能会产生激发科技成果转化的积极性，也会产生科技成果转化的有利习惯，但是仍然可能造成一些创新资源的浪费或者错位。科技成果转化要想产生理想的效果，要依托于高价值的科技成果，我们需要在科技成果方面而非科技成果转化方面予以更多关注。即我们需要在科技成果方面而非科技成果转化方面予以更多关注，特别是对所谓的"卡脖子"技术方面，更是如此。创新投资是需要成本的，政策支持也是需要从社会其他"盘子"里拿来一些放到科技成果转化"盘子"里的，所以客观认识科技成果与科技成果转化之间的关系尤为必要。特别是认识到二者之间的关系之后能够妥当地处理二者之间的关系需要一定的理性和胆识。当然，中国科技成果转化中有很多高质量的科技成果需要转化，而这些转化绝对不是孤立的转化，还有在转化过程中可能本身就是多项科技成果转化共同发生的过程。由此，客观认识各项科技成果转化之间的关系，也是一项重要任务。

另外一个值得关注和思考的问题是，开放式创新对科技成果转化激励也带来影响。内部创新的价值在此不多措辞，开放式创新实践为科技成果转化带来思考空间。创新体系越来越复杂，创新也越来越容易，创新的速度也越来越快，加快创新愈发重要，这就导致组织机构创新时将目光投向外部成为必要（而非选择）。开放式创新与封闭式创新相对应，指的是利用其他公司或个人的专长、工艺或专利，培养专业优势，或者培育内部的知识产权和流程。❶ 开放式创新环境下，科技成果的完成并不完全需要自己亲力亲为，而可以借助"外力"来实现创新的速度。科技成果转化与科技成果转化激励也应当对开放式创新予以关注，这种创新模式的构成非常广泛，且具有重要的节约创新资源、提升创新速度的效益。中国目前的科技成果转化对这方面缺乏体系的引入，这可能与开放式创新的真正被接纳有关系。开放式创新的实践本身就存在相应的困难，流于口号而非真正实践是普遍现象。然而，开放式创新的价值与前景值得期待。在科技成果转化领域，开放式创新有更广阔的运用空间。开放式创新意味着有些科技成果并不需要企业亲力亲为做出，而要放眼外部，从外部吸纳创新资源、科技成果、科技成果转化，为自己所用。但是重点在于开放式创新会动用很多内部资源，其在实践中被践行的力度、深度成为挑战。

需要注意的是，开放式创新还存在另外一层风险。开放式创新容易造成一些诱惑，人们也容易对开放式创新产生一些误解，认为开放式创新能够节约很多资源，能够通过外部力量解决内部的创新需求，通过付费或者其他商业模式依赖外部实现科技成果转化。这种在短期内能够实现，但是从长远来看一定会造成内部科技成果转化能力、创新能力的降低。由此，在科技成果转化环境下，引入开放式创新，一定是优选参与式的开放式创新。正如宝洁公司在开放式创新方面的实践经验表明的，从外部获得的更多是创意。在中国科技成果转化实践中，高校科技成果向企业转移转化，是一个比较好的方向，但是在其中高校的参与与企业的参与如何平衡好开放式创新的体系，值得关注。虽然中国有关文件规定了鼓励科研人员到企业任职、企业人员到高校任教，但是这种人员属性的界分在实践中仍然面临科技成果转化参与、开放式创新的实践等方面的困境，融入仍然是一个大难题。

---

❶ 邱栋. 商业模式革新［M］. 北京：企业管理出版社，2018：152.

（二）科技成果转化激励的经济效益问题

科技成果是否只有转化了，尤其是获得了较高的转移转化经济收益，科技成果才算取得了成功？换言之，科技成果转化或者科技成果转化的经济效益，是否直接标榜科技成果的成功？衡量一个国家创新水平高低，是否直接依据这些就足够了？反过来而言，如果一项专利形式的科技成果，获得授权之后并没有发生转移转化，其是否就是一项失败的科技成果，是否意味着此项科技成果没有价值？

科技成果是有多重价值的。科技成果转化只是科技成果作为一种创新体现形式在具有价值性的情况下得以变成现实生产力的方式。然而，这并不是科技成果的唯一出路，这也就意味着科技成果并不一定要促成科技成果转化。除了科技成果转化，科技成果本身还可以通过以知识产权形式获得相应的布局、获取相应的竞争优势。当然对于具有竞争优势的科技成果也可以发生转移，至于其发生科技成果转化获得经济效益仅是一种选择而非必选项。

科技成果转化也具有多种形式。对科技成果自己实施本身就是一种重要的科技成果转化，没有必要必须通过转让、许可获得相应的对价才体现出相应的科技成果转化价值。然而，自己实施可能使得科技成果在市场上无法获得相应的价值评估，无法体现出科技成果转化的效果，辐射范围也较为局限，所以可能会被弱化激励。不同的科技成果转化也有不同的体现，如有些商业秘密成果的转化，本身在统计上可能就不想获得关注，因此科技成果转化无论是否有激励措施并不影响其转化，或许商业秘密本身保密价值已胜于其在市场上的科技成果转化效益扩大。

此外，基于现实需求而产生的科技成果转化符合市场规律和科技发展规律十分必要。科技成果转化激励有必要提升对需求的尊重。这就要求科技成果转化激励避免过于追求科技成果转化的成功，也应当淡化对科技成果转化经济效益的追求。由此，有专家提出，中国亟待建立以需求为导向的科技成果转化机制：面向社会和市场需求、以供给侧结构性改革为抓手，着力培育科技供给与需求的市场，增强供给结构对需求变化的适应性和灵活性，提高全要素生产率，❶ 这是很有道理的。

人们之所以提及科技成果转化，一方面是基于现实的需求，另一方面是基于未来的需求。那么鼓励科技成果转化是否要考虑该项科技成果转化所产生或者预期产生的经济效益呢？实际上对于经济效益的考虑，《促进科技成果转化法》立法之初就受到关注。当时有专家指出，"应当强调是能明显提高经济效益的"。❷ 在对科技成果转化的工作做出肯定性评价时，也通常以科技成果转化额的提升为衡量标准。❸ 还有观点认为，科技成果转化本身就是将科技成果的技术价值转变为经济价值。❹ 可见，经济价值在科技成果转化中的重要性。这通常也可以理解为，科技成果转化在实践中是需要巨大成本的，其经济价值的实现不仅能够有利于弥补科研付出，使科研获得相应的"回报"，也可能增进社会经济、促进经济发展。这或许能够为激励科技成果转化提供相应的正当性辩护。然而，这不应该成为科技成果转化激励需要达到的最重要目标。

通常情况下，特别是民用技术环境下，科技成果转化从科研到市场是有个过程的，这个过程中的"死亡之谷"就是对其经济价值基本衡量后，所产生的投入科技成果转化不足形成的一种现象。这说明，科技成果转化的预期价值是科技成果转化得以被关注的重要因素所在。然而，这应当置

---

❶　张瑞萍，历军. 建立以需求为导向的科技成果转化机制［N］. 光明日报，2019 - 03 - 15（11）.

❷　有的委员提出，草案修改稿第六条规定的国家优先安排和支持的转化项目中，应当强调是能明显提高经济效益的。因此，建议将其第（一）项修改为："明显提高产业技术水平和经济效益的"（新修改稿第六条第一项）。参见：全国人大法律委员会主任委员薛驹，1996 年 5 月 14日在第八届全国人民代表大会常务委员会第十九次会议上"关于促进科技成果转化法（草案修改稿）修改意见的汇报"［EB/OL］.［2023 - 09 - 28］. http：//www. npc. gov. cn/zgrdw/npc/zfjc/zfjcelys/2015 - 06/28/content_1939679. htm.

❸　如有关新闻发布会上，在回应国家推动科技成果转化成效时，科技部副部长吴朝晖表示"2022 年的数据表明，3000 多家科研机构和大学完成了 1500 余亿元的科技成果转化合同额，2022年的数据比 2021 年增加了超 20%"。参见：超 1500 亿！科研机构和大学亮出成果转化成绩单［EB/OL］.［2023 - 09 - 28］. https：//www. nstad. cn/nstas/show/news？id = 1833.

❹　胡凯，王炜哲. 如何打通高校科技成果转化的"最后一公里"？——基于技术转移办公室体制的考察［J］. 数量经济技术经济研究，2023，40（4）：5 - 27.

于市场环境下通过市场经济规律来形成运转机制，科技成果转化激励立法实际上在此意义并不大，或者激励的机制需要有进一步的正当性论证。

总而言之，中国科技成果转化激励的政策落实是值得肯定的，至少它让社会整体对科技成果转化及科技成果转化激励的意识和认识有了前所未有的提升。问题在于，中国科技成果转化实践对科技成果转化激励的真实目的与实践发展有着不甚精准的认识，这使得中国科技成果转化激励可能存在相当的资源浪费和机会损失。只有定位好科技成果转化的社会价值，才能真正理解科技成果转化激励有关的政策法规，才能在实践中客观认识科技成果转化激励的作用方式和效果评价，泰然面对一些科技成果转化激励的难题，妥当解决科技成果转化激励在创新体系中的运转困境。

二、科技成果转化激励落实困难原因剖析

政策法规层面的科技成果转化激励制度在实践中的落实，决定着科技成果转化激励机制的实践接受度，也影响着科技成果转化激励机制的运转。中国科技成果转化激励机制在实践中面临着诸多困难，这些困难中有一些是外在的，有一些是内在的。外在的为科技成果转化激励机制之外的问题，内在的为科技成果转化激励机制本身的问题。对这些内容予以揭示能够帮助我们更加清楚地认识科技成果转化激励落实的真实情况，有助于对中国科技成果转化机制予以更科学的修正完善。

以科技成果转化激励立法的地方立法为例，在实践中，相关权属激励的有效性是依赖于个案对规定的执行的。然而对相关制度的执行力度之低，往往成为相关权属激励无法达到理想目的的重要障碍之一。如江西省曾经在《江西省促进科技成果转化条例》实施情况检查中指出科技成果转化的激励措施落实不力。据有关统计发现，该"条例"对科技成果转化收益、分配和促进有关规定在部分单位落实不到位的主要体现为：（1）科技成果转化后的收入分配规定落实不力。"条例"中规定，完成科技成果及其转化作出重要贡献的人员，可获得一定比例的奖励与报酬。检查发现，只有29.27%的单位落实了此项规定，对科研人员的激励效果不明显。（2）科

研机构自身落实规定不力。一些科研机构内部管理机制不健全，上级主管部门缺乏必要的检查指导，对法规和政策的宣传、理解和执行没有落实到位，仍然存在"接不住"或"用不好"的情况。问卷调查还显示，受调查的人群有 56.54% 对促进科技成果转化的法律法规和政策不太了解，19.09% 的人不知道国家和省里出台了专门的促进科技成果转化的法律法规。❶

（一）科技成果转化权属激励落实的外在困境

1. 配套机制的难题造成落实困难

科技成果转化激励立法实际上对于传统的科技成果转化秩序和环境而言，是一种改革。随着地方科技成果转化激励的立法及科技成果转化激励在特定领域的立法，科技成果转化激励的推动实际上已经产生了相应的社会影响力。然而，到具体落实时，必然会对稳定的既得利益者带来相应的冲击，甚至对于企业而言这些科技成果转化激励机制反而带来主导权的丧失。实践中，科技成果转化激励立法未得以落实或者落实不到位，最重要的原因在于缺乏相关配套机制。这有两层含义：第一，相关单位在具体的本单位或本体系中习惯于听上级安排，上级没有特别自上而下推行的话很难开展相应的实践；第二，相关单位的决策权比较弱，或者现有的科技成果转化激励机制对有决策权的人而言不利，所以对展开充分实践迟迟不出台确定的配套措施和实施方案。

以高等学校的科技成果转化为例，早在 2016 年教育部、科技部出台的《关于加强高等学校科技成果转移转化工作的若干意见》第 1 条就明确，"高校要改革完善科技评价考核机制，促进科技成果转化"。虽然目前科技成果转化激励立法实际上很多都是针对科研院所和高等学校的，但是目前仍然存在深入实践的困难，仍然有些高校未在此方面有确切的安排。教育部曾经针

---

❶　江西省人大常委会执法检查组关于检查《江西省促进科技成果转化条例》实施情况的报告［R/OL］.［2023 - 09 - 28］. https：//jxrd. jxnews. com. cn/system/2021/06/08/019302273. shtml.

对此展开过相关推动措施，促进高校落实相关激励措施。❶ 这对于持续推动高校的科技成果转化激励措施的展开是十分有利的。特别是随着赋权改革试点的经验成型，中国高校在科技成果转化激励落实上有望拔得头筹。

对于一般企业的科技成果转化激励的落实，则显得困难得多。因为中国多数科技成果转化政策法规对于科技成果转化激励是"鼓励"性规定，对科技成果转化激励措施未践行没有相应的约束机制，使得科技成果转化激励很可能以"约定"的形式体现，进而沦为没有激励。雇主在"雇主—雇员"关系中往往处于强势地位，一般企业中雇员对科技成果转化并没有话语权，如果缺乏有约束力的政策法规，科技成果转化激励机制被主动践行的情况往往不容乐观。因为科技成果转化激励实际上是将利益从企业转移给对科技成果、科技成果转化作出重要贡献的主体，所以企业基于自身利益考量很难"舍己为人"。这是科技成果转化激励机制难以普遍得到落实的重要原因。然而，正如现实所展现出来的，在一般企业中雇员即便没有得到相应的激励，其也并没有"撂挑子"，因为科技成果转化可能本身就是其本职工作，是其换取薪酬的筹码。所以，科技成果转化激励机制对其起到的作用究竟多大也引人质疑。相反，对于企业来讲其获取利润是其生存之道，节约一切开支获取更多利润，将科技成果转化收益掌控在有限的主体手中，成为常见的现象。在这种逻辑下，科技成果转化激励机制还可能对企业开展科技成果转化的积极性带来负面影响。

当然有些配套措施需要多部门协调才能确定，因此科技成果转化的配套措施制定本身也就比较困难。而科技成果转化激励配套规定即便成形，谁来推行其实施、非主导部门有没有动力去推行本体系有关机构对科技成果转化激励的工作配合，也成为疑难问题。

需要说明的是，这种评价并不是否定科技成果转化激励机制在高校的落实情况，相反基于教育部和地方政府、教委等公共机构的推行，高校对

---

❶ 参见教育部办公厅《关于进一步推动高校落实科技成果转化政策相关事项的通知》（教技厅函〔2017〕139号）。

科技成果转化激励机制的贯彻落实是容易的，是整体落实情况较好的。但是基于高校的科技成果数量基数大，高校的具体情况也不尽相同，具体落实起来会产生各种难题，而且统计数据是所有单位类别中相对齐全的，因此更容易被当作分析的对象。

很多科技成果转化激励制度都是比较理想型的，如果得以全面落实，排除相应的冲突与衔接问题，或许能够得到预期激励效果。然而，科技成果转化激励在实践中仍然存在因为配套衔接机制的难题，使得科技成果转化激励难以落到实处，着实可惜。这就需要有决策权的人能够从大局出发、从效率出发，对科技成果转化激励和创新有较为前卫的认识，能够充分认识到科技成果转化激励机制带来的潜在可能。

2. 严重缺乏科技成果转化人才

合格的专业科技成果转化人才是典型的复合型人才，要求具有法律、财务、经济、管理等专业知识，并且具有相应的行业从业背景，例如对国有资产管理的从业背景，有助于在相关单位的科技成果转化中发现和规避监管风险以及相应的关联交易风险。[1] 然而，中国目前有关单位的科技成果转化通常缺乏合格的人才，包括数量上和质量上均有巨大的缺口。因为技术经理人的专业性和经验性不足，在实践中也出现有些科研人员与技术经理人之间产生不信任。[2]

这与我国的教育体系有关，专业分割较为清楚的高等教育体系，培养出来的人才很难有真正的综合性。即便有的学生通过辅修双学位、本科与研究生不同专业等获得了相应的知识体系，也很难将相应的科技成果转化所需的知识体系融会贯通，特别是很多科技成果转化还涉及一些理工科的前沿技术。2021 年，上海交通大学以"工商管理（技术转移方向）"招收

---

[1] 李晶慧. 作价入股推进医院科技成果转化的探讨 [J]. 中国卫生资源，2023，26（1）：76–79.

[2] 如有的研发人员认为，熟悉的人之间合作更放心，而技术经理人找到的合作方报价往往与科研人员接纳度不契合。参见：承天蒙. 高校教师谈科技成果转化：很多企业只想"收果子" [EB/OL]. [2023–09–28]. https：//m. thepaper. cn/rss_newsDetail_23449723？from＝sohu.

首批 61 名非全日制专业硕士研究生。2022 年 7 月，国务院学位委员会正式发文，授权上海交通大学增列全国首个技术转移专业硕士学位点，标志着全国首个技术转移硕士项目启动。❶ 清华大学等也开始招收技术转移专业硕士。这或许有助于在未来解决人才的难题。

这种现象还与用人体系有关。中国科技成果转化相关单位，科技成果转化的有关部门并不独立、人员体系也不独立，有很多隶属于科研部门，如高校的科技发展研究院、科研处等，多数为兼任岗位，缺乏真正意义上以科技成果转化为全部工作内容，又具有相应的综合专业背景和工作能力的专业专职人才岗位。流程化处理事务的一般行政岗位人才并不能算作科技成果转化人才，其在实践中对科技成果转化的主观能动性也比较弱，积极主动为科技成果转化有关活动展开相关资源调配，又能够在科技成果转化市场上为本单位科技成果转化有关需求做出专业的兼具商业化和技术性等高标准工作的极具少数。

这归根结底还与中国国家人才体系对科技成果转化人才体系的定位有关。无论是从教育体系来看，还是从科技成果转化的"实战场"来看，中国仍缺乏一套科学规范的科技成果人才评价体系。早在 1997 年 9 月，国家科委就印发了《技术经纪资格认定暂行办法》和《全国技术经纪人培训大纲》，确定了技术经纪人概念。2023 年 3 月，科技部火炬中心印发《高质量培养科技成果转移转化人才行动方案》，其中提及到 2025 年，全国建成人才培养基地超过 50 个，建成不少于 300 人的科技成果转移转化顾问队伍，培养科技成果转移转化人才超过 10 万人。在技术经理人方面，该"方案"提出要搭建科技成果转移转化人才信息交流展示平台，逐步建立"能力培训 + 机构认证 + 市场评判"的技术经理人社会化评价模式。有些地方也在科技成果人才的培养上有了相应的探索。2019 年 10 月，北京市人力社保局和北京市科委出台《北京市工程技术系列（技术经纪）专业技

---

❶ 刘垠. 推动科技成果转移转化人才量质提升：2025 年将培养超 10 万人［N］. 科技日报，2023 − 04 − 21（2）.

术资格评价试行办法》，正式增设技术经纪专业职称，根据该"办法"，北京市启动了相应的技术经纪专业职称评价工作，评选出首批正高级、副高级、中级和初级职称的技术转移转化人才。❶ 北京市科委、中关村管委会制定了《北京市技术转移机构及技术经理人登记办法》，其中对申请登记的技术经理人应具备的条件规定了四点，分别为：（1）在北京市行政区域内从事技术转移和科技成果转化工作；（2）具有 1 年及以上技术转移和科技成果转化工作经历；（3）具有中级及以上专业技术职称，具备相应的能力要求和知识要求，具备从事技术转移和科技成果转化的专业服务能力；（4）参与或促成 1 项及以上技术转移或成果转化。条件相对比较宽松，缺乏真正将科技成果转化工作人员与人才相区分的标准。但是该"办法"也指出，对于在技术转移转化过程中作出突出贡献的技术经理人，符合技术经纪高级职称破格条件的，可不受学历和专业工作经历限制，破格申报。这对科技成果转化人才的激励还是相当有力度的，能够反过来促进相关人才通过自身经验和综合背景，为科技成果转化作出重要贡献。从时间上来讲，北京市在此方面还是比较有积极性的。2020 年，经清华大学特别申请，北京市人才工作局和市教委多方协调，教育部批准清华大学依托五道口金融学院开办国内首个非全日制技术转移专业硕士学历学位教育项目，获批后，清华大学高度重视，在师资等方面对五道口金融学院给予支持和保障。❷ 2022 年，北京市与清华大学签订合作协议，将通过设立奖学金与落户政策、开发教学与实践资源、共建北京技术转移学院等方式，支持清华大学技术转移硕士项目发展，合作培养技术转移人才。❸

　　虽然以上实践是比较有意义和价值的，但是也可以看出，相应的地方探索实际上人才标准要求并不高，证书体系级别也比较低，缺乏全国统一

---

❶ 郑金武. 技术转移人才培养的"北京实践"［EB/OL］.（2020 – 03 – 30）［2023 – 09 – 28］. https：//news. sciencenet. cn/htmlnews/2020/3/437664. shtm.

❷ 郑金武. 专科培养技术转移人才、为其打开职业晋升通道：让专业技术转移人才"有名有实"［EB/OL］.（2021 – 12 – 14）［2023 – 09 – 28］. https：//news. sciencenet. cn/htmlnew/2021/12/47023. shtm.

❸ 北京市－清华大学技术转移人才培养合作发布会暨招生说明会举办［EB/OL］.［2023 – 09 – 28］. https：//www. tsinghua. edu. cn/info/1176/96909. htm.

的真正科技成果转化人才标准。中国科技成果转化的专业人才队伍有较大缺口，专业的科技成果转化人才能够从自身专业角度带动科技成果转化，激发科技成果转化的整体水平提升。从创新环境下的科技成果转化激励的重要性来看，科技成果转化专业人才属于急缺人才。如《上海市重点领域（科技创新类）"十四五"紧缺人才开发目录》中，就列有 14 小类与技术转移相关的紧缺人才，其中 10 小类为质量紧缺、1 小类为数量紧缺、3 小类为质量数量双紧缺。❶ "'十四五'规划"也提出，要"推进创新创业机构改革，建设专业化市场化技术转移机构和技术经理人队伍"。2022 年 9 月，《技术经理人能力评价规范》（T/CASTEM 1007—2022）中对"技术经纪人"和"技术经理人"也给出了相应的能力评价标准。这对中国接下来科技成果转化人才培养提出了指示，特别是培养符合实际需求、具有相应知识体系、能够为科技成果转化市场带来较大贡献的人才，成为未来需要激励的重要对象。在此也需要明确，科技成果转化人才的激励是一个循序渐进的过程，此类人才在科技成果转化实践中如何获得相应的激励，成为需要进一步考量的激励领域。

3. 科技成果转化行业聚集与资源聚集

虽然中国科技成果转化的相关政策规定是面向普遍意义上科技成果转化的激励，但是从特殊的规定及特殊条款来看，实际上对科技成果转化激励尤其对应的是科研院所、高等院校，在行业上也对特殊产业有特殊对待。这与实际科技成果转化需求是相匹配的，因为科技成果转化的资源倾斜也会形成相应的科技成果转化激励行业差距。

科技成果转化在不同性质的单位中也有一定差异。自上而下在高等院校推行的科技成果转化有关改革政策法规，执行力度和执行情况都能够得到相应的回应。在企业方面，则缺乏相应的反馈机制。可能会有观点认为，中国最重要的科技成果转化就应该是围绕高校展开的，因为从一般意

---

❶ 邱超凡，池长昀. 技术转移人才要提升"水下冰山"能力水平［N］. 中国科学报，2021 - 11 - 10（3）.

义上而言是高校存在大量的科技成果在"沉睡"。然而科技成果转化激励的体系并不能局限于此，甚至需要从企业需求端的科技成果转化优势来带动高校科技成果转化，这就决定了这样一个基调：科技成果转化激励需要在各种性质单位中具有相通的、得到普遍认同的体系构建，这有助于科技成果转化激励实践在不同单位之间的协调和科技成果转化效率的提升。

（二）科技成果转化激励落实的内在困难

1. 对科技成果转化中介的激励匮乏

首先需要提到的是，中国科技成果转化中介体系不甚完善，这直接限制了对中介予以科技成果转化激励重要性的认识。因为在一般认识中，科技成果转化机构还处于一种科研附属的部门或者具有行政色彩的部门。中国缺乏像国外那样的作为重要载体的知名技术转移企业或中介机构，如美国国家技术转移中心（NTTC）、欧洲创新转移中心（IRC）、德国创新市场（IM）、日本的技术转移机构（Technomart）等。❶ 在中国科技成果转化机构体系的构建中，一方面机构未得以完善构建，另一方面机构的工作成效也有待加紧改进。放眼整个科技成果转化链条，科技成果转化机构本身的重要性众所周知，在激励体系中却未得到足够的认可。实际上这与科技成果转化机构本身的工作能力和规范性是有关系的，即正是因为其工作贡献不明显，所以激励不足，反过来可能也正是激励不足，所以才未得到足够的建设，这仿佛变成了一个"鸡生蛋、蛋生鸡"的问题。

中国高校设立的科技成果转化办公室，一般而言是居于事业单位体系内的部门或者受其约束的。中国高校设立的科技成果转化办公室缺乏作为营利性机构的定性，由此也缺乏鲜明的市场导向，造成其围绕本校有限的科技成果项目开展流程化的服务，业务专业性不强。实际上，科技成果转化机构的存在与当前的科技发展研究院、科研处等行政导向的管理机构不

---

❶　姜文宁. 中国已成功进入创新型国家行列，但在科技创新体系上仍存在一块关键短板 [EB/OL]. [2023 - 09 - 28]. https：//export. shobserver. com/toutiao/html/495695. html.

同，后者不能充当前者，且对后者而言科技成果转化仅是其职能之一，不能被认定为专业的技术转移机构。❶ 这也是影响对科技成果转化机构进行激励的障碍所在。实际上，据统计 50.8% 的高校设立了专利转移转化机构，重点高校比例达 86%，普通本科院校（62%）和专科高职院校（35.2%）稍低。❷ 就这个体量而言还是比较值得肯定的。然而，据统计对技术转移机构在科技成果转化中的作用认可度还存在一定的分歧，有 53.1% 受访高校认为发挥了重要作用，而认为未发挥作用的高达 18.9%。❸

归根结底，发展技术转移机构是科技成果转化激励体系完善的必要一环，没有技术转移机构的激励，科技成果转化则很难成为常态化做法，更难做大做强。《国家技术转移体系建设方案》曾明确指出要发展技术转移机构，给出三个方面的指引：第一，强化政府引导与服务；第二，加强高校、科研院所技术转移机构建设；第三，加快社会化技术转移机构发展。❹ 因为缺乏明确的科技成果转化中介的激励机制，科技成果转化中介往往成为一种单纯的服务机构或者行政机构，在科技成果转化激励体系中并没有

---

❶ 胡凯，王炜哲. 如何打通高校科技成果转化的"最后一公里"？——基于技术转移办公室体制的考察 ［J］. 数量经济技术经济研究，2023，40（4）：5－27.

❷ 国家知识产权局战略规划司，国家知识产权局知识产权发展研究中心. 2022 年中国专利调查报告 ［R］. 北京：国家知识产权局，2022：17.

❸ 中国科技成果管理研究会，国家科技评估中心，中国科学技术信息研究所. 中国科技成果转化年度报告 2022（高等院校与科研院所篇）［M］. 北京：科学技术文献出版社，2023：220.

❹《国家技术转移体系建设方案》"二、优化国家技术转移体系基础架构（七）发展技术转移机构"：

强化政府引导与服务。整合强化国家技术转移管理机构职能，加强对全国技术交易市场、技术转移机构发展的统筹、指导、协调，面向全社会组织开展财政资助产生的科技成果信息收集、评估、转移服务。引导技术转移机构市场化、规范化发展，提升服务能力和水平，培育一批具有示范带动作用的技术转移机构。

加强高校、科研院所技术转移机构建设。鼓励高校、科研院所在不增加编制的前提下建设专业化技术转移机构，加强科技成果的市场开拓、营销推广、售后服务。创新高校、科研院所技术转移管理和运营机制，建立职务发明披露制度，实行技术经理人聘用制，明确利益分配机制，引导专业人员从事技术转移服务。

加快社会化技术转移机构发展。鼓励各类中介机构为技术转移提供知识产权、法律咨询、资产评估、技术评价等专业服务。引导各类创新主体和技术转移机构联合组建技术转移联盟，强化信息共享与业务合作。鼓励有条件的地方结合服务绩效对相关技术转移机构给予支持。

获得独立的一席之地，因此实践而言并不理想。实际上，科技成果转化中介的存在及对科技成果转化的参与，能够有效隔离科技成果主体的风险，使得其在科技成果转化中能够确保自身的利益安全。有些科技成果转化实践就为此成立相应的子公司作为科技成果转化的主体，以子公司名义来参与科技成果转化。❶ 这样就有利于科技成果转化有关风险的防范，具有积极意义。

可喜的是，对科技成果转化中介机构的激励的重要性已经得到一些关注。有些高等学校已经注意到科技成果转化中科技成果转化办公室、技术经理人所作出的贡献，并对他们进行利益分成。例如，武汉大学就规定了学校技术转移中心、地方区域产业研究院发展在学校科技成果转化中分享中介服务费的办法，一般为15%，但按具体促成的科技成果转移转化、横向科研项目扩展情况，通过合同约定；而且可以聘用知识产权经纪人进行科技成果推广。设立科技成果转移转化专项服务经费，其来源为：（1）科技成果转移转化净收益中，分配给学校统筹的那部分净收益的30%；（2）成功转移转化科技成果项目的中介服务费。武汉大学在湖北省的科技成果转化成绩是比较突出的，这与其对科技成果转化中作出贡献的技术转移中心、技术经理人的关注与激励密不可分。

2. 国有科技成果转化的国有资产流失解释逻辑

高校、科研院所单位性质决定了由其产生的科技成果及科技成果转化的国有资产定性，其具有非营利性质，通常被作为国有资产同其他国有资产按照同样的方式予以管理。随着相关政策对职务科技成果的使用、处置和收益"三权下放"改革，责任也下放了，国有资产的保护和流失的控制成为科技成果转化中最重要的激励障碍领域。对于财政支持的科技成果/知识产权本身就具有较大的争议，特别是其中的科技成果转化带来的国有资产流失问题，更是引起了相当范围的关注。科技成果转化的国有资产管

❶ 李晶慧. 作价入股推进医院科技成果转化的探讨［J］. 中国卫生资源，2023，26（1）：76 – 79.

理是影响科技成果转化积极性的重要因素之一，在具体的科技成果转化中，国有资产流失的担忧反向限制了一些科技成果转化。如有的学校非明文方式规定了专利成果的最低许可、转让价格，避免低价售卖对学校和科技成果完成人的利益造成损害，以致国有资产流失。❶ 如果不破除科技成果转化中国有资产流失的顾虑，很多科技成果转化激励是无法得以实现的，科技成果完成人和权利人在对具体的科技成果对象的获益上也会丧失不少被"激励"的机会。这对高校科技成果转化对接的企业而言也是不公平的，因为特定的科技成果对科技成果权利人、企业可能产生不同的价值，特定的科技成果对不同的企业也可能产生不同的价值，因此遵循市场规律而非固守国有资产流失的担忧，或许是科技成果转化激励得以发挥作用的重要破解点。

因此简要而言，需要对科技成果转化有关的经济利益与一般国有资产相区分，这样才能破除科技成果转化造成国有资产流失等责任的心理负担，增加科技成果转化的灵活性，促进科技成果转化的积极性。目前有部分文件提出要对科技成果转化的定价损失责任予以豁免，无疑这些规定对科技成果转化激励而言是值得肯定的。但是，这在实践中仍然会产生一定的负面影响，无论对科技成果转化的成效评价还是对科技成果转化有关的主体而言，都是居于一种相对负面的评价或者担忧被追责的负担中。

为了便于科技成果转化以及规避相应的机制体制难题，通过成立高等学校配套的资产管理公司等已经成为一种比较流行的做法。这些公司性质以及其对职务科技成果转化的权限，特别是一些高校出现的规避国家和学校规定、未经相关流程审核就设立公司开展科技成果转化的情况，可能使得学校失去应有的合法收益，❷ 实际上可能造成科研院所及高等学校对有关资产失去控制，虽然比较有利于有关职务科技成果转化，但也确实会产生国有资产流失而无法得以控制。

---

❶ 高德友：成果转化，失败的理由千万条，成功的因素只有一个［EB/OL］．［2023 – 09 – 28］．https：//www. edu. cn/rd/gao_xiao_cheng_guo/ssgx/202106/t20210621_2125081. shtml.

❷ 沈春蕾. 职务科技成果管理改革："摸着石头过河"［N］．中国科学报，2023 –02 –20（4）.

在国有资产管理中将科技成果单列的机制有助于激励科技成果转化、有利于破除科技成果"不敢转"的心态。实践中为解决此问题出台的有关规定可以为科技成果转化的国有资产困境解决提供一定的参考。2021 年，北京市有关部门联合出台《关于促进本市国有科技成果与知识产权转化　推进知识产权要素市场建设的指导意见》。按照该"意见"，北京市属高等院校、科研机构、医疗卫生机构将其持有的科技成果与知识产权转让、许可或者作价投资给国有全资企业的，可以不进行评估；市属高等院校、科研机构、医疗卫生机构将其持有的科技成果与知识产权转让、许可或者作价投资给非国有全资企业的，由单位自主决定是否进行资产评估。该"意见"还建立了相应的容错免责机制，市属高等院校、科研机构、医疗卫生机构通过拍卖、在知识产权交易机构挂牌交易等方式确定价格的，或者通过协议定价并在本单位及知识产权交易机构公示拟交易价格的，可视为履行勤勉尽责义务；未牟取非法利益的，可免除因后续价值变化而产生的决策责任。2022 年发布的《关于开展中关村国家自主创新示范区核心区高等院校、科研机构和医疗卫生机构职务科技成果转化管理改革试点实施方案》更是明确了职务科技成果是国有资产，并进而建立了职务科技成果资产的单列管理制度，消除了职务科技成果与其他国有资产混同管理的不合理性，放开了科技成果作为单独资产进行管理的权限。陕西省开展的职务科技成果国有资产单列制度的相关改革，在实践中也产生了实实在在的激励作用。❶ 更进一步的改革是将职务科技成果在转化前非国有资产化，四川省的做法就是如此。2022 年 12 月，四川省科学技术厅发布《关于全面推广职务科技成果转化前非资产化管理改革的指导意见（征求意见稿）》，该"征求意见稿"提出全面推广职务科技成果转化前非资产化管理改革，建立职务科技成果退出国有资产管理机制。这一改革方向使得科技成果转化彻底与一般的国有资产管理相分离，实际上是解绑束缚科技成果转化绳子的最关键一步，也是最彻底的改革。相关的改革的脚步还在持续，对国

---

❶ 张亚雄，张哲浩. 三项改革解科技成果转化难题［N］. 光明日报，2022 - 10 - 21（14）.

有资产中职务科技成果的改革，能够从一定程度降低科技成果转化中对国有资产流失的顾虑，化解、消除"不敢转"的念头，能够促进相关主体进行科技成果转化的积极性，值得期待。

3. 科技成果转化激励链条主体间缺乏协作性

科技成果转化激励过程中出现的脱节问题是桎梏科技成果转化激励效应实现的关键所在。这与高校的考评机制有关，也与企业理念有关。一方面社会在抱怨科技成果转化无法获得有效的成绩，关键问题在于科研院所、高等学校的科研活动延伸的科技成果与实践普遍脱节，造成相应成果的不匹配。科技成果有自身相应的激励体制，如科研院所、高等学校考评体系以知识产权为中心而对科技成果转化长期以来未予以足够关注。另一方面也有声音提出，企业未有效向科研机构传达其技术需求，对科研活动的进展不敏感、对高校科技成果的研发进展不追求。这形成双向的盲目性，最终造成科技成果转化激励的失效。

从本质上而言，科技成果转化与科技成果是可以分离的两个环节，评价体系也是相对隔离的。然而，现实中值得反思的一个重要问题是，如果科技成果与现实脱节，那么是应当扭转这种局面，使得科技成果与现实衔接，还是正确看待科研机构、高等学校的创新地位？回答这个问题可能会涉及高校在创新体系中的角色问题，在此先按下不表，后文再叙。

究其原因，一方面，有些高校与科研院所的研究可能是闭门搞研究、研发成果脱离市场需求，企业难以承接；另一方面，部分高校或科研院所的研发成果成熟度不高，市场风险大，企业不愿或不敢进行科技成果转化。❶ 进一步简化而言，创新主体之间缺乏有效合作，使得创新资源"孤岛"现象突出。这也衍生出与科技成果转化激励有关的以下现象：部分高校或科研院所的创新资源使用效率低下，甚至出现资源闲置和浪费等现

---

❶ 申红艳，张士运. 打造四大科创平台，助力科技成果转移转化 ［N］. 科技日报，2021 - 08 - 23（8）.

象；企业因缺乏中试基地、仪器设备等资源而难以顺利推进科技成果转化。❶从现实来看，2015 年以前由于多种因素制约，中国高校的科技成果转化的意愿与能力确实普遍不足，企业与高校在科技成果转化合作上也不尽如人意。❷长期的科技成果转化不受重视，以专利等为核心评价体系，特别是以专利量为创新评价重要指标，造成实践中专利等知识产权质量问题。虽然这些可能有竞争优势等，但是对现实生产力的贡献比较有限。反过来，企业的技术需求并没有有力激发高校和科研院所的研究，或者没有对其起到积极、有效的引导作用，难以形成信息互通、双向齐头并进的局面。

造成这种现象的潜在的另一个关键原因在于，科研人员在职务科技成果转化中的决策权和利益长期未得到满足。科研人员的科研活动有较强的激励导向，即评价体系是什么样的，科研活动就会朝向评价体系发生偏转。以论文为核心评价中心就会造成科研人员使劲造论文，以专利为核心评价中心就会造成科研人员竭尽全力申请专利，这些都是在评价体系内普遍存在的现象。但是与论文以及专利的情形不同，科技成果转化并不是科研人员所能够独立决定的，既需要单位的制度激励又需要现实转化的需求，因此即便在评价体系中对科技成果转化有激励机制的体现，科技成果转化激励的规模效益也需要一定的时间方能形成。

除此之外，与科技成果转化激励有关的政策法规，涉及相应的资源倾斜与调度，也会涉及不同部门在科技成果转化实践中的具体协调，因此政策在出台前获得相关部门的"共识"有利于后续科技成果转化激励制度的具体实施。据研究，中国科技成果转化有关的政策虽然比较多，但是仍然以单一部门发文为主，在政策制定上缺乏横向交流与联系，科技成果转化的政策协同性有待提升。❸转向具体政策规定可以发现，虽然中国有些创

---

❶ 申红艳，张士运. 打造四大科创平台，助力科技成果转移转化［N］. 科技日报，2021 - 08 - 23（08）.

❷ 郭蕾，张炜炜，胡莺雷. 高校异地科研机构建设面临的挑战及对策初探［J］. 高科技与产业化，2022，28（12）：62 - 67.

❸ 杜宝贵，王欣. 中国科技政策蓝皮书 2021［M］. 北京：科学出版社，2021：169.

新、科技成果转化有关文件中积极倡导相关主体之间的协助，甚至有的直接言明国家鼓励相关主体之间在平台、资源等方面加强协作，但缺乏更加具体有效的衔接机制，致使科技成果转化具体实践中相关主体之间的协作协同难以有效展开。

4. 专利科技成果转化之外的漠视

科技成果的构成多种多样，然而在具体科技成果转化激励的实践中，仍然发现无论是统计数据（特别是公开的统计数据）还是宣传的转化案例，多为专利形式的科技成果转化，这就造成其他类型的科技成果转化及其激励难以得到有效的体现，或者难以形成有效的激励方式引导相应主体对其科技成果投入转化。

一方面，这种现象的形成确实与专利形式的科技成果方便统计有关，这就使得相应的统计、报告多以专利为主甚至为唯一统计对象。这造成实践中科技成果转化的其他体现形式的统计被忽视，或者科技成果被转化未被真实统计。

另一方面，这与专利的权利边界比较清楚或在评估定价中更容易被稳定定价有关。科技成果转化激励时特别注重被转化科技成果得到转化双方的认可，以致专利这种相对权利边界清楚、权属记载清楚的技术承载方式最容易得到科技成果转化。比如商业秘密的科技成果转化一般就处于相对不公开的状态，特别是自己实施更是一种核心竞争力，实践中发生或者实现科技成果转化激励的概率就会比较低。

5. 激励效果受到便捷性满足程度的影响

从目前来看，科技成果转化的便捷性确实有所提升，特别是决策权和流程方面。然而，这对于激励科技成果转化而言是远远不够的。科技成果转化的激励对象是多方位的，有时候程序的多少、烦琐程度，都影响科技成果转化的意愿和成效。中国科研院所、高等院校的科技成果转化，虽然赋予转化机构相应的技术转移转化职能，但是并未明确其具体内容。落实到具体的科技成果转化案例中，科技成果转化机构的权限往往受制于其他部门和机构。最终的科技成果转化谈判、决策也是在学校领导、科技处、财务处、资产处、法律部等多头协同配合下才能完成，走下来这么多流程或许还面临被"卡"的局面。然而，国外高校的科技成果转化专门部门技术转移办公室有相当大的权限，其职能也更加全面，能够不受干扰地主导科技成果转化的全过程，大大减轻了科技成果主体的负担和顾虑。❶ 流程性的内容虽然不直接决定科技成果转化激励的形式和效果，但能够阻碍科技成果转化激励的发生源头意愿，即科技成果转化有关主体面对激励引导与程序阻碍，经过衡量可能对程序阻碍的厌恶感要胜于激励的吸引力，由此做出不愿转化的选择。

第二节　科技成果转化激励的缺失与失衡

在中国科技成果转化激励的实践中出现了不少具体的探索。这些探索之所以得以成行，得益于中国科技成果转化激励在中央层面和地方层面的政策支持。而在这些模式探索与具体展开中，也出现了一些激励的缺失与失衡，制约了科技成果转化激励的有效性。对此展开探究，有利于认识现实，便于后续结合相关环境与时代发展进行相应的调整和修正，促进科技成果转化激励机制的完善，推动科技成果转化机制的健全。

一、科技成果转化激励缺乏理论逻辑的定性

（一）科技成果转化是否可以成为一种义务

科技成果转化义务并不同于科技成果强制转化。从国外有关规定也可以发现，政府对财政资助科技成果不能及时转化应用等情形保留强制转化

---

❶ 徐明波. 如何畅通高校科技成果转化体制机制：以一项技术专利成功转化为例［J］. 中国高校科技，2020（5）：92 – 96.

的权力是常见的做法。❶ 一方面强制进行科技成果转化的对象是有公共财政资助形成的科技成果，另一方面也对科技成果权利人提供一种反向引导，即最好能够对科技成果进行转化，否则可能会产生强制转化的后果。本书提及的科技成果转化义务即科技成果产生之后是否需要给科技成果权利人附加科技成果转化的义务，如果科技成果没有转化是否承担不利后果。

科技成果转化是否可以或者是否应该被作为一项义务，成为对科技成果转化激励进行评价及其效用衡量的重要前提之一。实践中有一些政策文件要求有关科技成果项目承担单位要承担科技成果转化的任务。❷ 还有一些政策文件规定，如果没有进行积极转化可能产生一定的强制转化后果，如有的规定："自职务科技成果完成之日起超过一年未实施转化，科技成果完成人可以向所在单位书面申请实施转化，单位应当与其签订科技成果转化协议，并在本单位公示。公示时间不得少于十五日。单位收到转化申请超过三个月未答复或者无正当理由不同意的，科技成果完成人经向所在单位主管部门书面报告后，可以自行实施转化。单位及其工作人员不得阻碍或者拒绝提供相关技术资料。"❸ 这些被称为财政支持项目的强制转化义务，由财政资金的公共利益属性决定，政府有权在进行财政科技项目支持

---

❶ 陈宝明. 我国财政资助科技成果强制转化义务实施问题研究 [J]. 管理现代化，2014，34（3）：120–122.

❷ 《促进科技成果转化法》第 10 条规定："利用财政资金设立应用类科技项目和其他相关科技项目，有关行政部门、管理机构应当改进和完善科研组织管理方式，在制定相关科技规划、计划和编制项目指南时应当听取相关行业、企业的意见；在组织实施应用类科技项目时，应当明确项目承担者的科技成果转化义务，加强知识产权管理，并将科技成果转化和知识产权创造、运用作为立项和验收的重要内容和依据。"《科学技术进步法》第 32 条还规定了政府介入的强制科技成果转化。《北京市促进科技成果转化条例》第 14 条第 1 款规定："利用本市财政资金设立的应用类科技项目，项目主管部门应当在合同中明确项目承担者的科技成果转化义务和转化期限、项目主管部门可以许可他人实施的条件和程序等事项。"《浙江省推进技术要素市场化配置改革实施方案》规定："明确由财政资金设立的应用类科技项目承担单位的科技成果转化义务，开展应用类科技项目成果以及基础研究中具有应用前景的科研项目成果信息汇交。"

❸ 《重庆市促进科技成果转化条例（2020 修订）》第 27 条。

时明确承担单位对财政资助形成科技成果的转化义务。❶ 但是这些强制转化义务在实践中并无法得到有力的执行，其价值及合理性值得反思。

如果不考虑科技成果转化义务是否妥当，强制将科技成果转化作为一种默认选项，可能会带来极为显著的科技创新效率。例如，对财政支持产生的科技成果冠以具有科技成果转化的义务或者对之予以默认的科技成果转化选项，除非特殊情况才可以申请不予以科技成果转化，那将促进相关研究成果信息的公开，进而提升科技成果转化的可能性与速度。从结果上而言绝对是好的，然而这并没有法律依据的支撑，使得这一逻辑基本行不通。从实践而言，这种做法还可能被认为是一种家长主义色彩的介入，不符合科研、创新规律与伦理。比如，在这种场合下科技成果转化的决策权可能被剥夺或流于形式，甚至其中很多关联的科技成果无法受到有效控制，可能造成采取保密措施的商业秘密公开等不利后果。

退一步而言，如若科技成果转化被认为是一种义务，那么就不需要科技成果转化激励机制了。因为如若对科技成果不予转化，行为可被定性为未履行相应的义务，那么可能自然产生相应的不利规范后果，这本身就是一种"负面激励"。

通过以上论述可知，科技成果转化并不是、也不应当是义务，而应当是一种选择。实践中科技成果转化有关文件的激励机制，在对科技成果转化的同时，科技成果转化也被当作"准义务"来对待，如将科技成果转化进行绩效评价。❷ 实际上给科技成果产出的有关单位带来一定的转化压力。当然科技成果转化义务还有另外一层意思，即科技成果转化中与权利对应的义务。例如对财政支持科技成果转化有关的成果披露、国有资产管理义

---

❶ 陈宝明. 我国财政资助科技成果强制转化义务实施问题研究 ［J］. 管理现代化，2014，34（3）：120 – 122.

❷ 《实施〈中华人民共和国促进科技成果转化法〉若干规定》："加大对科技成果转化绩效突出的研究开发机构、高等院校及人员的支持力度。研究开发机构、高等院校的主管部门以及财政、科技等相关部门根据单位科技成果转化年度报告情况等，对单位科技成果转化绩效予以评价，并将评价结果作为对单位予以支持的参考依据之一。"

务等，❶ 界定清楚这些内容有助于科技成果转化及其激励延伸出的科技成果转化激励的监督及有关责任划分。

（二） 科技成果转化是选择

科技成果转化是一种选择，而且这种选择是一种被鼓励的选项。正如前文提到的，有了一项科技成果之后，未必必须实现其"转化"的价值，其存在本身可能就是一种价值。更毋庸谈及通过知识产权等制度已经对其形成相应的保护，进而产生相应的市场竞争力。科技成果转化激励在科技成果转化体系中，是一种处于助推视角的内容，对科技成果转化提供相应的激励措施，供科技成果权利人进行选择。作为科技成果转化的有决策权者，科技成果转化激励制度对其提供的相应利益分配偏向及相应配套措施，都意图对科技成果转化决策者形成相应的"吸引力"。因此，是否能够真正影响科技成果转化决策，科技成果转化激励的"新引力"就形成一种助推力量。但是需要明确的是，科技成果转化是一个需求打底的活动，一项特定的科技成果是否获得转化，"激励"可以影响但无法全盘决定。此外，科技成果转化的复杂性也彰显出这样一个逻辑，即必须存在科技成果转化的能力才能进一步通过激励激发科技成果转化活动的发生。因此，科技成果转化激励在特定的科技成果转化场景下发挥着重要作用，但也会面临诸多限制科技成果转化激励实现的不确定状况。这也提醒我们需要认识到科技成果转化这一复杂活动中科技成果转化激励功能的局限性。

以专利为中心的科技成果转化并不能全面代表科技成果转化，以专利权属清楚的科技成果转化激励制度也并不完全契合科技成果转化激励情形。虽然中国科技成果转化有关的法律政策文件对科技成果的内涵给出了较为广泛的认可，在学术研究上一般也对科技成果范围大于知识产权有比较清楚且统一的认识，但实践中仍然可以看到科技成果转化实践以专利这

---

❶ 周海源. 职务科技成果转化中的高校义务及其履行研究 [J]. 中国科技论坛，2019 （4）：142－151.

一科技成果形式为核心，主要体现为：在统计科技成果转化率时，仅仅统计专利这一便于统计的转化率，用相关数据体现科技成果转化的情况；激励科技成果转化时，以相应的专利转化率为统计结果，倒逼有关主体对专利形成严重依赖，可能忽视对是否申请专利、申请专利时机等科技成果战略予以思考的重要性；相关研究也直接以专利成果转化的数据来代表科技成果转化数据。这一现象有失偏颇已经得到相应的关注，有观点指出，专利成果转化率并不能反映科技成果转化的实际情况，至少忽视了专利申请数包含畸高的转化困难的原创性成果，也忽视了可以转化但不是以专利形式转化而是以商业秘密形式转化等未被统计进去的现象。❶ 无论是商业秘密还是科学发现，因为其秘密性以及无法以权利的形式体现，而被忽略激励是一种有失偏颇的选择，然而其他形式的科技成果转化激励也因这种选择而可能被漠视。实践中无论是立法还是科技成果转化激励的探索，都对现有规定是否适合其他形式科技成果转化激励或者是否有实在的激励可行性，做了哑默处理，这种"选择"是不合理的。

二、科技成果转化激励的主体对象有失偏颇

中国科技成果转化激励活动随着各种政策法规以及自上而下延伸的各种文件作为依据展开，科技成果转化激励对主体的作用是最核心的制度体系，也是在科技成果转化激励过程中最为人关注的板块。人的能动性因激励而发生变化，科技成果转化激励针对的主体不同，科技成果转化激励效果也会有不同的体现。中国科技成果转化激励的主体对象有一定的偏颇，这种偏颇体现为：偏重高校、科研人员激励；缺乏对技术经理人利益的关注；缺乏对科技成果转化资金来源方的激励。

（一）偏重高校、科研人员激励

由于中国高等院校的科技成果转化率低，暂且不论其基数大及与实践

---

❶ 杨思军. 科技成果转化要打破唯专利论 [J]. 中国高校科技，2020（8）：94 - 96.

是否脱节的问题，从数据结果上而言是需要通过科技成果激活高校的科技成果转化积极性的，提升高校科技成果转化率成为时代使命。其实关注高等学校的科技成果转化是没有问题的，因为历史上多数对人类发展起到重要作用的发明都产生于高校，而且高校在基础研究上较为擅长，有助于快速解决科技成果转化有关技术困难。过于关注科研机构、高等学校容易使得社会上的企业等主体产生系列改革措施不相匹配的做法，科技成果转化激励中的有些倡导在实践中也可能因此得不到相应的实践。如实践中虽然高校教师到企业兼职的提法对科技成果转化大有裨益，然而高校教师因为科技成果转化而到企业进行兼职的情况变化并不大，❶ 高校教师对到企业兼职以及离岗创业还有相当的顾虑，❷ 这也就意味着激励的主体对象产生了与预期不相匹配的结果。有些政策也主要关注于高校和科研机构的科研人员，对企业中的科技人员并没有太多的关注，如科技成果转化中的税收优惠政策。❸ 这造成科技成果转化有关规定对高校、科研院所的激励与对企业的激励形成割裂局面就成为当然。《促进科技成果转化法》第 3 条已经点明了科技成果转化中"企业的主体作用"，❹ 在其他规定中也有相关的体现，但是对于重点的重视已经将市场主体完全置于规范的非焦点位置。

对科技成果完成人的激励不加区分致使激励效果不明显。对完成、转

---

❶ 中国科技评估与成果管理研究会，国家科技评估中心，中国科学技术信息研究所. 中国科技成果转化年度报告 2021（高等院校与科研院所篇）[M]. 北京：科学技术文献出版社，2022：277；中国科技成果管理研究会，国家科技评估中心，中国科学技术信息研究所. 中国科技成果转化年度报告 2022（高等院校与科研院所篇）[M]. 北京：科学技术文献出版社，2023：290.

❷ 陈黎，玄兆辉. 政府属科研机构科技成果转化影响因素研究：以广州为例 [J]. 中国科技论坛，2022（11）：45 - 55.

❸ 陈远燕，刘斯佳，宋振瑜. 促进科技成果转化财税激励政策的国际借鉴与启示 [J]. 税务研究，2019（12）：54 - 59.

❹ "科技成果转化活动应当尊重市场规律，发挥企业的主体作用，遵循自愿、互利、公平、诚实信用的原则，依照法律法规规定和合同约定，享有权益，承担风险。科技成果转化活动中的知识产权受法律保护。"

化职务科技成果作出重要贡献的人员给予奖励和报酬是诸多规定的惯常用语，❶ 但是对于何为"作出重要贡献的人员"往往不是特别明确。在实践中，科技成果转化机构和科技成果转化机构的人员与科技成果完成人之间的利益分配，还可能因此产生在相关"贡献"问题上的分歧。从科技成果转化激励及赋权改革实践来看，相关单位出台的具体实施方案对科技成果转化机构和转化人的激励不足，最大限度将科技成果转化获得的收益分配给了科技成果完成人。

　　主体本身在科技成果转化能力和资源调配能力上具有一定的差异，这也造成科技成果转化场合下，有些科技成果转化呈现出被关注的差异。实际上，比起科技成果转化的功能，高校承担的主要任务是基础研究。只不过，随着国家间的科技竞争日益激烈，大学有必要承担科技成果转化这一派生功能。❷ 在中国目前科技成果转化激励体系中，高校领域的科技成果转化激励改革逐步深入，相关的科技成果转化通过激励改革获得了相应的成效。据统计，中国高校 2022 年发明专利的产业化率是 3.9%，重点高校专利产业化率（4.4%）、普通本科高校专利产业化率（3.0%）均远远高于专科高职院校专利产业化率（0.9%）。❸ 然而这些激励延伸出对高校科技成果研发与转化之间的平衡问题，这是需要进一步得到关注的。尤其是产学研合作对科技成果转化带来的激励，应当得到妥善的关系梳理和激励机制安排。产学研是多方参与的活动，其中并非对科研人员的收益赋比越高对科技成果转化越有利，因此要综合衡量之后在相关主体之间基于具体情况予以科技成果转化收益的约定。且研发活动与转化活动系属两个关联

---

　　❶　有的也用"作出主要贡献的人员"，例如国务院《实施〈中华人民共和国促进科技成果转化法〉若干规定》（国发〔2016〕16 号）。但是该"规定"也用了"作出重要贡献的（人员）"，因此应当认为二者为同一意思。

　　❷　贺俊."归位"重于"连接"：整体观下的科技成果转化政策反思［J］. 中国人民大学学报，2023，37（2）：118 - 130.

　　❸　国家知识产权局战略规划司，国家知识产权局知识产权发展研究中心. 2022 年中国专利调查报告［R］. 北京：国家知识产权局，2022：14.

的环节，提前约定关于产学研形成的科技成果转化有关收益分配比例❶有助于产学研中科技成果转化的权属划分、决策权行使、收益分配，以使得各方能够在约定中获得对其有激励作用的利益。

有些政策从结果上而言是对单位予以激励的，具有积极价值，这里的价值并不决定这种激励直接导致科技成果转化积极性的提高，而是优化了单位的负担。2021年初，人力资源社会保障部、财政部、科技部联合发布的《关于事业单位科研人员职务科技成果转化现金奖励纳入绩效工资管理有关问题的通知》明确，职务科技成果转化后，科技成果完成单位按规定对完成、转化该项科技成果作出重要贡献人员给予的现金奖励，计入所在单位绩效工资总量，但不受核定的绩效工资总量限制，不作为人社、财政部门核定单位下一年度绩效工资总量的基数，不作为社会保险缴费基数。这虽然对单位是利好的，但是对个人而言实际上可能激励的意义并不是很大。所以实践中主要是激励科技成果有关权利单位主体，避免他们在科技成果转化中为员工负担更高的社保缴纳数额等。

（二）缺乏对技术经理人利益的关注

在中国多数企业中的科技成果转化人才基本处于边缘部门，没有激励措施难以激发他们对科技成果转化的积极性和使命感。在高校和科研机构，科技成果转化人才同样处于夹缝中求生存的地位，他们既无法评职称，又在经济收入上处于相对弱势地位。❷ 当前，需要认识到成果转化独立部门及专职人员在科技成果转化过程中具有不可或缺的作用。❸ 如在科技成果转化中，职务科技成果的定价或高或低都会影响科技成果转化双方

---

❶ 《产学研合作协议知识产权相关条款制定指引（试行）》中提到，赋予成果完成人（团队）技术成果知识产权所有权或长期使用权的，应与其签署书面协议，合理约定转化技术成果收益分配比例、转化决策机制、转化费用分担以及知识产权维持费用等。

❷ 姜文宁. 中国已成功进入创新型国家行列，但在科技创新体系上仍存在一块关键短板［EB/OL］.（2022－06－08）［2023－09－28］. https：//export. shobserver. com/toutiao/html/495695. html.

❸ 陈黎，玄兆辉. 政府属科研机构科技成果转化影响因素研究：以广州为例［J］. 中国科技论坛，2022（11）：45－55.

的接纳意愿，阻碍科技成果转化的积极进展。❶ 如果有较为成熟的技术经理人，那么对定价有关的问题就可以形成相对权威的磋商机制和结果，有力推动科技成果转化的进行。技术经理人尤其是成熟的技术经理人在科技成果转化中发挥着"引路人"的作用，其有时对科技成果的研发也能够提供相应的引导。如前文所阐述的，科技成果转化中技术经理人的重要性已经被一些政策法规关注，并提及要建立完善的技术经理人制度。"十四五"规划也提出，要"推进创新创业机构改革，建设专业化市场化技术转移机构和技术经理人队伍"。可见，技术经理人在科技成果转化、技术创新领域的重要性、紧缺性，在科技成果转化激励实践中亟待落实对技术经理人的激励。

从现有规定来看，科技成果转化中的技术经理人或者科技成果转化人员要想获得激励，可以以"为成果转化作出重要贡献人员"有关的规定作为依据。具体而言，可以依据科技成果转化人员是否属于本单位人员而做区分。如果是本单位内的科技成果转化人员，那么应当根据其在科技成果转化中的作用，依据相关利益结构，形成相应的科技成果转化激励利益分配。如果是校外的科技成果转化机构帮助促成了相应的科技成果转化，也应当建立相应的机制使得对方获得相应比例的佣金，列入成果转化成本，扣除这部分成本之后的收益再在校内进行分配。❷ 实践中关于科技成果转化人才激励已经有一些探索。《关于推动北京市技术经理人队伍建设工作方案（2022—2025年）》明确要建立技术经理人激励机制，提出高等院校、研发机构（事业单位性质）和医疗卫生机构可在科技成果转化净收入中提取一定比例作为技术转移机构能力建设和技术经理人奖励等支出，对于在技术转移转化过程中作出突出贡献的技术经理人，符合条件的可申报北京市相关人才计划。《北京工业大学关于技术经理人聘任管理规定》明确了

---

❶ 谢婷婷，李梦悦，张克武. 职务科技成果所有权改革的激励机制研究［J］. 西南科技大学学报（哲学社会科学版），2022，39（2）：85-90.

❷ 田海燕. 成果转化，我推崇技术许可和作价入股两种方式［EB/OL］.（2021-06-17）［2023-09-28］. https：//www. edu. cn/rd/gao_xiao_cheng_guo/ssgx/202106/t20210617_2123593. shtml.

工作岗位及绩效指标，激发服务团队工作积极性。中国医学科学院药物研究所为了促进科研人员与技术转移人员形成良性循环，提升技术转移人员的积极性、主动性，建立技术转移人员激励机制，从科技成果转化收入中提取1%作为科技成果转化基金，用于奖励对促进科技成果转化有贡献的技术转移人员；药物研究所开发处根据实际参与科技成果转化的人员及科室制定科技成果转化基金分配方案，上报所长办公会审核并实施分配；药物研究所已经连续两年给予参与科技成果转化的技术转移人员现金奖励，以表彰他们在科研项目服务、知识产权管理、技术转移转化相关工作中的优秀表现。该项内部奖励基金的分配已经常态化，有关从事科研管理的技术转移人员获得了现金奖励，在科研人员和技术转移人员的共同努力下，药物研究所科技成果转化工作取得大幅进步。❶ 这些实践为中国科技成果转化人才激励提供了样本，应当在此基础上多做探索、总结经验，提炼出有价值的、可推广的激励规则。还需要注意，目前中国技术经理人是紧缺人才，这里的"紧缺"不仅是数量上的紧缺，还意指比起其他发达国家而言的质量上的"紧缺"。

（三）缺乏对科技成果转化资金来源方的激励

实践中，科技成果转化率低的最重要原因之一就是缺乏投资。❷ 科技成果转移转化的每一步都需要大量资金作保障，这对本身就融资困难的科技型企业尤其是科技型中小企业来说是巨大的挑战，甚至部分企业为了规避破产风险，不愿投入资金进行科技成果转化。❸ 有时政府也会对科技成果转化所需资金提供相应的扶持或者帮助，这涉及政府在此过程中的角色

---

❶ 职务科技成果转化收益分配操作指南和典型案例｜"学指南 促转化"专栏之六［EB/OL］.［2023－09－28］. https：//www.ncsti.gov.cn/kjdt/ztbd/xzhn_czhh_2021/zhwkjchgzhhshx_2021/202111/t20211123_51801.html.

❷ 李毅中. 我国科技成果转化率不高的重要原因是缺乏投资［J］. 科学中国人，2021（7）：31－33.

❸ 申红艳，张士运. 打造四大科创平台，助力科技成果转移转化［N］. 科技日报，2021－08－23（8）.

定位及激励难题。中国科技成果转化的资金来源主要有三个方面，即政府资金、信贷资本和风险投资，且目前而言政府资金是科技成果转化的主要资金来源，主要以科研经费、财政补贴等形式体现。❶ 因此从性质上而言，中国科技成果转化激励中对资金来源方的激励涉及两个方面：一方面是商业资金来源，另一方面是公共资金来源。政府基金等公共资金能够有效弥补社会资本和产业资本之间衔接缺失的部分，但缺少甄别项目的能力。❷关于公共资金来源方的科技成果转化激励在第四章探讨，在此不再赘述。

中国与科技成果有关的风险投资主要有两种模式：一种是高校自己的风险投资，另一种是引入外部风险投资。前一种自有资金有限，投入能力不足，专业化和市场化经验不足；后一种对人的激励存在不足，收益分配不足以激励风险投资对科技成果转化的有力支持。❸ 中国科技成果转化缺乏资金这一现象，与国内风险投资看项目多倚重于销售额、利润也有关，如果风险投资的项目有失败，那么负责投资的人将被问责；而美国的风险投资对好的创新模式和产品会积极投入，对失败有预期，坦然接受项目亏损，只要有部分项目获得巨额回报就认为是成功。❹ 科技成果转化本身就是创新的构成，也是一项投资风险较大的活动，加上中国科技成果估值衡量方面机制不甚成熟，风险投资往往难以覆盖科技成果转化项目前期高度不确定性的时间段。❺ 这也是实践层面缺乏对资金投资方提供激励而造成科技成果转化困难的后果之一，即现有的科技成果转化实践未能有力地将科技成果转化的高风险性与风险投资的市场性相结合。然而，科技成果转

---

❶ 张雪春，苏乃芳. 科技成果转化的三元素：人才激励、资金支持和中介机构 [J]. 金融市场研究，2023（4）：113 – 122.

❷ 李晓华，柯罗马. 跨越死亡之谷：以大学风险投资激活科技成果转化系统为例 [J]. 清华管理评论，2021（9）：51 – 59.

❸ 张雪春，苏乃芳. 科技成果转化的三元素：人才激励、资金支持和中介机构 [J]. 金融市场研究，2023（4）：113 – 122.

❹ 谢志峰，赵新. 芯事 2：一本书洞察芯片产业发展趋势 [M]. 上海：上海科学技术出版社，2023：240.

❺ 李晓华，柯罗马. 跨越死亡之谷：以大学风险投资激活科技成果转化系统为例 [J]. 清华管理评论，2021（9）：51 – 59.

化与普通的纯商业性风险投资有所不同，有些科技成果转化的社会效益可能远远大于其短期的经济效益，因此应当加强谁投资、谁受益的实践展开，引入科技领域风险投资人才，❶ 提升科技成果转化领域的风险投资的经济性和社会性意义的协调。

三、科技成果转化激励的行为对象不全面

（一）科技成果转化行为在实践中受到不同程度的欢迎

科技成果转化激励的行为对象指向具体的科技成果转化行为。科技成果转化行为不是一个简单的即时行为，而是一个综合的行为复杂体。根据《促进科技成果转化法》第 16 条的规定，科技成果转化行为包括：（1）自行投资实施转化；（2）向他人转让该科技成果；（3）许可他人使用该科技成果；（4）以该科技成果作为合作条件，与他人共同实施转化；（5）以该科技成果作价投资，折算股份或者出资比例；（6）其他协商确定的方式。总结而言，科技成果转化的方式就是将科技成果转入实施或者转化为经济利益，然而这些转化形式在实践中有着不同的受欢迎程度。

以上立法中对科技成果转化的方式虽然呈现开放式，然而因为不同转化方式可能带来科技成果转化评估、统计及管理上的难题，所以在实践中对科技成果转化的激励范围可能不同于以上规定，特别是科技成果转化激励实践缺乏对自行投资实施转化的激励。例如，东北大学的科技成果转化文件就规定，"学校科技成果转化可按以下几种方式进行：（一）许可他人使用该科技成果；（二）向他人转让该科技成果；（三）以该科技成果作价投资，折算股份或者出资比例。"❷

---

❶ 刘峻，李梅芳，鄢仁智，等. 科技成果转化对风险投资的促进机制研究：以福建省为例[J]. 福建行政学院学报，2015（3）：90-96.

❷ 东北大学科技成果转化管理办法［EB/OL］.［2023-09-28］. http：//www. moe. gov. cn/s78/A02/gongzuo/fangguanfu/201905/W020190515299162514747. pdf；东北大学科技成果转化管理办法实施细则［EB/OL］.［2023-09-28］. http：//www. moe. gov. cn/s78/A02/gongzuo/fangguanfu/201905/W020190515299162635207. pdf.

科技成果转化激励实践更偏向科技成果许可的转化方式。科技成果转化实践中，以许可形式实现科技成果转化的比较多，而且 2018—2022 年中国发明专利许可率持续攀升，从 2018 年的 4.5% 提升到 2022 年的 12.1%，❶ 其中与科技成果转化激励不无关联。不同的主体采取的许可方式呈现出一定的差异，以高校专利许可为例，2022 年高校许可他人使用的专利中 64.3% 为普通许可，其中重点高校和普通本科高校以普通许可为主（分别占 69.6% 和 63.9%），专科高职院校以独占许可方式为主（占 88.8%）。❷ 科技成果转化中的许可之所以占有较高比例，一方面，因为许可情况下，科技成果权属并没有发生转移，科技成果权利人依然掌握主动权；另一方面，被许可使用者在许可情形下支付的费用少于转让，承担的科技成果的价值风险要更小。从追求科技成果转化的成功率而言，比起转让、作价入股等科技成果转化方式，许可这一形式的科技成果转化也更容易被促成。因此，许可是在科技成果转化中更受欢迎的方式。但是这种方式对科技成果转化的价值而言是较为有限的，无法大范围使得特定的科技成果被有效地接纳和扩散，在许可关系中被许可方对被许可的科技成果的转化可能并不想投入太多。

科技成果转化方式中除了许可受欢迎，理论上而言作价入股也是比较受推崇的转化方式，这两种方式的转化操作都相对简单，不涉及国有资产所有权转移的问题，技术许可还可以享受相应的税收优惠。❸ 但是从实践观察来看，还是有诸多问题影响着相应的激励机制发挥作用，涉及因科技成果转化有关体制机制难题存在的激励机制无法落实的问题。但是需要明确一点，科技成果转化激励的方式并没有绝对的孰优孰劣，根据具体的科技成果情形来决定科技成果转化的方式是理性的做法。同样需要认识到，

---

❶　国家知识产权局战略规划司，国家知识产权局知识产权发展研究中心. 2022 年中国专利调查报告［R］. 北京：国家知识产权局，2022：8.

❷　国家知识产权局战略规划司，国家知识产权局知识产权发展研究中心. 2022 年中国专利调查报告［R］. 北京：国家知识产权局，2022：3.

❸　田海燕. 成果转化，我推崇技术许可和作价入股两种方式［EB/OL］.［2023 - 09 - 28］. https：//www. edu. cn/rd/gao_xiao_cheng_guo/ssgx/202106/t20210617_2123593. shtml.

在对相应的科技成果转化方式有需求的情况下，应当确保相应的激励得到实现、落实。

（二）科技成果转化中的作价入股方式遭冷遇

作价入股即以该科技成果作价投资，折算股份或者出资比例。作价入股作为对科技成果转化有关主体的一种长期激励方式，对科研活动的支持和科研人员的激励作用发挥是值得探究的。这在《关于实行以增加知识价值为导向分配政策的若干意见》中也有所体现，其规定"坚持长期产权激励与现金奖励并举，探索对科研人员实施股权、期权和分红激励，加大在专利权、著作权、植物新品种权、集成电路布图设计专有权等知识产权及科技成果转化形成的股权、岗位分红权等方面的激励力度"。但是实践中基于各种各样的原因，科技成果作价入股方式的转化往往遭冷遇。

科技成果转化中的作价入股激励缺乏相应的实践土壤是作价入股方式遭冷遇的成因之一。中国多处立法中都明确规定作价入股是一种典型的科技成果转化方式。实践中，科技成果转化的股权奖励方式存在诸多的限制条件，无法激发职务发明人的积极性。[1] 且科技成果转化收益分配规定较为普遍，但是部分单位只对现金收益做了分配方案，而对股权收益分配没有做出规定，有的虽然做出了股权收益分配比例但缺乏可以操作的明确规定。[2] 科技成果作价入股方面，虽然有关政策文件规定了不需要相应的审批，为科技成果转化提供尽可能多的程序性便利，以激励科技成果转化高效进行，但是科技成果作价入股落到实处时程序则比较复杂，[3] 有时需要

---

[1] 杨红斌，马雄德. 基于产权激励的高校科技成果转化实施路径［J］. 中国高校科技，2021（7）：82－86.

[2] 王健，王晓. 高校科技成果收益分配模式分析：基于成果完成人奖励比例的五种模式［J］. 中国高校科技，2022（7）：92－96.

[3] 邸利会. 高校科技成果作价入股，为何遭企业"嫌弃"？［EB/OL］. （2021－06－03）［2023－09－28］. http：zhishifenzi. com/depth/depth/11392. html.

单位的审批，而且还是硬性程序，❶ 不仅相关流程复杂、流程周期漫长，还充满较大的不确定性。

在实践中作价入股不受欢迎的另外一部分原因在于，高校与企业在创新中的优势、使命的分离促使有些主体对作价入股带来的影响过虑了。如有的高校基于不与企业发生股权关系以避免年轻教师为钱分心影响做研究，因此对科技成果转化以转让的方式而不采用作价入股的方式。❷ 这种基于对科研人员的"善意"而形成的担忧实际上是站不住脚的。众所周知，科研活动是需要资金支持的，而科研人员自身的财富状况提升有助于其更加专心地投入科研活动，甚至我们看到有些团队和科研人员在为生活奔波而对科研分心才是实况。因此，在实践中科技成果作价入股这种激励形式不仅面临流程障碍，还面临理念障碍，要想让科技成果作价入股激励方式发挥作用任重道远。

（三）产权激励有待进一步加深

中国科技成果转化难的核心问题并不在于科技成果有关法律没有落实；而是科研单位没有按照《促进科技成果转化法》第19条协调科技人员对科技成果的产权冲突造成转化难。❸ 产权激励对科研人员的科技成果转化行为具有显著的正向影响。❹ 科技成果转化产权激励在科技成果转化中存在，主要依靠使用权激励和收益权激励的维系，❺ 但是在实践中使用权

---

❶ 职务科技成果作价投资操作指南和典型案例｜"学指南 促转化"专栏之四［EB/OL］. ［2023 - 09 - 28］. https：//www.ncsti.gov.cn/kjdt/ztbd/xzhn _ czhh _2021/zhwkjchgzhhshx _2021/202111/t20211123_51803.html.

❷ 吴寿仁. 科技成果转移转化系列案例解析（二十四）：高性能激光薄膜器件技术成果转化模式分析［J］. 科技中国，2022（1）：52 - 56.

❸ 谢地. 试析高校国有科技成果转化的产权配置问题［J］. 电子知识产权，2018（9）：51 - 66.

❹ 刘群彦. 科技成果产权激励与科研人员成果转化行为的关系研究：基于高校及科研院所的实证分析［J］. 中国高校科技，2020（Z1）：120 - 124.

❺ 张成华，陈永清，张同建. 我国科技成果转化的科技人员产权激励研究［J］. 科学管理研究，2022，40（3）：130 - 135.

和收益权的激励还有待进一步夯实落实。如果科研人员在其中仅仅是参与，而缺乏产权带来的决策权，则在组织中的话语权就比较弱，参与科技成果转化的积极性和参与度就会随之降低。特别是考虑到，科技成果转化的流程在组织中是非常复杂的，行政程序更可能削弱科研人员在其中的能动性。目前有些地方探索科研人员对职务科技成果占有一定份额的所有权，是比较值得肯定的。这不仅能够增加科研人员的获得感，还能够使科研人员逐渐获得对科技成果转化的话语权和参与度。如此，在科技成果进行升级、改造、赠与、转让等处置时，科研人员也能够通过产权为基础参与决策，提升科技成果转化的科学性和合理性。[1]

而且，目前科技成果转化场景的产权激励，主要着重于为了提高科研人员的创新积极性以及科技成果转化的积极性，而对其赋予更多的产权。特别是在科技成果转化有关的赋权改革中，更是将相关的产权激励提高到了一个新的程度。科技成果转化中的产权激励具有重要作用，但是对于一个科技成果转化活动而言，转化的价值越高，科技成果方与转化方相对越更想掌握科技成果主动权。产权激励是推动科技成果转化的关键性制度基础，在产权激励缺失的情况下，科研院所或高等学校与企业双方均不愿过度介入成果转化，激励机制严重制约着科技成果转化贡献积极性。[2]在实践中还存在诸多科技成果所有权、处置权、使用权分离的现象，这有利于化解双方对于有价值的科技成果权利的争夺，但是反过来也分散了对科技成果的控制权。在科技成果转化过程中，还需要科研人员的技术支持，在此过程中如何由产权视角出发来激励相关转化活动与流程的顺利进展，仍然留待继续探索探究。

---

[1] 张成华，陈永清，张同建. 我国科技成果转化的科技人员产权激励研究［J］. 科学管理研究，2022，40（3）：130－135.

[2] 张铭慎. 科技成果转化难 关键是激励不足［N］. 经济日报，2018－12－20（15）.

四、科技成果转化激励的效果问题：质量与数量

（一）质量与数量缺乏平衡的问题

价值高的科技成果转化激励更值得关注。实际上在日常生活中，促进科技成果转化已被越来越多的人提出，这给人带来一种印象——仿佛我们有很多"沉睡"的科技成果亟待转化但是却无人问津。这种错误的引导得到一些科学家的理性分析，其认为事实上我们缺乏的不只是科技成果转化，我们更缺乏的是高科技，即没有高科技成果供转化，特别是在基础研究方面这一现象更为突出。言下之意，现在缺乏的不只是科技成果转化激励机制，而是高质量的科技成果更加紧缺。尤其是结合近些年来国际科技竞争之激烈以及基于多种因素形成的技术国际转移受限制，对中国有些产业的发展造成严重掣肘，对这一现象有了深刻体会与认识之下，我们每个人都应当基于现实的反思而有所领悟。因此，在实践中对科技成果转化的激励实际上不单是科技成果"转化"的激励，要将科技成果转化激励与对"科技成果"创造的激励、"创新"的激励相结合。故此，在对科技成果转化的质量衡量上应当有相应的兼顾——不唯数量论，要加强对质量重要性的认识。结合科技成果高质量发展的实践，促进科技成果转化形成一种自发秩序。

在实践中需要关注科技成果转化率，更要关注科技成果实施率。科技成果转化蕴含着科技成果实施之意，但是科技成果转化并不完全等于科技成果实施，因此科技成果转化率也不同于科技成果实施率。甚至可以说，有些科技成果转化形式并不意味着科技成果真正得到了实施。例如，科技成果的转让场合，科技成果的买卖双方可能仅就科技成果对价进行了交换，对其具体实施在所不问。另如，科技成果入股，实际上对科技成果是否得到切实的实施，也没有特定的要求。因此，追求科技成果转化率并没有特殊的意义，更确切而言，当前科技成果转化激励实际上对科技成果的价值在于，通过赋予相关主体对交易产生的经济利益予以收益权的安排，

促进科技成果在市场中的流转。

对于对科技成果转化所得的后续利益能够享有的收益权，可能激励相关主体对科技成果的实际实施多加关注。比如，对科技成果转化产生的收益持续获得相应的分成，可能会激励有关主体对科技成果加强实施、推动科技成果转化成实实在在的生产力。

随着中国科技成果转化的改革日渐深入，结合对创新秩序的理解加强，以及创新规则的逐步完善，中国科技成果转化激励重点从促进"成果高效转化"转向推动"高质量成果创造"❶ 应当成为未来的方向。

（二）科技成果转化激励的力度问题：比例几何

科技成果转化激励规定中出现多处百分比例的条款。有观点认为，实际上规定固定的科技成果转化利益分配比例是一种懒政，并不一定起到激励的作用，因为科技成果转化是一个商业化比较强的活动，如果在这个过程中都是科技成果完成人自己完成的，高校只是辅助走一些流程，那么高校拿走20%～30%就太多了；如果高校对科技成果转化做了很多工作，解决了相关资源问题，那么拿20%～30%就少了。❷ 类似的还有，对科技成果转化有关的收入进行税收改革，降低税收或者在某些方面免税。有研究表明，税收的增加或者降低实际上对创新的激励并没有太大的影响，换言之，创新者并不会因为税收高了就少投入创新活动，也不会因为税收低了就多投入创新活动。因此，对于科技成果转化激励的比例并不是越高越好。特别是在赋权改革中，科技成果完成人（团队）获得收益比例不低于70%已经是一种比较常见的做法，甚至有单位探索的先赋权后转化机制将科技成果估值的70%～90%赋予科技成果完成人（团队），对于这个利益分配比率实际上只是对科技成果转化进行激励改革的一种

❶ 向宁. 激发关键贡献者积极性 提升科技成果转化效率［N］. 科技日报，2021－08－09（8）.

❷ 余鹏鲲. 高校发明专利产业化率为何仅3.9%？［EB/OL］.［2023－09－28］. https：//www. guancha. cn/yupengkun/2023_03_21_684901_s. shtml.

方案，这种方案是否合理，在除去科技成果完成人（团队）的利益之后，剩余的利益是否足够激励科技成果转化链条上其他主体对科技成果转化投入相应的贡献，值得深思。

对科研人员予以相应比例的奖励并不是科技成果转化激励的唯一目的。换言之，科技成果转化激励并不意味着对科研人员激励比例越高越有利于科技成果转化，实践中对科研人员的奖励比例多为70%～90%是否为激励科技成果转化最优比例，并没有特别明确的依据支持。❶ 对数字的追求有时候存在迎合上级喜好的成因，❷ 并非完全基于这种激励措施对科技成果转化最为有利。有关地方科技成果转化激励的政策研究也表明，科技成果转化激励政策对个人收益权改革的影响并没有产生额外的政策效果，科技成果关涉多方利益关系，应当降低过高的个人激励。❸ 由此，科技成果转化的激励具体展开方面，应当获得更进一步的关注，以妥当寻求科技成果转化激励的目标。

第三节 科技成果转化激励的方式平衡与欠缺

随着国家、中央政府各部门和地方政府对科技成果转化激励的深入改革，科技成果转化激励有关立法和实践都得到了较大的改观，如专利成果转化率提升了。从实践的观察来看，仍然发现科技成果转化激励的方式之欠缺，这直接掣肘着中国科技成果转化向现实生产力的转变。

---

❶ 王健，王晓. 高校科技成果收益分配模式分析：基于成果完成人奖励比例的五种模式 [J]. 中国高校科技，2022（7）：92 – 96.

❷ 王靖宇，刘红霞. 央企高管薪酬激励、激励兼容与企业创新：基于薪酬管制的准自然实验 [J]. 改革，2020（2）：138 – 148.

❸ 钟卫，陈海鹏，姚逸雪. 加大科技人员激励力度能否促进科技成果转化：来自中国高校的证据 [J]. 科技进步与对策，2021，38（7）：125 – 133.

一、科技成果转化方式的几种平衡

（一）重事后激励，轻事前、事中激励

对于有些科技成果激励而言，其在事前、事中、事后均可以达到激励效果。比如科技成果产权激励，无论是事前的激励还是事中的激励，都可以提升科技人员的科技成果转化。❶ 但是仍然应当肯定，事前、事中的激励要好于事后激励。诸如科技成果完成后分给科研人员相应比例的利益等事后奖励的方式往往对科技成果转化的推动效果并不明显。❷ 如事后的科技成果转化税收优惠激励一样，其本质上起到的作用仅仅是科技成果转化收益已经实现而产生的事后激励，那么这种激励是否有助于科技成果转化意愿，换言之特定的科技成果转化有关的税收优惠是否足以影响科技成果转化的决策，往往不得而知。而且这种激励是延迟的，延迟的事后激励往往无法对被激励主体提供原动力，对其科技成果转化意愿可能产生影响但并不绝对。正如有观点认为的，中国科技成果转化激励大多在高校科技成果转化工作后才能实现，对激发发明人积极性而言无法起到根本作用。❸ 相反，事前激励则能够从源头调动起被激励主体的积极性，使得创新主体积极参与贡献科技成果转化。如西南交通大学职务科技成果混合所有制改革即取得明显成效，其他单位对事前激励的接纳也显示出科技成果转化激励事前介入的积极价值。这些都暗示，中国科技成果转化激励中事前、事中激励更值得持续关注。从实践角度剖析，原因在于科技成果转化最难的在于开头，如果科技成果转化事前、事中无法得到足够的支持，科技成果转化活动是无法展开或者展开有较大困难的。对于科技成果转化激励而言，对科研人员的激励主要在于其愿意、敢于将科技成果转化提上日程，

---

❶ 刘群彦. 科技成果产权激励与科研人员成果转化行为的关系研究. 基于高校及科研院所的实证分析［J］. 中国高校科技，2020（Z1）：120－124.

❷ 康凯宁. 职务科技成果混合所有制探析［J］. 中国高校科技，2015（8）：69－72.

❸ 邓恒，王含. 专利制度在高校科技成果转化中的运行机理及改革路径［J］. 科技进步与对策，2020，37（17）：101－108.

而激励其愿意转化、能转化的事前、事中激励成为关键。

（二）科技成果转化权属激励与经济激励

按照科技成果转化激励的形式，可以将科技成果转化激励分为权属激励、经济激励、精神激励等。创新活动中，科技成果具有较强的人身依附性，由此产生的科技成果及科技成果转化实际上与贡献人的关系非常密切。精神激励在知识产权中有相应的体现，如著作权法中的人格权的规定。在科技成果转化中，精神激励则主要体现为相应的荣誉、表彰等。为了鼓励科研人员积极推动科技成果转化，要把物质激励和精神激励结合起来，既要给予他们"真金白银"，也要给予他们荣誉表彰，真正让激励的种类和形式丰富起来，唯有如此，才能避免利益激励的短期效应，激活科技创新的内生动力。❶

实际上权属激励也与经济激励有所关联，但是作为激励而言，权利与利益能够带来完全不同的激励体验。权利对于创新中的个人及团队而言，犹如在科技成果转化体系中获得了话语权有关的"尚方宝剑"，无论从创新尊严还是被认可满足上，都具有"源头"特点。而且权利引申出的自然包含经济利益，所以权属激励的范围是大于且重于经济激励的。当然也有人可能会质疑，有些科技成果在个人"手里"未必有在单位"手里"获得的转化机会多。确实如此，这也是为何现实中如果问一个极具创新水准的研究生，如有你有一项发明，你是愿意自己作为专利权人获得专利权，还是愿意以单位为专利权人而单位给你一些经济性的酬劳，他们很可能告诉你，要后者，并给出一句令人觉得合理的解释：如果要了专利权我也不知道怎么办，而且可能就"废"在手里了；如果给单位，单位还可能将其利用起来，与此同时我也获得了一定的即时经济收入。这当然是可以理解的，创新的保护以及转换成现实生产力的过程烦琐复杂，极具创新前景的研究生们对这些程序可能一窍不通，至少了解起来是有成本的，另外加之

---

❶　杨博. 科技成果转化应"利"于科研人员［N］. 广州日报，2021 - 04 - 01（A4）.

其具有的身份及学业要求，很可能后者对其更具有吸引力。这同时说明，短期主义在科技成果转化激励中还是有一定的"市场"的。权属激励如何对人们产生吸引力并胜于经济激励，实际上既包含历史发展的实践经验启发，又包含一些创新伦理的检讨。

在很多文献中都有提及对中国科技成果转化影响至深的美国《拜杜法案》。一种普遍的认识是，美国《拜杜法案》起到了科技成果转化激励的作用。❶ 这个认识确实没有错，据统计，20 世纪 90 年代美国《拜杜法案》通过之后，美国大学专利许可实施量逐年增加，2019 年的专利许可数量达到了 1991 年的 7 倍。❷ 该法案在全球范围内都得到了相当广泛的关注，有诸多国家和地区希望通过学习、修改法律来效仿之。在中国，有关研究对该法案也有关注，只不过对美国《拜杜法案》的核心内容理解有一些不准确。该法案对象局限于专利，并没有科技成果或科技成果所有权的概念；且与通常认识的该法案制定前后美国发生了从"谁投资，谁拥有"到"谁创造，谁拥有"的变化不同，事实是美国联邦政府通过资助合同约定从项目承担方处继受取得发明权利，而不是基于资金投入或国有单位占有、持有直接原始取得科技成果，因此美国的《拜杜法案》规则内生于美国专利法，是一个取消资助合同中特定承担方让与义务的合同松绑规则。❸ 而且，对《拜杜法案》的积极描述，除了大学专利申请和许可的明显增长之外，并没有证据说明大学的研究因此而更有效或者更快地向产业界实现科技成果转化或商业化。❹ 这对于中国科技成果转化的激励来讲实际上具有重要的启发意义，特别是对专利法有关规定具有重要启发。

在中国高校科技成果转化激励的权属改革方面，探索最早、影响力最

---

❶ ［挪］詹·法格博格，［美］戴维·C. 莫利，理查德·R. 纳尔逊. 牛津创新手册［M］. 柳卸林，郑刚，蔺雷，等译. 上海：东方出版中心，2021：284.

❷ 楼世洲，俞丹丰，吴海江，等. 美国科技促进法对大学科技成果转化的影响及启示：《拜杜法案》四十年实践回顾［J］. 清华大学教育研究，2023，44（1）：90–97.

❸ 肖尤丹. 科技成果转化逻辑下被误解的《拜杜法》：概念、事实与法律机制的厘清［J］. 中国科学院院刊，2019，34（8）：874–885.

❹ ［挪］詹·法格博格，［美］戴维·C. 莫利，理查德·R. 纳尔逊. 牛津创新手册［M］. 柳卸林，郑刚，蔺雷，等译. 上海：东方出版中心，2021：284.

大的是西南交通大学。西南交通大学率先于 2010 年开展职务科技成果权属混合所有制改革试点，其经验被写入 2015 年的《中共四川省委关于全面创新改革驱动转型发展的决定》，该决定进一步指出"把人才作为创新的第一资源，把完善激励机制放在优先位置"。紧接着西南交通大学于 2016 年出台"西南交大九条"——《西南交通大学专利管理规定》，该规定确认职务科技成果完成人享有其完成的职务科技成果 70% 的所有权。该校出台的《职务科技成果转化实施细则》《关于激励科技成果转化人促进科技成果转化的意见》《科技成果资产评估项目备案操作细则（试行）》等，使科技成果转化激励得以具体化。据统计，2010—2015 年，西南交通大学只有 14 项专利得到转化。涉及职务科技成果权属改革的"西南交大九条"出台后一年间，全校超过 164 项职务发明专利分割确权，成立了 8 家高科技公司；2016—2021 年，西南交通大学已完成分割确权的职务科技成果就有 242 项，知识产权评估作价入股创办高科技企业 24 家，带动社会投资近 8 亿元。❶ 西南交通大学因在科技成果转化方面的改革被称为"科技小岗村"，目前其改革已经从 1.0 版更新完善到 3.0 版。西南交通大学的职务科技成果权属混合所有制改革对科研人员的按份共有，为社会科技成果转化激励提供了参考，制度优势溢出效应明显。

权利的赋予比奖励的赋予更能激发科技成果转化、科研人员对创新全链条的积极性，因为奖励是被动的、延迟的、不确定的，而专利权等知识产权则为产权性质，是主动的、及时的、确定的、可以继承的，故而权利形式的激励要比奖励更有效。❷ 虽然科技成果转化激励中的权属改革会带来相关制度的协调问题，但这并不意味着经济激励是能够一帆风顺迅速落实的。举例而言，科技成果转化的现金奖励是最典型的科技成果转化激励。2018 年国务院发布《关于优化科研管理提升科研绩效若干措施的通

---

❶ 尹锋林. 科技成果转化、科研能力转化与知识产权运用［M］. 北京：知识产权出版社，2020：234.

❷ 康凯宁，刘安玲，严冰. 职务科技成果混合所有制的基本逻辑：与陈柏强等三位同志商榷［J］. 中国高校科技，2018（11）：47–50.

知》（国发〔2018〕25号），规定现金奖励计入科研人员所在单位绩效工资总量，但不受总量限制，不纳入总量基数。但该政策落地的障碍在于，不受绩效工资总量限制的操作办法不具体，接受企业或其他社会组织委托取得的项目是否属于科技成果转化等问题有待明确。❶ 因此，在实践中经济激励也会存在一定的不确定性。

（三）科技成果转化收益分享激励的模式多样化

科技成果转化涉及多方利益主体，对科技成果转化的预期利益如何以合理的市场价值在各主体之间进行权益比例划分，是科技成果转化实践中激励机制考量的重点。然而，随着"赋权改革"的深入推进，也形成了不同的权属与利益分成模式。这些模式有一个共同特点，即对科研人员的激励非常突出。

1. 科技成果混合所有制改革中的收益分享

科技成果混合所有制改革是四川省全面创新改革试验区为促进科技成果转化开展的职务科技成果权属改革。科技成果混合所有制将职务科技成果由国家所有转向国家、科技成果完成人混合所有，形成转化后的现金、股权奖励前置简化为科技成果转化前的知识产权激励，即实现了由"先转化、后确权"转向"先确权、后转化"。❷ 这一探索夯实了科研人员在科技成果转化激励体系中被重视的基调。其他单位随之而来的各种探索，也彰显出其对探索科研人员的科技成果权属激励及科技成果转化激励机制的积极性。科技成果混合所有制改革仍在进行，其中的收益实际上只是在单位与科技成果转化的最大贡献者之间实现了分配，团队内部一般是自行分配为原则。这进而可能造成相关科研人员之间的创新伦理有失偏颇，比如团队成员之间的贡献与权属激励有分歧、强势地位团队成员对其他成员的利益侵蚀，诸如此类的收益分享等问题，在实践中也会影响激励效果的发生。

---

❶ 杨博. 科技成果转化应"利"于科研人员［N］. 广州日报，2021-04-01（A4）.

❷ 康凯宁，刘安玲，严冰. 职务科技成果混合所有制的基本逻辑：与陈柏强等三位同志商榷［J］. 中国高校科技，2018（11）：47-50.

还要认识到，混合所有制改革并不是说要"一刀切"。对于不同性质的单位，一个良好的科技成果转化激励经验可能带来不一样的启发效果。例如，对于企业而言，因为雇员流动性较强，因此混合所有可能带来诸多麻烦，甚至在一些较为重要的职务科技成果展开的转化活动中，随着员工的离职可能相关活动就会受到极大限制，甚至某些雇员对特定科技成果转化的影响堪比把握企业生死命脉的作用，因此科技成果混合所有可能就不太适合在有关企业中实践和展开。然而在高校和科研院所，相关科研人员稳定性较强，能够在科技成果转化中友好地积极持续贡献科技成果转化，具有展开科技成果混合所有制以激励科技成果转化的基础。总而言之，以科技成果转化激励为目的的科技成果混合所有制应当遵循创新驱动发展、人才驱动创新、产权驱动人才的逻辑。❶

2. 科技成果转化激励的实践展开

完整的科技成果转化意味着其走向市场，获得产业化延伸的利益，对于这些利益如何分配是科技成果转化激励的核心。科技成果转化成功与否的关键在于该接触式活动为双方带来了什么。❷ 随着"赋权改革"的深入推进，目前形成了多种形式的科技成果转化激励，以下择其特点予以阐述。

（1）收益共享激励机制。

北京工业大学是"赋权改革"的试点单位之一，通过科技成果转化相关探索形成了"创新驱动有得转、激发活力愿意转、健全制度能够转、配备队伍帮助转、校地协同成功转"的"北工大模式"。❸ 在该校修订的科技成果转化办法和专利管理实施细则中，明确了赋权的激励及管理制度，按照成果评估价值的90%赋予科技成果完成人长期使用权，按照成果评估价

---

❶ 康凯宁. 职务科技成果混合所有制探析［J］. 中国高校科技，2015（8）：69 – 72.

❷ Bo Carlsson. Technology Transfer in United States Universities［J］. Journal of Evolutionary Economics，2002，12（1）：199 – 232.

❸ 赵旭. 北京工业大学：深入推动科技成果转化［EB/OL］.［2023 – 09 – 28］. http：// bj. news. cn/2023 – 04/07/c_1129502546. htm.

值的 80%、85%、90% 赋予科技成果完成人所有权，科研人员以"共同产权人"身份参与科技成果转化，团队自行决定收益分配比例，为构建科技创新和科技成果转化的长效机制打好基础。❶

东北大学为了加快推进科技成果转化工作，从转化所得（转让净收入、许可净收入、作价投资所形成的股份或出资比例）中按照下列标准对完成、转化职务科技成果作出重要贡献的人员给予奖励和报酬。奖励标准分为三个档次：50%～60%；60%～70%；70%～80%。❷ 科技成果转化又因方式不同而有不同的利益分配方式，具体体现如表 2、表 3、表 4 所示。

表 2　东北大学科技成果实施许可收益分配表

转化合同额（万元）	学校与团队分配比例（%）		学校收益再分配比例
	学校	成果完成团队	学校：二级部门：科转基金
1000 ＞ 合同额	10	90	4：3：3
合同额 ≥ 1000	8	92	4：2：2

数据来源：东北大学科技成果转化管理办法实施细则［EB/OL］.［2023 - 09 - 28］. http：// www. moe. gov. cn/s78/A02/gongzuo/fangguanfu/201905/W020190515299162635207. pdf.

表 3　东北大学科技成果转让收益分配表

转化合同额（万元）	学校与团队分配比例（%）		学校收益再分配比例
	学校	成果完成团队	学校：二级部门：科转基金
1000 ＞ 合同额	20	80	8：6：6
合同额 ≥ 1000	15	85	6：5：4

数据来源：东北大学科技成果转化管理办法实施细则［EB/OL］.［2023 - 09 - 28］. http：// www. moe. gov. cn/s78/A02/gongzuo/fangguanfu/201905/W020190515299162635207. pdf.

---

❶ 北京工业大学：深入推动科技成果转化［EB/OL］.［2023 - 09 - 23］. http：// bj. news. cn/2023 - 04/07/c_1129502546. htm.

❷ 东北大学科技成果转化管理办法［EB/OL］.［2023 - 09 - 23］. http：//www. moe. gov. cn/ s78/A02/gongzuo/fangguanfu/201905/W020190515299162514747. pdf；东北大学科技成果转化管理办法实施细则［EB/OL］.［2023 - 09 - 23］. http：//www. moe. gov. cn/s78/A02/gongzuo/fangguanfu/ 201905/W020190515299162635207. pdf.

表4　东北大学科技成果作价入股收益分配表

转化合同额（万元）	学校与团队分配比例（%）		学校收益再分配比例 学校：二级部门：科转基金
	学校	成果完成团队	
1000＞合同额	30	70	10：10：10
合同额≥1000	20	80	8：6：6

数据来源：东北大学科技成果转化管理办法实施细则［EB/OL］.［2023 - 09 - 28］. http：//www. moe. gov. cn/s78/A02/gongzuo/fangguanfu/201905/W020190515299162635207. pdf.

　　同济大学科技成果转化收益关注的面比较广，特别是在收益主体中具体负责科技成果转化的个人、合作服务机构均有一席之地，具体为科技成果转化收益在科研团队、学校、具体负责科技成果转化的个人、合作服务机构分配比例为70：15：10：5。[1] 在此比例之下虽然科技成果科研团队的比例70%并不高，但是该校对负责科技成果转化的个人、科研服务机构均给出了相对独立的利益分成，对科技成果转化具有较大的积极价值。

　　虽然各个单位在科技成果转化实践中对收益的分成各有相应的比例，但是有一个共性就是这些比例一般以科研人员的比例为最高，一般高于70%，而且对科研人员的激励以科研团队为统一主体单位进行收益分配，一般对团队内部如何分配不作具体规定。如有的规定，科技成果完成团队应该在团队内部协商一致，书面约定内部收益分配比例等事项，指定代表向单位提出赋权申请。[2] 团队内部的科技成果转化激励是否能够从个人角度切入起到相应的作用，则可能存在不同的可能。学校收入的部分再进行分配时，学校、二级单位与科技成果转化部门或基金分成中，科技成果转化部门并不占据优势，一般只处于与另外两个平均分或次于两者的地位。这也表明科技成果转化实践中，对科技成果转化部门和科技成果转化基金的比例并没有给予过高的支持。而从另外一个角度来看，只要一个学校的科技成果转化项目足够多，那么科技成果转化机构获得的相应分成总量可

---

[1]　吴寿仁. 科技成果转移转化系列案例解析（二十四）：高性能激光薄膜器件技术成果转化模式分析［J］. 科技中国，2022（1）：52 - 56.

[2]　参见《浙江省扩大赋予科研人员职务科技成果所有权或长期使用权试点范围实施方案》。

能就积累得越多，因此对于比例而言可能与数量具有同等激励作用。然而，对于科技成果转化机构而言，在个案中的分成或可直接影响科技成果转化机构及其人员对科技成果转化的专业性付出。

对于科技成果转化激励机制中的收益分成，一般不进行重复奖励，即科研人员可以选择转化前赋权的先赋权后转化或者转化后奖励现金、股权的先转化后奖励。不同的激励方式各有优缺点，一般对于科研人员而言可以根据自身对科技成果转化的综合考虑来进行决策，具体产生的激励效果可能有一定的差别，但是对于具体个案而言则不能一概而论。

（2）"技术股 + 现金股"组合形式持有股权。

"技术股 + 现金股"组合形式持有股权，将科技成果、科技成果转化有关利益群体的利益通过技术股和现金股组合连接起来，激发相关科研人员对科技成果转化的积极性。中国科学院金属研究所在科研人员中推行"技术股 + 现金股"组合形式持有股权，探索构建利益联结机制。[1] 遵义市农科院的"技术股 + 现金股"改革，科研人员以现金、技术股和成果折价入股参与企业管理，或兼职创业或领办企业等模式推动科技成果转化，形成风险共担、利益共享的捆绑模式，且明确了收益的大部分主要归科研人员，结果表明科研人员在其中的"主人翁"意识大大提升，忙于科技成果转化的市场动力提升非常明显。[2]

（3）"三定向"订单式。

在实践中出现科技成果转化通常是对现有成果进行转化，即科技成果在先、科技成果转化在后。但是往往出现这样一种现象，科技成果产生之后找不到合适的需求方，需要较高的成本才能找到合适的需求方，或者科技成果产生之后与市场需求契合度不高，转化之后在市场上无法产生理想的经济效益。"订单式"科技成果转化模式破除了这种顾虑。所谓的"订

---

[1] 沈阳完善激励机制加速科技成果转化［EB/OL］.（2023 – 05 – 25）［2023 – 09 – 28］. https：//www. nstad. cn/nstas/show/news？id = 1819.

[2] 袁航. 把科研成果"种"进土地里：贵州"现金股 + 技术股"激励改革在遵义破题［J］. 当代贵州，2020（35）：32 – 33.

单式"科技成果转化模式指的是政府搭台、专业机构参与、高校和企业对接的定制研发新模式，在此模式下，科技成果转化活动以市场和社会需求为导向，把科技成果应用到企业产品中并形成产业化。❶

沈阳化工大学"三定向"订单式成果转化模式取得了良好的效果。沈阳化工大学通过瞄准企业技术需求开展定向研发、瞄准市场产品需求开展定向转化、瞄准企业生产实际开展定向服务，探索建立以协议约定权属比例，设置权属变更过渡期机制。❷ 在"三定向"订单式成果转化模式中，沈阳化工大学还注重与相关资源的衔接，促使科技成果转化能够在资源端和需求上获得高度匹配的对接。沈阳化工大学还采用"一校、一地、一院"的模式，有力推进了科技成果转化的高效化，激励了相关资源的聚合并合力向科技成果转化的共同目标前进。❸ 这对于订单式的科技成果转化形成了相应的合力。

定向的科技成果转化虽然有效衔接了科研端、应用端，促使科技成果转化成为概率更高、效率更高的活动，但是在其中存在诸多理论和实践难题。第一，在科技成果转化中定向的活动更像是一种计划活动，虽然后期政府会逐步退出，但是政府的地位和角色仍然是一种关键的力量。没有政府的介入，科研端和应用端的资源衔接则欠缺效率，有了政府的介入企业则可能会认为该项科技成果的研发和转化有了政府的背书。第二，政府的调动能力和政府的意愿成了主导科技成果转化定制的关键。定制性的科技成果转化可以为当地带来集群效应，如果当地政府能够通过主导定制性的科技成果转化确实可能带动相应资源的集中，特别是在关键技术领域形成相应的集群效应，有力促进当地科技成果转化。然而，政府的调动能力是需要统筹协调的，如果这种统筹协调是一种可以长期坚持的事项，则可以为当地的科技成果转化带来相应的激励；如果这种统筹协调仅仅是一种短

❶ 刘杰. 定制研发促高校科技成果转化［N］. 中国知识产权报，2020－12－09（5）.
❷ 岳雨. 沈阳市深化科技成果赋权改革［N/OL］. 沈阳日报，2023－06－05，https：// h5. drcnet. com. cn/docview. aspx？ version＝gov&docid＝6951083&leafid＝14105&chnid＝3631.
❸ "定向研发、定向转化、定向服务"的订单式科技创新和成果转化机制［EB/OL］.［2023－09－28］. http：//fgw. shenyang. gov. cn/cxgggzxx/202208/t20220801_3656990. html.

期的事项，那么可能对相应领域的创新活动带来挫伤。第三，定向的科技成果转化最重要的还在于相应项目的衔接和平台建设。特别是三方定向的科技成果转化平台建设，如何确定相应的平台性质、平台的人员如何定性、相应平台的人员如何获得激励、以服务于项目的形式还是服务于相应几方主体的形式存在，均是需要考虑的问题。

（4）"黄金股"激励机制。

"黄金股"又称"特别股"，设置黄金股的目的是掌握黄金股的主体据此否决企业作出的任何可能损害相关利益的决策。"黄金股"激励机制实际上是股权激励中的一种特殊激励方式。在此方面，沈阳工业大学率先从股权激励角度入手，在学校无形资产占本校人员领办企业股份固定为5%的"黄金股"方面做了深入探索，并且通过提高发明者分红和转让收益比例共同激励科技成果转化。沈阳工业大学通过出台规定，明确本校人员所领办的企业，学校以科技成果等无形资产入股所占的股份固定为5%，且此部分股份自企业创办3年内免于分红，既不寻求扩大，也不可稀释和转让（极特殊情况除外）。广义的"黄金股"方面，沈阳工业大学出台规定，校方无形资产股份收益向科研人员（团队）让渡，即在校方无形资产固定占有5%"黄金股"的基础上，明确利用学校科技成果与社会资本合资创办的企业，5%"黄金股"所得股权分红在3年内全部划归成果发明者（科研人员或团队）享有；3年后获得分红及股份转让收益的，其中50%~70%的收益归成果发明者（科研人员或团队）享有；而涉及"四技"合同的，学校扣除一定比例管理费用（技术贸易10%，非技术贸易3%）后，其余作为科研业务费，科研人员可列支开题费（技术贸易25%，非技术贸易15%）用于人员费用，项目验收后可列支结余经费的50%为课题组奖励。❶ 通过"黄金股"的激励措施，沈阳工业大学既共同与科研人员推动了科技成果转化激励的效果，又确保校方合理收益不流失，调动了科研

---

❶ 全面创新改革试验百佳案例之二十四：实施"黄金股"激励机制开创科技成果转化新局面 [EB/OL]．[2023－09－28]．https：//www.ndrc.gov.cn/fggz/cxhgjsfz/dfjz/201811/t20181130_1159277.html.

人员及团队的科技成果转化的积极性。

科技成果转化"黄金股"的做法，实际上将高校的利益实实在在地与科研人员的利益相绑定，且以科研人员的利益后期扩大为特点，为科研人员转化科技成果提供了相当的激励。但是因为股权本身在实践中的收益周期较长等问题的存在，"黄金股"适用的范围并不广泛。

（5）"先使用，后付费"得到深入探索。

在科技成果转化激励的实践中，科技成果方与需求方之间存在信息差，且容易产生对科技成果的转化后果不确定，彼此之间不信任等现象。而且，小微企业在进行科技成果转化时往往面临前期资金不足而畏难的现象，可能因为出价无法满足而使得科技成果错失转化时机。为了消除彼此之间的"不信任"，促进科技成果转化，实践中多家单位都对"先使用，后付费"模式展开了探索。在此模式下企业不用先付费，而是可以先使用相关科技成果，待转化成功再按照约定支付相应的许可费，或者许可双方约定采取"零门槛费＋阶段性支付＋收入提成"或"延期支付许可费"等方式支付许可费。❶ 对企业而言，既可以避免对科技成果转化前期投入压力、对科技成果转化失败的疑虑，又可以提升其对科技成果转化的积极性。对于科技成果方而言，其科技成果可以得到更多企业的关注，扩大其科技成果的社会扩散，提升企业愿意为科技成果转化付出的积极性。总而言之，"先使用，后付费"模式体现了科技成果方对科技成果转化激励的"诚意"。例如，北京工业大学"先使用，后付费"模式由该校筛选出部分待转化专利，允许小微企业先使用后付费，转化成功后再按约定付专利许可费。❷ 这种模式体现出高校在科技成果转化激励上的积极性，主动把企业"请进来"，解决科技成果转化中的信息差，缓解"酒香也怕巷子深"的困境。❸ 中小微企业还不是承担科技成果和开展产学研合作的核心主体，

---

❶ 马昭. 许可"先使用后付费"开展"先投后股"试点［N］. 西安晚报，2023 - 02 - 09 （3）.

❷ 何蕊. 首届科促会推动成果转化超1.2亿［N］. 北京日报，2023 - 04 - 16 （1）.

❸ 袁于飞. 北工大推出先使用后付费成果转化新模式［N］. 光明日报，2023 - 04 - 08 （4）.

利用"先使用，后付费"模式展开相关探索，授权中小微企业先行实施并约定后续收益，能够降低科技成果转化双方的合作门槛，以促进科技成果转化。❶ 这大大降低了企业的思想负担，❷ 对于科技成果转化的效率提升有较大的帮助。

3. 科技成果转化激励的辅助线

科研人员作为相关单位的雇员，多数时候的行为具有较强的绩效导向，因此科技成果转化激励的基础是在相应的工作评价体系中将科技成果转化纳入考评范围。虽然目前有些高校和科研院所都对科技成果转化予以关注、将科技成果转化融入考评体系，但具体做法和体现并不相同。举例而言，辽宁科技大学、上海海事大学、成都理工大学等高校在相应的"赋权改革"过程中都在高校考评体系中明确纳入了科技成果转化部分。辽宁科技大学将"成果转化类"统一纳入学校科研工作评价和聘期工作量考核体系，极大调动了科研人员的积极性。❸ 上海海事大学规定"完善有利于科技成果转化的岗位聘用、晋升培养和评价激励等方面的人事政策，建立针对学院的科技成果转化考核机制，将科技成果转化纳入学院和教师科研考核评价体系，作为年度考核和职称晋升的指标。对在促进科技成果转化方面做出突出贡献的单位和个人予以表彰和奖励"。❹ 成都理工大学在专业技术职务评审中的科学研究系列单设了成果转化为主型业绩考核条件。❺

在科技成果转化激励过程中，科技成果权利方比较关注收益，而科技成果使用方则比较顾虑付费虚高，因此对于不同阶段展开不同的付费方式或者使得付费方式契合双方的能力、意愿成为科技成果转化能够落实的关

---

❶ 孙奇茹. 417 项专利可"先使用后付费"［N］. 北京日报，2022 – 11 – 14 (2).

❷ 田瑞颖. "先使用后付费"疏通科技成果转化堵点［N］. 中国科学报，2022 – 11 – 21 (4).

❸ 辽宁科技大学科技成果转化取得了积极效果，不仅将科研团队与单位占比九一开，而且将科技成果转化类统一纳入学校科研工作评价和聘期工作量考核体系。参见：奋进新征程 建功新时代｜科技成果赋权激发高校科研新活力［EB/OL］.［2023 – 09 – 28］. https://www.sohu.com/a/684738445_121687424.

❹《上海海事大学科技成果转化管理办法（试行）》第 33 条。

❺ 参见《成都理工大学专业技术职务评审管理办法》（成理校人［2021］24 号）。

键。在实践中，科技成果的"许可费＋里程碑收入＋收益分成"方式值得推荐，中国原创药西达本胺由微芯生物在多个国家专利权许可给美国沪亚公司就是通过这种方式实现的。❶ 此方式既确保了科技成果方的科技成果转化意愿，也能够确保科技成果转化对价与科技成果的市场价值挂钩，实现科技成果转化双方的意愿、满足收益预期。当然，在前文提及的"先使用，后付费"，也是一种新模式的探讨。中国《专利法》也调整了制度供给——开放许可，并规定开放许可实施期间，对专利权人缴纳专利年费相应给予减免，这对科技成果转化也是一种特殊的激励。地方政府有关部门对此也做出了相应的回应，例如天津市出台《天津市"实施专利转化专项计划 助力中小企业创新发展"实施方案》《落实专利转化专项计划助力中小企业创新发展工作措施》，鼓励高校院所依据《专利法》第50条、第51条采用"开放许可"方式分享专利技术，降低中小企业专利技术获取门槛，鼓励降低面向中小企业特别是初创企业的专利技术使用资金成本，鼓励高校、科研院所探索建立规范、便捷、开放的专利快速许可等新型许可模式，提前设定清晰、合理的专利技术许可条件，简化许可流程。这些探索都是对科技成果转化的一种隐性激励，对促进科技成果转化具有积极意义。

二、特殊产业科技成果转化的激励方式的差异化不足

（一）探讨特殊产业科技成果转化激励差异化的缘由

对科技成果转化的长期激励是一种尊重科技发展、推崇科技进步的积极态度，而短期内对科技成果转化激励"使大劲"根源于对科技成果转化现实的不满，特别是中国科技成果转化无法满足高科技领域的发展需求，特别是出现了受制于人的有关科学技术掣肘着相应的供应链、制约核心科技领域的发展。这种受制于人的现象促使我们对科技成果转化有了新的认

---

❶ 郭雯. 创新药专利精解［M］. 北京：知识产权出版社，2021：94.

识，进而大力推动科技成果转化、以转化促发展。由此应当特殊关注特殊产业科技成果转化，这些特殊关注具有重要的积极现实意义，但是就中国目前而言对特殊产业的科技成果转化激励实践并不丰富，当然有无法克服的客观原因，然而这并不意味着对其无法进行相应的改观。

从科技成果转化功能价值上而言，也可以得出对不同科技成果转化予以不同侧重的合理性。对于一般价值的科技成果转化、价值较低的科技成果转化，即便不对其进行激励也会产生相应的科技发展和技术效果的实现，那么这种情况下是否值得对其予以科技成果转化激励呢？换言之，追求科技成果转化激励达到的效果，是否包含一般意义上的科技成果转化率？答案是肯定的。其中最重要的原因在于，科技成果转化激励并不是一种单一的创新激励机制，而是在科技成果转化体系中具有核心价值的构成机制，其既具有自身相对独立的意义，又具有体系性的意义。科技成果转化激励形成的是一种对科技成果转化的关注，将科技成果转化作为一个重要选项提供给科技成果方和科技成果使用方，科技成果转化作为一种习以为常的选项能够促进相关创新活动得到回报，减少科技成果沉睡现象，提升创新价值。长此以往有利于创新活动以科技成果转化为积极走向，构建完整的科技创新体系。

从这个层面而言，特殊产业科技成果转化激励的提法，应当是相对于一般意义上的科技成果转化激励而言的。这又涉及在特殊领域是否能够通过调整科技成果转化激励措施来实现促进科技成果转化的预期效果。科技成果转化作为一个创新活动的环节构成，其对相应的产业具有积极价值。产业立法属于领域法学的重要体现，以相关产业立法作为切入方式，可以在具体规定中予以特殊的激励方案。

目前中国在此方面却并没有太多的实践。一方面，可能是因为一般意义上的科技成果转化激励已经达到了理想的效果，如对科技成果完成人的激励已经足以推动其将相关科技成果予以转化；另一方面，可能是相关特殊领域的科技成果转化并不因科技成果转化激励机制的改变而改变，如在关键核心技术领域缺乏优秀的科技成果，正如"巧妇难为无米之炊"，因此再优化科技成果转化激励机制也于事无补。

然而，这两个最大可能的原因并无法证成科技成果转化激励机制在特殊行业没有必要优化以更大程度促进科技成果转化及其他创新活动的发生。第一，科技成果转化机制的优化可以促进科技成果转化，也当然可以反过来引导和促进科技成果研发。例如，在关键核心技术领域，中国有着较大的发展空间，特别是与有些发达国家相比较而言有一定差距，需要迎头赶上。科技成果转化激励对科研人员的"友好待遇"能够激励其在相关领域多加投入，在相关关键技术、核心难题上有所突破。第二，一般而言，科技成果完成以后，科技成果完成人当然希望科技成果得到转化、市场化、产业化。特别是核心技术领域，科技成果完成人往往对科技成果的转化抱有更大的希望，因为其能够解决相关领域的技术难题。往往这样的科技成果转化活动也具有轰动效应，涉的转化活动需要大量的人力财力，因此优化科技成果转化激励机制有利于调动有关主体对转化活动予以投入。第三，在关键核心技术领域，还涉及政府介入的问题。因为关键技术领域的核心问题解决会关系国家安全等问题，由此政府投入的利益分配、政府科技成果转化的激励都可能在相关规定中有所体现。第四，在科技成果转化有关试点工作、"赋权改革"试点工作等与科技成果转化有关的政策规定中，往往将科技成果转化可能涉及国家安全、国防安全、公共安全、经济安全、社会稳定等事关国家利益和重大社会公共利益的成果做相应的排除规定。这就意味着，有关科技成果转化的激励可能无法延及这些领域。因此，对相关领域的科技成果转化激励做出相应的探索和探讨甚有必要。

（二）科技成果转化激励的特殊产业蕴含

特殊产业的科技成果转化激励往往是基于政策产生的，一般这些特殊产业与国家整体战略趋势相一致，体现出国家当前发展阶段着重关注方向、需要攻克方向。中国"赋权改革"中明确，"对可能影响国家安全、国防安全、公共安全、经济安全、社会稳定等事关国家利益和重大社会公共利益的成果暂不纳入赋权范围，加快推动建立赋权成果的负面清单制度"。笔者认为，对于可能影响国家利益和重大社会公共利益的科技成果，应当有单独的科技成果转化激励规定。这些领域与国家发展具有密切联系，但是往往事关相应科技在全球范围内的竞争，因此应当有特殊的关注。

1. 高精尖技术领域

高精尖技术领域指的是以技术密集型产业为引领，以效率效益领先型产业为重要支撑的产业集合。其中，技术密集型高精尖产业指具有高研发投入强度或自主知识产权、低资源消耗特征，对地区科技进步发挥重要引领作用的产业。效率效益领先型高精尖产业指具有高产出效益、高产出效率、低资源消耗特征，对地区经济发展质量提升和区域经济结构转型升级具有重要带动作用的产业。在高精尖领域，科技竞争十分激烈，有选择地发展高精尖产业对地方而言意义非凡。在此理念之下，产业发展也不再仅仅追求"专精特新"，更注重提质增效、高质量发展。❶ 不同城市对于"高精尖"的聚焦也不相同，如有的侧重前沿未来产业，有的侧重集成电路、生物医药、人工智能为核心的产业发展体系，有的侧重发展集成电路、新能源等高精尖产业。❷

2. 新技术新业态领域

新技术、新产业、新业态、新模式简称"四新"，"四新"经济是以市场需求为导向，以技术创新和模式创新为内核的新型经济形态，核心是以云计算、大数据、物联网、人工智能、5G 为代表的新一代数字技术。"新技术"延伸"新业态"，产生"新产业、新模式"，这些领域的"新"不仅体现为技术创新之新，还体现为技术更新迭代之"快"的新，其中的创新活动和由此形成的创新状态可以说是日新月异，因此科技成果转化的效率就要求比较高。在此领域内，科技成果转化激励需要从效率视角出发获得更

---

❶ 范合君. 北京市高精尖产业研究：历史、现状与评估［M］. 北京：首都经济贸易大学出版社，2021：11 - 12.

❷ 贾品荣. 创新驱动"高精尖"产业发展［N］. 光明日报，2021 - 11 - 05（11）.

好的激励效果，能够提升科技成果转化在相关产业活动中的竞争优势。

3. 农业领域

农业领域在多种场合下都是一个特殊的存在，因为在农业领域既有产业的考虑，又有"三农"问题发展的考虑，同时还有粮食安全、物种多样等方面的考虑，总之是一个综合性问题比较强的产业领域。农业领域的科技成果转化当然对农业发展是有利的，但是实践中也存在诸多需要关注的问题。例如，农业领域的资源竞争现象比较激烈，导致科技成果转化激励的效果不足。❶ 农业科研院所之间的竞争导致其相互之间有效配合、科技成果转化和新技术交流相当困难，科技成果转化激励机制在农业领域的科研人员中分配不合理、难以产生相应的激励效果。❷ 由于科技成果转化激励的政策制度具有相当的宏观性，缺乏针对农业领域的科技成果转化激励，❸ 而农业领域的科技成果转化又具有自身的特性，因此在农业领域科技成果转化的积极性有待进一步调动。

农业领域的科技成果转化对中国农业的发展十分重要，特别是乡村振兴与加强植物新品种保护的背景下，实践中的农业领域科技成果转化激励应当受到更进一步的特殊关注。《科学技术进步法》第 36 条第 1 款规定："国家鼓励和支持农业科学技术的应用研究，传播和普及农业科学技术知识，加快农业科技成果转化和产业化，促进农业科学技术进步，利用农业科学技术引领乡村振兴和农业农村现代化。"由此，对农业领域的科技成果转化激励体制应当有适当的调整，特别是对人才的激励，❹ 应当在实践中获得高度关注，以提升中国农业科技成果转化激励体系的有效性。

---

❶ 袁伟民，赵泽阳. 农业科技成果转化内卷化：困境表征与破解进路［J］. 西北农林科技大学学报（社会科学版），2022，22（2）：104－113.

❷ 王彬，尚泓泉，王琰，等. 河南省农业科技成果转化管理机制探讨［J］. 河南农业，2023（16）：9，13.

❸ 郭淑敏. 农业科技成果转化的制约因素与发展对策研究：以中国农业科学院某研究所为例［J］. 农业科研经济管理，2022（3）：13－16.

❹ 宁云，刘博，郭建英. 新时期我国农业科技人才激励机制的若干思考［J］. 中国农村科技，2021（12）：64－67.

对特殊产业的科技成果转化予以特殊激励和关注并不仅存在于中国，在世界其他国家也经常出现。美国对芯片产业、日本对机器人产业等都有过相应的"特殊关照"，这些"特殊关照"中就包括科技成果转化激励。2023 年，《美国芯片与科学法案》预示着美国对供应链公司和研发投资提供额外的融资机会，激励企业在美国本土生产半导体，意图维护美国在半导体行业的技术领先地位，进而维护美国国家科技安全。[1] 在这种情况下，美国政府就是通过技术购买、转让推动了相关行业的进步，本质上而言就是一种直接涵盖科技成果转化激励的举动。

之所以对这些特殊产业的科技成果转化激励予以特殊关注，还在于这些产业的科技成果转化一般投资需求量大，对国家发展具有重要战略价值，相关科技成果转化的资源匹配与营商环境也有较大的关系，[2] 往往产生科技成果转化一锤定音的现象。因此，对这些产业的科技成果转化激励应当予以特殊的强调及相应的调整，以使相关科技成果转化能够得到妥当的处理，并在实践中获得更好的科技成果转化激励效果。

三、科技成果转化关系的激励有待系统推进

科技成果转化的方式有多种体现和构成，需要创新系统中相关链条上有关主体之间的协调配合以协同推动科技成果转化。因此科技成果转化激励的作用机制得以发挥作用依赖于相关关系协作的激励。目前虽然有关政策规定中对科技成果转化有关主体之间的协调有所规定，但是有些关系的实践协调需要得到更进一步关注，在有些具体落实上还有改进的空间。

（一）促进科技成果转化活动中主体之间的协作

国务院发布的《国家技术转移体系建设方案》表明了建设目标："到

---

[1]　吉娜·雷蒙多. 芯片法案与美国技术领先地位的长期愿景 [EB/OL]. [2023 – 09 – 28]. https：//cset. georgeetown. edu/wp – content/uploads/t0526_Raimondo_speech_ZH. pdf.

[2]　云小鹏，朱安丰，郭正权. 高精尖产业发展的创新驱动机制分析 [J]. 技术经济与管理研究，2021（12）：22 – 26.

2025 年，结构合理、功能完善、体制健全、运行高效的国家技术转移体系全面建成，技术市场充分发育，各类创新主体高效协同互动，技术转移体制机制更加健全，科技成果的扩散、流动、共享、应用更加顺畅。"从中可以看出，各类创新主体高效协同互动有助于促进科技成果转化。

包括做出科研活动的人作为创新主体是创新的核心构成，其在科技成果完成过程中的付出意愿会受到科技成果转化预期的影响。在科技成果创新活动中，个人与单位之间的关系是核心要点。特别是职务科技成果，个人与单位之间的权属划分，既关系到单位的投资回报，又关系到个人创新的投入、积极性与贡献回报，其间既涉及创新伦理问题，又涉及激励创新问题。科技成果转化激励反过来引导科技创新阶段的活动，与科技成果权属分配激励制度一道构成创新激励体系。

科技成果转化时，科技成果完成人与科技成果转化部门或转化机构之间的关系协调，决定了相关科技成果转化的效率。决策者与执行者之间缺乏激励体系的匹配关系。科技成果完成人与单位之间的法律关系与人事财务关系是错综复杂的，因此在对科技成果转化激励措施的认识上有一定差异，特别是在可有可无的科技成果转化激励场合，缺乏明确的规定可能造成激励资源的分配无法起到激励作用甚至起副作用。科技成果转化具体实操中的诸多有关主体之间属于创新关系体系之下的利益相关者，需要在具体的规定中予以明确、细化相关的流程，尽量将相关规则予以清晰化，界定清楚彼此责任与权限，将激励机制置于一个透明而明确的达成共识的体系中。

（二）科研机构向企业转移科技成果

在科技创新体系中，科研机构的优势在于研究，在基础研究及部分应用研究上具有相应的特长，科研机构的研究成果多数由财政资金支持；企业对市场更敏感，企业有强烈的依据需求产生创新的特点，企业的优势在于技术的应用。因此，企业与科研机构之间在此方面存在互补性，这种天然的依托关系决定了科技成果从科研机构向企业转移的普遍性，企业在科技成果转化中与科研机构的良好互动关系实际上也决定着科技成果转化的成效。从科技成果转化激励方面而言，既要顾及科研机构的科技成果的贡献，又要顾及企业在科技成果转化活动中的积极付出。实际上这已经被中国立法所关注。1996 年《促进科技成果转化法》第 12 条规定："国家鼓励研究开发机构、高等院校等事业单位与生产企业相结合，联合实施科技成果转化。研究开发机构、高等院校等事业单位，可以参与政府有关部门或者企业实施科技成果转化的招标投标活动。"2015 年《促进科技成果转化法》修改后，第 17 条第 1 款规定："国家鼓励研究开发机构、高等院校采取转让、许可或者作价投资等方式，向企业或者其他组织转移科技成果。"但是具体如何通过激励手段鼓励这种技术转移是关键。实践中无论是政府搭台、企业唱戏，还是政府为科技成果向企业转移做出的资金支持等努力，都是践行这种鼓励的体现方式。

　　紧接着还有一个关键问题制约着科技成果从科研机构向企业转移，那就是人才问题。科技成果转化人才的培养需要从"实战场"历练持续积累经验。然而实践中，科技成果转化有关岗位的人员流动性比较强，在高校科技成果转化专业人才编制也是问题，在企业专门负责科技成果转化的专业人才也比较有限。有些学校为了缓解科技成果转化人才的问题，避免科技成果转化有关工作连贯性丧失，采取了对科技成果转化中心"事业管理—市场运营"的运行机制，实现事业编和非事业编结合的人员聘用方式。❶ 这或能从一定程度上解决科技成果转化人才的流动性带来的科技成果转化中心运营的问题，但是对科技成果转化人才的经验积累而言，或许并不是最有利的。基于科技成果转化的重要性及科技成果知识扩散的必要性，人员在不同单位之间流动应该得到鼓励，特别是科研院所、高等院校的科研人员去企业的流动路径在实践中值得深入探索。值得肯定的是，中国相关的政

---

　　❶ 目前，北京工业大学技术转移中心已有专兼职人员 36 人，中高级职称人数接近一半。学校还为重点学科和项目团队配备科技成果转化专员，负责专题培训，协同推进各研究团队的产业化。参见：北京工业大学：深入推动科技成果转化［EB/OL］.（2023 - 04 - 07）［2023 - 09 - 28］. http：//bj. news. cn/2023 - 04/07/c_1129502546. htm.

策文件对科研人员与企业合作、互派人员、兼职兼薪的态度是肯定的。❶
在实践中如何真正促进相关人员的流动，为科技成果转化提供全面激励，
仍然是一个大问题。

第四节　科技成果转化与国家安全问题

　　国际层面技术转移与国家安全密切关联，在核心技术领域的科技成果
跨国转移既要注意科技成果转化激励又要兼顾国家安全，甚至要首先注意
国家安全问题。技术全球化视域下，跨国科技成果转化具有积极意义。一
方面，能够促进技术在国家与国家之间的流动，拓展技术的扩散范围；另
一方面，能够解决技术发展不平等等问题，缓解技术鸿沟，造福人类发
展。然而，在所有科技成果转化激励场合应以本国利益为第一位，因为当
遇到相应的技术发展问题时几乎所有国家都会确保本国利益优先，❷ 特别
是在世界范围内存在相应的科技成果转化受到跨国转移限制风险的情况下
更是如此。

　　据《2022 年中国专利调查报告》统计，在 2022 年被调查的企业专利
权人中，使用境外专利的比例为 2.1%，是向境外单位或个人许可或转让
专利比例的 2.1 倍，而大型企业使用境外专利的比例达 7.1%，是向境外
许可或转让专利比例的 2.6 倍。面对这一颇具挑战的现状，中国企业应对
的态度较为积极，寄希望于通过加大自主创新来弥补技术引进难。

---

❶　国务院印发的《实施〈中华人民共和国促进科技成果转化法〉若干规定》规定："国家
设立的研究开发机构、高等院校科技人员在履行岗位职责、完成本职工作的前提下，经征得单位
同意，可以兼职到企业等从事科技成果转化活动，或者离岗创业，在原则上不超过 3 年时间内保
留人事关系，从事科技成果转化活动。研究开发机构、高等院校应当建立制度规定或者与科技人
员约定兼职、离岗从事科技成果转化活动期间和期满后的权利和义务。离岗创业期间，科技人员
所承担的国家科技计划和基金项目原则上不得中止，确需中止的应当按照有关管理办法办理手续。"

❷　Sam F. Halabi, Rebecca Katz. Viral Sovereignty and Technology Transfer：The Changing Glob-
al System for Sharing Pathogens for Public Health Research［M］. Cambridge：Cambridge University Press，
2020：92.

增加科技成果转化中的自主性、提升技术成果在国内范围的转化，是确保国家安全的一个重要方案。《赋予科研人员职务科技成果所有权或长期使用权试点实施方案》也提到要加强赋权科技成果转化的科技安全管理，"鼓励赋权科技成果首先在中国境内转化和实施。国家出于重大利益和安全需要，可以依法组织对赋权职务科技成果进行推广应用。科研人员将赋权科技成果向境外转移转化的，应遵守国家技术出口等相关法律法规。涉及国家秘密的职务科技成果的赋权和转化，试点单位和成果完成人（团队）要严格执行科学技术保密制度，加强保密管理；试点单位和成果完成人（团队）与企业、个人合作开展涉密成果转移转化的，要依法依规进行审批，并签订保密协议。"根据中国《对外贸易法》第15条的规定，基于维护国家安全、社会公共利益或者公共道德，需要限制或者禁止进口或者出口的情况下，可以限制或禁止有关技术的进口或出口。对于涉及国家安全、国家秘密的科技成果转化，行业主管部门要完善管理制度，激励与规范相关科技成果转化活动；与此同时，对涉密科技成果，相关单位应当根据情况及时做好解密、降密工作。[1]《知识产权对外转让有关工作办法（试行）》也指出需要对以下两项内容进行审查：第一，知识产权对外转让对中国国家安全的影响；第二，知识产权对外转让对中国重要领域核心关键技术创新发展能力的影响。

然而应当认识到，科技成果转化的国际技术合作对技术发展本身而言是具有重大意义的。在相关领域展开科技成果转化的国际合作，仍然应当是一种常态。基于国家安全的考虑，应当是一种客观、对等的国家安全观下的科技成果转化国际合作。

在中国内部的科技转化方面，军民融合的科技成果转化有待进一步得以激励。中国创新体系中，军转民的创新政策不足与民参军积极性较高形

---

[1] 《实施〈中华人民共和国促进科技成果转化法〉若干规定》规定："涉及国家安全、国家秘密的科技成果转化，行业主管部门要完善管理制度，激励与规范相关科技成果转化活动。对涉密科技成果，相关单位应当根据情况及时做好解密、降密工作。"

成鲜明的对比。❶ 基于国家安全的考虑，军民融合不能简单地军民两用，在进入民品市场之前需要进行二次技术开发。❷ 在相关实践中，军转民、民参军的科技成果转化相对复杂、壁垒严重，❸ 如何释放军转民科技潜能是当前面临的重要问题，激励机制发挥作用的方式与纯民用领域有一定的差别，如何通过激励机制促进双方科技成果转化的积极性是推进军民融合科技成果转化的关键。❹ 全军武器装备采购信息网、国家先进技术转化应用公共服务平台等作为衔接军民融合科技成果转化的平台，有助于促进科技成果转化。

---

❶ 《中国科技创新政策体系报告》研究编写组. 中国科技创新政策体系报告［M］. 北京：科学出版社，2018：183.

❷ 刘希宋，李玥，喻登科. 基于多视角的国防工业科技成果价值评估研究［J］. 科学学与科学技术管理，2007（10）：31－35.

❸ 刘欢欢，牛小童，管强. 新形势下高校国防科技成果转化研究［J］. 经济师，2022（2）：174－176，180.

❹ 宋小沛. 新时期军转民科技成果转化瓶颈及应对策略［J］. 中国军转民，2022（1）：58－60.

第四章　归位：科技成果转化
激励中的政府与市场

　　科技成果转化以科技成果为依托，而科技成果在法律体系中则属于财产权范畴，因此遵循市场规律是理所当然的。2015 年《促进科技成果转化法》修改，夯实了科技成果转化"市场导向"的基本共识，也对政府与市场之间的关系如何正确处理、更好地发挥政府的服务功能给出指引，即政府主要通过制定政策、加强公共服务为科技成果转化营造良好的环境。❶实际上科技成果转化激励中的其他问题都是可以通过制度设计获得相应的解决的，然而政府角色与市场角色的问题，无论是在理论上还是在实践中均是一个"老大难"的问题。其不是一个纯粹的"问题"，而是一个需要结合中国发展情况进行分析的综合体系。因此，本书对此单辟一章展开阐述，以期为科技成果转化激励机制中政府与市场的协调关系提供理论和实践的参考。

第一节　创新领域对政府角色的偏见

　　政府与市场的关系在很多领域都是需要反复论证的。创新领域的政府

---

　　❶ 阚珂，王志刚.《中华人民共和国促进科技成果转化法》释义［M］. 北京：中国民主法制出版社，2015：12，14.

与市场关系也存在相当多的探讨。在这些探讨中，存在一些对政府的偏见，这些偏见主要认为，创新领域的政府只用于修正市场失灵，相对于市场的主体作用而言，政府应当居于次要地位。这实际上是与创新历史不相符的偏见，这种偏见不仅忽略了历史客观事实，更忽略了政府与市场关系在创新领域的塑造对科技成果转化激励作用发挥的影响。

一、创新领域对政府角色的偏见核心体现

（一）偏见：创新领域政府只用于修正市场失灵

在创新方面，市场竞争型的研发投入的促进作用要大于政府补贴型的研发投入。[❶] 主流观点认为的政府应当只负责修正市场失灵，进而认为政府在其他领域难有作为，这是一种偏见。[❷] 从对人类重要科技领域的重大发展来看，都有政府参与的影子，甚至在一些场合主要得益于政府的作用。从中国研发资金的投入来看，企业投入占比超过75%，政府投入占比25%，低于美国和欧盟国家，但这并不意味着中国政府在创新投入中的作用较弱，因为企业投入包含中国国有企业的研发投入。[❸] 反过来说，创新是一个需要前期大量投入且具有较大风险的创造性活动，政府应当鼓励、保护、引导和恰当的亲力亲为，在具体创新活动中政府应当建立良性的激励机制以让创新者得到应有的奖赏，在核心技术领域政府也可以组织力量直接展开具体的创新活动。[❹] 这些讨论对政府介入科技成果转化的正当性、方式等都提出了挑战。特别是来自经济学理论的分析，试图将政府的作用一再限制于市场失灵范围内。正如新古典主义经济学理论中的一个观点，

[❶] 王志阁. 企业研发投入如何影响创新策略选择：基于政府扶持与市场竞争视角 [J]. 华东经济管理，2023，37（6）：54 – 65.

[❷] [英] 玛丽安娜·马祖卡托. 创新型政府：构建公共与私人部门共生共赢关系 [M]. 李磊，束东新，程单剑，译. 北京：中信出版社，2019：11.

[❸] 阮芳，何大勇，李赟铎，等. 解码中国创新：过去、现在与未来 [EB/OL]. [2023 – 09 – 28]. https：//web – assets. bcg. com/80/f6/a121c4c143edaee48b49c11587a6/china – innovation – past – present – and – future. pdf.

[❹] 郑京平. 如何发挥政府在创新中的作用 [J]. 中国国情国力，2016（3）：1.

即公共政策干预的一个必要条件是市场失灵，如果市场正常就没有必要干预，而市场失灵的一个重要原因在于缺少对知识投资的激励。❶ 因此，政府的作用应当保持相应的辅助色彩，而无法从直接介入的方式出发来调动相应的资源。尤其是科技成果作为市场化的重要产业政策内容时，这种观点带来的质疑既是模糊的也是难以解释的，这也造成相关的争议随着科技成果转化激励的推进而随时被提出。

（二）偏见：创新领域政府应居于次要地位

在创新活动中政府应当让位于市场而处于次要辅助地位的认识，实际上是政府应主要用于解决市场失灵认识的延伸。随着对创新活动的深入实践探索，中国已经逐步明确企业在创新体系中的主体地位，政府角色从主导者逐步向赋能者转变。❷ 在多种科技成果转化有关规范政策文件中，也明确了市场为主体、政府辅助支撑的定位。国务院发布的《国家技术转移体系建设方案》明确规定了"市场主导，政府推动"的基本原则，即"发挥市场在促进技术转移中的决定性作用，强化市场加快科学技术渗透扩散、促进创新要素优化配置等功能。政府注重抓战略、抓规划、抓政策、抓服务，为技术转移营造良好环境。"现有文献对政府应当在创新领域居于何种地位呈现出多种认识，有观点认为政府在科技创新中居于规划者、参与者角色，起着引导、支持、推动、参与作用，❸ 也有观点认可了政府的资金支持、提供公共服务、营造法制环境、搭建网络关系等功能。❹

政府主导科技成果转化以及激励，可能会造成企业在科技成果转化激励实践中价值观扭曲、生存能力弱化。政府主导的科技成果转化体制下，

❶ ［挪］詹·法格博格，［美］戴维·C. 莫利，理查德·R. 纳尔逊. 牛津创新手册［M］. 柳卸林，郑刚，蔺雷，等译. 上海：东方出版中心，2021：751.

❷ 阮芳，何大勇，李赞铎，等. 解码中国创新：过去、现在与未来［EB/OL］.［2023 – 09 – 28］. https：//web – assets. bcg. com/80/f6/a121c4c143edaee48b49c11587a6/china – innovation – past – present – and – future. pdf.

❸ 张乘祎. 我国政府在科技创新中的作用及影响［J］. 科学管理研究，2012，30（6）：9 – 12.

❹ 郑烨，杨若愚，刘遥. 科技创新中的政府角色研究进展与理论框架构建：基于文献计量与扎根思想的视角［J］. 科学学与科学技术管理，2017，38（8）：46 – 61.

企业不再关注市场需求和相配套的科技成果，而是关注如何得到政府的资金，致使这些企业市场生存能力差，且在科技成果转化中存在激励扭曲现象，一旦失去政府资金可能就立即倒闭、破产。❶ 政府主导科技成果及转化，还可能产生科技成果发展与当前市场需求相脱离的风险。政府主导的科技活动往往含有政治性、前瞻性、战略性等内涵，可能与诸多行业企业的当前市场需求并不契合，❷ 甚至会扭转科技成果产生、科技成果转化的整体方向，对科技成果转化满足当前市场需求的能力产生负面影响。

然而在科技成果转化场合实践中，政府的作用往往超越了创新观念中对政府角色的限制。这种超越主要表现为，基于科技成果转化动力不足，政府在科技成果转化活动中往往发挥着引领甚至主导作用。这使得政府在科技成果转化的能动性方面具有强烈的积极作为可能。无论是在科技成果转化的主导上、观念的引领上，还是在具体科技成果转化中科技成果聚集地科研机构与转化聚集地企业之间的关系联动上，都有政府主动作为的表现，特别是在科技成果转化激励有关的实践中，政府的资源倾斜和主动介入，均与创新领域政府应居于次要地位的偏见相违背。其中重要原因在于，政府通过满足实质性创新的高投入等路径影响企业对创新策略的选择，而市场竞争则通过更为激烈的激励效应和配置效应使得企业的创新倾向于质量更高的实质性创新。❸

因此，有观点认为，应当减少政府对创新的直接干预，强化市场优胜劣汰机制对产业升级的推动作用；然而，由于创新具有公共产品属性，仅靠市场机制调节会使得企业创新不足，因此政府对公共资源的配置应当以不扭曲市场机制为条件。❹ 市场的捍卫者谈及未来市场或者长期合同，认为这些能够满足未来的需求，且可以抹杀计划的必要性，实际上这是一个

❶　郑翠翠，姚芊. 我国科技成果转化现状及对策 [J]. 经济研究导刊，2022 (24)：141 – 143.
❷　郑翠翠，姚芊. 我国科技成果转化现状及对策 [J]. 经济研究导刊，2022 (24)：141 – 143.
❸　王志阁. 企业研发投入如何影响创新策略选择：基于政府扶持与市场竞争视角 [J]. 华东经济管理，2023，37 (6)：54 – 65.
❹　赵大平. 政府激励、高科技企业创新与产业结构调整 [M]. 北京：中国经济出版社，2012：204.

误解，因为市场和合约只能满足今日市场主体的需求。❶

二、偏见带来的损害

科技成果转化活动中政府应当居于有限地位，是目前市场经济环境下对政府角色的基本共识。然而，纯粹的这种偏见可能对科技成果转化及创新秩序带来损害，不得不对之予以高度重视。

第一，对创新秩序中政府的有限地位理解，很多是基于对历史的考察，认为政府让位于市场才能使创新得以大力发展。然而，这与事实并不相符。如前文所提及的，在很多科学技术领域的重大发现实际上都是政府介入而产生的科技成果或其转化。特别是军工领域的发展以及其外包，实际上促进了科技成果在政府与市场之间的融合，从军事领域到民用领域的技术扩散，也同样对创新的实际作用产生巨大影响。因此，在创新秩序中政府本身已经介入够深，也由此产生对人类非常有益的终端产品。国内有些观点对这些事实的了解理解，也存在相应的模糊，仅仅基于市场经济理论而忽略政府在创新中的重要作用以及有关历史事实和发展状况的现象❷，是需要改进的。

第二，对科技成果转化活动中政府行为的过度限制，可能产生对科技成果转化激励的质疑，在一些具体科技成果转化实践中政府及其他主体可能对相关激励产生是否"名正言顺"的保守估计。这往往会在实践中制约具体科技成果向现实生产力转化的范围。例如，有些科技成果已经解决市场上的技术问题，但是囿于没有相关行政主体或者事业单位主体的"开话"，则没有人愿意去承担相应的决策风险，由此可能导致科技成果转化活动因无法受到激励而止步不前。

第三，对科技成果转化中政府角色的过度限制，可能会使得科技成果转化的激励弱化。科技成果转化激励本质上而言是一种额外的资源配置体

---

❶ ［美］詹姆斯·加尔布雷斯. 掠夺型政府［M］. 苏琦，译. 北京：中信出版社，2009：168.
❷ 如美国实际上对科技成果、科技成果转化是介入很深的，但是这种事实与我们的固有观念可能并不相符。

系，其通过作用于科技成果转化活动而影响创新行为选择决策，对相应的技术市场产生影响。科技成果转化激励主要作用对象在于"人"，诸如中介组织、政府、企业等主体的决策均由人做出，因此科技成果转化激励从根本上而言还是一门人的心理活动的艺术。激励机制是否得到相关主体的接纳和欢迎，是一种自由选择，但是如果政府的角色过于强化，则实际会影响科技成果转化激励机制的自由选择，这诚然是一种正确的结论。然而，在科技成果转化率非常低、科技成果转化市场体制机制尚未建立完善的情况下，不依靠政府的作用，市场自发形成良性的科技成果转化秩序则十分困难。无论是信息的透明性还是科技成果方与市场之间的信任机制，都难以达到理想的效率。因此，排除政府的作用在当前是不合理的。

关于政府角色的多方面讨论，实际上最重要的担心就是政府无限度介入创新活动可能会给创新秩序带来扰乱，甚至挫伤正常的创新竞争。政府在创新秩序中应当保持相应的谦抑性，有人形象地将之做如下形容：政府就是"全过程创新生态链——基础研究 + 技术攻关 + 成果产业化 + 科技金融 + 人才支撑"中的"＋"，"＋"代表着政府在市场不愿意干、不会干、干不了的事情上进行投入和推动等积极作为，及时出现、适时退出。❶ 这在科技成果转化文化比较成熟的情况下是可行的，而在科技成果转化体系尚未完善的当下，在很多地方和很多行业产业中政府的主导仍然有其积极价值；如果忽略这种价值而一味强调依靠市场力量，则无法满足当前科技成果转化的功能期望，也无法有效调和创新资源和创新秩序体系的建设。

第二节　政府在科技成果转化激励中的能动性

因为对包括科技成果转化在内的创新活动中政府角色的保守意见，所

---

❶ 刘林德，郑汝可，黄琪. 创新驱动发展 谁来驱动创新：长三角和大湾区高质量发展的启示③ [N]. 长江日报，2023 – 06 – 28 (1).

以在政府介入很多活动而无效的时候，就会将政府作用的失败进行放大效果的认定。正如有观点所言，实际上很多创新政策的错误归咎于将行为者置于错误的位置上。❶ 但是科技成果转化激励体系下，政府的角色与市场的角色是一个需要互动调和的过程，而非静态关系的观察所能满足的。在其中政府的科技成果转化激励能动性成为其发挥作用的考察点。这样一种现象同样需要客观认识，在科技成果转化领域，发达国家无一例外选择了政府干预，扩大政府在科技成果转化活动中的服务能力，同时加强科技成果转化服务机构建设，形成了典型的"强政府、强社会"格局。❷ 认识到这种客观事实，有助于对科技成果转化激励中政府的能动性大环境的理解。

一、科技成果转化中政府角色与市场角色的关系

科技成果转化激励中的政府与市场的关系决定于科技成果转化中政府与市场的关系，这里主要探讨政府与市场之间是否有明确的关系边界，以为政府在科技成果转化中的激励能动性提供支撑。

（一）科技成果转化激励中明确政府与市场关系的可行性

1. 科技成果转化激励中关系模糊的解释

创新活动中政府与市场角色关系并不是一成不变的，也并不是严格区分的，因此对政府角色与市场角色的明确化，本身是一个不甚精准的说法或者说无法做到彻底的明确。在市场经济环境下，创新资源的分配完全依靠市场的竞争机制，会使得重要的科技发展领域不符合逐利尤其是短期逐利市场的投资倾向。对国家战略发展具有重要意义的科技成果领域，可能更需要政府的主动介入，这些科技成果如果完全依靠市场，则可能发生创新时机错失的风险，由此政府可能通过军工领域等做出预先安排。因此，

---

❶ ［英］玛丽安娜·马祖卡托. 创新型政府：构建公共与私人部门共生共赢关系 ［M］. 李磊，束东新，程单剑，译. 北京：中信出版社，2019：32.
❷ 张健华. 高校科技成果转化中的政府职能研究 ［M］. 天津：天津人民出版社，2013：50.

无论是否是市场愿意介入的领域，政府均有可能在相关领域具有先行介入的必要性以及可行性。

在科技成果转化活动中，一般而言，政府介入并不意味着完全撇开市场，一般情况下是有市场因素的参与或者政府引领市场。其中重要原因在于，创新领域高校具有较强的研究能力、优良的研究素养、优秀的研究群体，而其在应用能力和技术扩散上则与企业无法媲美，由此产学研实践的价值就成为一种需要多方参与的创新模式，在科技成果转化场合这种模式同样十分重要。随着军民融合认识的加深，人们对政府和市场的关系也有了新的认识，政府与市场之间并非彼此排挤而是相互成就和辅助的。因此，政府是可以在某些时候引领市场的。那么，市场能够脱离政府吗？显然在创新体系中也是不可能的。市场有时可以塑造政府的行为，也可能引领政府的行为，这就要客观认识彼此之间的相互替代可能与相互依存关系。

政府与市场在科技创新领域围绕创新行为展开的活动，实际上并没有相应的清晰边界。经济学界对政府与市场之间关系的认识，只是为了更好地实现约束权力的效果，从根本上而言是一种社会构造。

2. 科技成果转化激励中关系清晰化的弱可操作性

科技成果在创新领域有相应的法律保护机制，保护机制以知识产权等形式赋予权利主体对科技成果以私权。在规范体系下，私权意味着权利人对科技成果的意思自治是基本逻辑。然而，在创新领域相关主体的创新动力可能并不在于转化而在于创造科技成果，因为可计量的科技成果是衡量其工作的基本依据，而对于科技成果转化则长期没有上级的关注和赋值，加上科技成果的转化本身与高校、科研机构发展没有多大关系，其经费多来源于财政，因此其决策权与政府的关系更加紧密。市场端的关系则受制于其性质以及市场上相关主体与科研人员的私人交往，相关的合作关系并无根据可循。因此一般科技成果转化中，政府的作用机制与市场作用机制完全分离，是不可能形成合力的，也无法形成完全依靠市场影响高校科技成果有关的意思自治，因为其多数情况下没有政策的支持，其意思也无法完全自治。由此，严格界定科技成果转化中政府与市场的关系，实际上操作性并不强，因为重要的"决策"并没有遵循市场逻辑。

在有些情况下，创新也根本无法遵循市场的规则来达到完全契合市场需求。正如有观点认为的，创新是不可计划的、创新是偶然的。❶ 这只是对于一般情况下的创新而言的，在有些场合下国家发展战略比较明确，在通过集合资源对相关问题进行攻克的情况下，这种创新还是有计划的色彩的。在这些场合下，创新既不是完全计划的也不是完全自由的，国家的创新资源分配当然也不是完全自由的。实践中，政府在创新领域挑选赢家即为这种逻辑的写照。

科技成果转化激励中，如果完全遵循市场规则，那么有些科技成果转化必然无法受到市场的欢迎。加上科技成果转化还需要中试等环节才能与现实企业需求真正接轨，所以市场对科技成果转化本身是一种无法完全依靠的对象。这不是纯粹的市场失灵，而是市场规则下选择的结果。那么在这些场合下严格区分科技成果转化中政府的角色与市场的角色，势必会使得科技成果转化能动性更加弱化。

3. 市场对技术成熟度的需求

企业往往需要的是成熟度比较高且尽可能直接对接的产业成果。而在缺乏加强大学研究对产业创新贡献政策背景下，学术研究很少能够产出供产业开发和商业化的科技成果原型，相反学术研究会告知企业在应用研发设施时所需要的方法和原则，在学术与产业创新之间复杂作用中被产业研发经理人认为最重要的途径往往很少涉及专利和许可。❷ 因此对于科技成果转化而言，一般的企业的参与能力和参与意愿比较弱。这就形成科技成果转化"死亡之谷"难题，即科研机构的科研成果在向实际生产力转化过程中会面临一个科技成果转化阶段，这个阶段不仅可能很费时间还可能很

❶ ［英］马特·里德利. 创新的起源：一部科学技术进步史［M］. 王大鹏，张智慧，译. 北京：机械工业出版社，2021：237–240.

❷ ［挪］詹·法格博格，［美］戴维·C. 莫利，理查德·R. 纳尔逊. 牛津创新手册［M］. 柳卸林，郑刚，蔺雷，等译. 上海：东方出版中心，2021：276.

费钱，企业作为追逐利润的主体，如果无相应的预期利益就不会参与其中，而科研机构则缺乏相应的转化能力和转化场合。这就需要政府的介入，比如以科技成果转化激励方式介入科技成果转化过程。

（二）科技成果转化的政府驱动与市场驱动

科技成果转化本质上是创新环节的构成，从整体上看，科技成果转化激励是科技创新的后端环节，因此人们也经常用"最后一公里"来形容科技成果转化。虽然太过于明确科技成果转化中政府与市场的关系对创新是不利的，也是不切合实际的，但是仍然应当认可科技成果转化中政府驱动与市场驱动两种主要模式的存在。

政府在创新相关环节的介入，可能带来相应的正向影响，而且有时此种正向影响体现还比较显著。❶ 科技成果转化领域，政府的身影无处不在，特别是涉及科研机构科技成果向市场转化场合，政府的多种介入形成科技成果转化的主要动力。在地方政府对地方科技成果转化激励实践中，政府驱动主要通过自上而下的科技成果转化任务、改革绩效考核、资金支持等方式真实切入具体科技成果转化活动。科技成果权利方为了满足上级的要求，在寻求需求方、简化科技成果转化、匹配创新资源等方面有较为迅速的反应。普通意义上的科技成果转化与科研人员的价值追求、科技成果成熟度以及社会协作氛围密切相关的现象，❷ 在政府驱动的模式下也发生了转变，科技成果转化活动的积极性有了转变，行动效率也有了相应的提升，对相应企业的技术供需关系也有了新的体现。

市场驱动科技成果转化是以需求打底的固有模式，也是科技成果转化市场化规律的基本体现。在科技成果转化框架下，产业中产生了某些技术难题，以研发定制、科技咨询等方式向研发人员传达技术需求信息，研发

---

❶ 潘冬. 科技企业孵化器知识产权服务中政府行为方式的研究 ［M］. 北京：北京工业大学出版社，2018：100.

❷ 杨登才，刘畅，朱相宇. 中国高校科技成果转化效率及影响因素研究 ［J］. 科技促进发展，2019，15（9）：943－955.

人员通过研制提供相应的技术供给，形成市场驱动的科技成果转化模式。在此种模式下，科技成果提供方可能是外部的，也可能是内部的，可能是科研机构，也可能是其他企业。因此，这种市场驱动模式之下，讨价还价以及科技成果转化的意思自治能够得到相对自由的决策。市场驱动的科技成果转化机制因为需求比较明确、范围也比较有限，因此通常能够得到匹配度比较高的科技成果转化效果。

进而产生的问题是，对两种模式进行评价，就会出现诸如关于政府在科技成果转化激励中的无效激励的讨论。特别是在发展特定产业或技术时，国家出于商业原因通过技术政策加以干涉是否合理、有效，或者政府应当保持不干涉除非国家紧急社会问题出现，本身就是一个历久弥新的问题，尤其舆论总是认为市场能解决的是不需要政府干预的。❶ 这时，如果政府对科技成果转化有关事项干预，负面结果很容易被归咎于政府的介入。正如有研究表明的，政府的各种减税措施实际上是无效激励，是浪费资金的行为，然而这些资金本来可以收到更好的效果的。❷ 对这些现象如何看待，或者说在中国当前如何看待政府与市场角色的关系，仍然是一个辩证的问题。在短期内的科技成果转化激励是否能够培育起提升创新水平、创造科技创新成果转化环境与体系，将科技成果与科技成果转化服务于中国科技进步的任务完成，实则是一个摸着石头过河的过程，并无法根据当前的一些试验结果来下定论，也不宜以传统非创新领域的市场活动来评价创新活动中政府与市场的关系。

二、科技成果转化激励中政府的能动性实施

在科技成果转化激励有关的规范政策与实践中，政府的能动性是有相当多的体现的。这一方面表明中国科技成果转化体系对政府能动性的认

---

❶ ［挪］詹·法格博格，［美］戴维·C. 莫利，理查德·R. 纳尔逊. 牛津创新手册［M］. 柳卸林，郑刚，蔺雷，等译. 上海：东方出版中心，2021：744.

❷ ［英］玛丽安娜·马祖卡托. 创新型政府：构建公共与私人部门共生共赢关系［M］. 李磊，束东新，程单剑，译. 北京：中信出版社，2019：219.

可，另一方面也反映了科技成果转化激励对政府能动性的需求。

（一）政府对科技成果转化的直接投资

政府对科技成果转化具有一定的追求，重要原因在于科技进步对经济发展非常重要，除了经济效应之外，科技成果转化还能从一定程度上体现当地发展水平，对官员个人的升迁也构成较大的诱因。科技发展本身也是政府的任务之一，其为公民提供福祉需要依靠科技发展，科技成果转化也能够与共同富裕相衔接促进政府任务的完成。[1] 因此，从根本上而言，政府对科技成果转化的直接投资是具有内在动因的。

《国家技术转移体系建设方案》对政府的资金投入做出了明确指示，"各地区、各部门要充分发挥财政资金对技术转移和成果转化的引导作用，完善投入机制，推进科技金融结合，加大对技术转移机构、信息共享服务平台建设等重点任务的支持力度，形成财政资金与社会资本相结合的多元化投入格局。"实践中，中国政府通过政府引导基金，由政府出资、吸引社会资本进入，支持相关企业进行技术创新、科技成果转化等，成为各级政府积极推动创新的重要抓手。[2]

政府对科技成果转化激励中的直接投入并未局限于为科技成果转化提供资金支持，它还为科技成果转化提供背书，成为其他主体参与科技成果转化的重要参考因素。从这个层面而言，政府对科技成果转化直接投资实际上促进了社会对科技成果转化的积极性。这种带动效应对企业而言是非常有帮助的。而在美国最具创新精神的年轻公司的资金是由公共风险资本而非私人风险资本提供的。[3]

---

❶ 尹西明，苏雅欣，李飞，等. 共同富裕场景驱动科技成果转化的理论逻辑与路径思考 [J]. 科技中国，2022（8）：15－20.

❷ 阮芳，何大勇，李赞铎，等. 解码中国创新：政府如何发挥作用 [EB/OL]. [2023－09－28]. https：//web－assets. bcg. com/d5/cf/efad0de040afaaeb578c1b28b21b/decoding－chinas－innovation－the－role－of－government. pdf.

❸ ［英］玛丽安娜·马祖卡托. 创新型政府：构建公共与私人部门共生共赢关系 [M]. 李磊，束东新，程单剑，译. 北京：中信出版社，2019：29.

政府对科技成果转化的直接投资，实际上还在于通过财政资金向特殊主体提供固定的财政支持，以发展其科技成果转化事业，这种激励实际上也属于政府对科技成果转化的直接投资。例如，政府对军工事业的大额投资，在具体科技成果转化中发挥了实际的资金支持作用，这对于军工科技成果转化而言也构成直接的激励。这对高校、科研院所而言也是一样的逻辑，不同等级的政府以及政府部门对科技成果转化提供相应的投资，且很多时候是不求经济回报的投资，对科技成果转化提供了相当的激励。一般情况下，政府的投资并没有影响企业等市场主体对科技成果转化活动的竞争秩序，相反能够激发相关企业参与科技成果转化活动，带动社会资本进入科技成果转化领域，并为市场主体带来相应的回报。

（二）政府对科技成果转化资源的调配

在中国科技成果转化领域，政府的力量和参与度是比较突出的，从某种程度上而言也是比较典型的。为深入落实《促进科技成果转化法》，加快建设和完善国家技术转移体系，国务院于 2017 年出台《国家技术转移体系建设方案》。基于贯彻落实该"建设方案"，有序推进高等学校科技成果转化和技术转移基地认定工作，教育部于 2018 年出台《高等学校科技成果转化和技术转移基地认定暂行办法》，并公布了相应批次的高等学校科技成果转化和技术转移基地认定名单。❶

科技成果转化激励过程中，一方面通过政策提供相应的资源倾斜进行资源调配，另一方面通过社会影响力评价激励进行资源的直接投入。在资源倾斜方面，一般以政策的形式在不同地方有不同的体现，有的实行直接补贴，有的实行政府以科技项目形式向科技成果转化企业投入财政科技经费，这些过程均彰显出财政资金对科技成果转化的激励。同时由于科技成果转化的真正过程是一种商业性的市场行为，后期政府一般会逐步退出科

---

❶ 2019 年认定了 47 所高等学校，参见《首批高等学校科技成果转化和技术转移基地认定名单》（教科厅函〔2019〕31 号），2020 年认定了 5 个依托地方基地、24 所依托高校基地，参见《第二批高等学校科技成果转化和技术转移基地认定名单》（教科厅函〔2020〕37 号）。

技成果转化活动，在其中的受益则一般被淡化或者忽略。政府还会通过政府采购的方式对科技成果转化有关活动予以支持，中国《科学技术进步法》第91条规定："对境内自然人、法人和非法人组织的科技创新产品、服务，在功能、质量等指标能够满足政府采购需求的条件下，政府采购应当购买；首次投放市场的，政府采购应当率先购买，不得以商业业绩为由予以限制。政府采购的产品尚待研究开发的，通过订购方式实施。采购人应当优先采用竞争性方式确定科学技术研究开发机构、高等学校或者企业进行研究开发，产品研发合格后按约定采购。"在通过影响力评价进行资源投入的激励方面，政府一般以科技成果转化的成绩为衡量标准，对科技成果转化相关主体或者活动予以一定的资金支持。这种形式往往含有一定的价值导向在其中，如在本地转化、在本地建立相应的科技成果转化平台、科技成果转化在质或量上领先等。

政府对科技成果转化激励还通过产学研等有关活动获得实际的效果。产学研或者官产学研都是对企业–高校–政府三者之间在创新活动中关系的描述方式。在产学研活动中，学校与企业的联系有利于促进科研与应用需求之间的信息传递，而对于学校科技成果的市场导向体现上也能够有一定的意见渗入。例如，沈阳化工大学探索"三定向"订单式科技成果转化时，需要与相应的企业、政府形成"校–企–政"共建的研究院，通过承接当地企业的横向课题使研究院获得相应的自生能力，进而过渡为自负盈亏的独立市场主体。❶ 这里政府的作用就是在科技成果转化需要相应资源衔接的时候，政府能够扶一程，既不过度干涉相应的实际运营，也不主动渗入过度的主导，而是支持和引导。在这个活动中，虽然形式上政府发挥的是辅助作用，实际上政府的作用非常关键，可以说如果没有政府的参与支持，企业和高校之间的信任度就会有问题，政府的介入有助于促进双方之间的信任关系，并进而在科技成果转化上有进一步的合作机会和意愿达成。

---

❶ "定向研发、定向转化、定向服务"的订单式科技创新和成果转化机制［EB/OL］.［2023 – 09 –28］. http：//fgw. shenyang. gov. cn/cxgggzxx/202208/t20220801_3656990. html.

（三）政府对科技成果转化的奖励

政府奖励实际上是利用政府资源来对有关行为进行激励，带动更多创新主体向科技成果转化有关标准努力。《国家科学技术奖励条例》中没有明确的科技成果转化奖项。但是在科学技术成果转化中，创造巨大经济效益、社会效益、生态环境效益或者对维护国家安全做出巨大贡献的，可以授予国家最高科学技术奖；完成和应用推广创新性科学技术成果，为推动科学技术进步和经济社会发展做出突出贡献的个人、组织，可以授予国家科学技术进步奖。[1] 财政部办公厅、国家知识产权局办公室 2021 年发布《实施专利转化专项计划 助力中小企业创新发展》，决定利用三年时间择优奖补一批促进专利技术转移转化、助力中小企业创新发展成效显著的省、自治区、直辖市。地方政府为了促进科技成果转化，往往设立专门的科技成果转化奖项，如科技成果推广奖[2]等。有的地方政府虽然在地方科学技术奖励办法中没有规定明确的科技成果转化奖项，但是实践中设立了科技成果转化有关的奖项或者通过其他科技奖项涵盖科技成果转化奖励。[3]这些奖项不仅是荣誉奖项，还有配套的经济奖励。政府奖励对科技成果转化有关主体带来的激励效果是突出的，且能够充分调动科技成果转化的积极性。重要原因在于，无论在高校、科研院所的学术评价体系中，抑或企业评价体系中，一般会对不同等级的官方奖励予以相应的赋值，相关主体所在的单位对来自官方的奖励认可度较高。

（四）政府对科技成果转化激励的区域能动性

科技成果转化激励既是一个体系性的内容，也是一个地方性差异比较

---

[1] 参见《国家科学技术奖励条例（2020 修订）》第 2 条、第 8 条、第 11 条。

[2] 参见《广东省科学技术奖励办法》第 6 条。

[3] 如《湖北省科学技术奖励办法》在 2023 年修改之后，将原来的七类奖项"科学技术突出贡献奖、自然科学奖、技术发明奖、科学技术进步奖、科学技术成果推广奖、科技型中小企业创新奖、国际科学技术合作奖"调整为"省科学技术突出贡献奖、省青年科技创新奖、省自然科学奖、省技术发明奖、省科学技术进步奖、省科技型中小企业创新奖、省国际科学技术合作奖"。

大的内容。不同地区对科技成果转化激励有不同的激励方式和激励度，地方政府在此方面有较强的自由决策空间。

地方政府对本地区的科技成果转化激励也有不同的态度。结合地方发展优势和地方需要的资源，做出相应的激励措施，成为有关地方政府对科技成果转化展开有力实践的思路。但是在这种场合下，科技成果转化的地方特色就取决于地方政府的决策能力和决策范围。然而，在此方面有些地方政府的规范性文件或者政策文件的"诚意"还不够，很多时候科技成果转化激励以及创新对其他主体的吸引力还在于地方的营商环境、科研氛围等。因此，地方政府在提升地方营商环境、制度环境、承诺落实等方面要做最大努力。举例而言，知识产权对科技成果转化既可能是起点，也可能是过程，更可能是新的结果，在科技成果转化过程中地方政府对知识产权保护水平、执法公正情况直接影响相关主体在当地的创新落地意愿，因此地方政府提供健全的、有力的知识产权保护就显得较为关键。另如，地方科技成果转化激励的措施是否有利于相关科技成果转化活动的展开，是否能够吸引相关科技成果转化有关活动、资源在本地落地，与当地政府的"口碑"很有关联。地方政府提供的环境是否有利于创新、是否支持科技成果转化、是否有相关的产业群都会影响科技成果转化落地选择，由此科技成果转化资源是否在本地落地不是政府一方能够决定的，还需要地方企业等社会方面在政府的带动下发挥主观能动性，与政府共同努力打造优良的地方软环境。

第三节　政府与市场的动态边界：
科技成果转化激励中的有为政府

政府在创新以及科技成果转化中均具有重要的作用，在建设创新型国家的中国当下更是如此。在探讨创新活动中政府和企业的关系时，对政府角色的弱化实际上是夸大了其他行为主体的作用。❶ 政府的激励方向和激励措施，直接影响科技成果转化的效果。承认政府在科技成果转化中介入的积极价值，并不意味着无限制地放纵政府随意侵入相关科技、经济、社会领域，而是需要通过相关规定来对政府的活动界限进行规范，保障政府在科技成果转化特别是激励过程中职责限定于社会无法解决的问题，以使政府与社会之间形成协同合作、互相监督、良性互动、共同发展的态势。❷ 科技成果转化激励体系中，政府与市场之间有一条隐形的动态边界，虽然无法明确界定、确定，但是随着各种因素的动态变化，政府在其中能够通过各种能动性在科技成果转化激励方面成为有为政府。

一、主要角色：科技成果转化激励的掌舵与扬帆

在科技创新领域，中国相关政策主要偏向供给类创新政策工具，而有些发达国家则主要采取环境类创新工具，❸ 这涉及对政府角色的深入认识。实际上在中国立法中，无论是科技立法还是传统私法领域的知识产权立法，都或多或少地对国家、政府作用有所提及。这些立法行动也从侧面表明，国家与政府在实践中对科技创新体系深入参与的切入点。

（一）掌舵者：科技成果转化中的国家与政府

严格意义而言，在立法规范性文件中的国家与政府是有区别的，但是从一般观念上而言很容易对国家与政府产生混同的理解。而科技立法中往往含有一些软性的条款、宣誓性条款中以国家、政府为主体，这些条款并没有直接的法律后果，所以一般并未引起过多的关注。

以中国《科技成果转化法》为例，其中涉及"国家"的实体性条款规

---

❶ [英] 玛丽安娜·马祖卡托. 创新型政府：构建公共与私人部门共生共赢关系 [M]. 李磊，束东新，程单剑，译. 北京：中信出版社，2019：225.
❷ 张健华. 高校科技成果转化中的政府职能研究 [M]. 天津：天津人民出版社，2013：52.
❸ 蔺洁，陈凯华，秦海波，等. 中美地方政府创新政策比较研究：以中国江苏省和美国加州为例 [J]. 科学学研究，2015，33（7）：999-1007.

定中，包括国家对科技成果转化财政资金的"安排""引导"社会资金投入；❶"鼓励"科技成果在中国境内实施；❷"组织实施或者许可他人实施"相关科技成果❸，等等。《科技成果转化法》涉及"政府"的规定包括加强政策协同、采取有力措施；❹管理、指导、协调科技成果转化工作。❺

在相关规定的落实中，国家如何发挥作用、通过什么形式发挥作用，往往成为一种无法实际获得关注和实际解释的内容。在具体的规定落实中，需要通过多种具有官方色彩的组织来实现相关规定，如立法机构、政府部门以及地方政府及其部门等国家机关和组织通过具体职权范围内的行为落实相关规定。"政府"有关的权限职责规定则有利于为政府权限提供相应的指导依据。特别是政府在具体的创新政策上具有发挥积极能动性的空间，❻能够通过相关的政策促进地方科技成果转化有关体系的完善。地方政府作为政治系统的地方构建者、政治过程的地方行动者、公共政策的地方决策者、市场过程的地方规制者、公共产品的地方供给者、私人产品的地方消费者、公共事业的地方建设者、秩序社会的地方治理者，❼对地方科技成果转化激励情况起着一定程度的决定作用。在政府的职权范围

---

❶ 《科技成果转化法》第 4 条规定："国家对科技成果转化合理安排财政资金投入，引导社会资金投入，推动科技成果转化资金投入的多元化。"

❷ 《科技成果转化法》第 6 条规定："国家鼓励科技成果首先在中国境内实施。中国单位或者个人向境外的组织、个人转让或者许可其实施科技成果的，应当遵守相关法律、行政法规以及国家有关规定。"

❸ 《科技成果转化法》第 7 条规定："国家为了国家安全、国家利益和重大社会公共利益的需要，可以依法组织实施或者许可他人实施相关科技成果。"

❹ 《科技成果转化法》第 5 条规定："国务院和地方各级人民政府应当加强科技、财政、投资、税收、人才、产业、金融、政府采购、军民融合等政策协同，为科技成果转化创造良好环境。地方各级人民政府根据本法规定的原则，结合本地实际，可以采取更加有利于促进科技成果转化的措施。"

❺ 《科技成果转化法》第 8 条规定："国务院科学技术行政部门、经济综合管理部门和其他有关行政部门依照国务院规定的职责，管理、指导和协调科技成果转化工作。地方各级人民政府负责管理、指导和协调本行政区域内的科技成果转化工作。"

❻ 刘雪凤. 国家知识产权战略中政府的角色定位分析：从政策过程视角 [J]. 理论探讨，2009（2）：140 – 144.

❼ 赵春盛. 地方政府在当代国家治理与发展语境中的地方性角色结构分析 [J]. 思想战线，2007（5）：135 – 136.

内，要注意优化科技成果转化激励的政策，形成体系化的科技创新政策法规格局，促进部门职能与业务范围集中化，● 避免部门职能交叉现象对科技成果转化激励带来的协同困难和成本，推动相关政策法规的有效落实。

以北京市科技成果转化激励中的政府行为实践为例，其首先对自己的发展定位有着比较清楚的认识，通过各种途径向社会表明强化首都全国政治中心、文化中心、国际交往中心、科技创新中心的功能。中共北京市委、北京市人民政府在《北京市"十四五"时期国际科技创新中心建设规划》中明确了当前的创新生态环境优化基础，深化政府科技管理改革，对促进科技成果转移转化做出了具体的战略布局和明确的指导方向。之后，北京经济技术开发区管理委员会印发《北京经济技术开发区关于加快推进国际科技创新中心建设 打造高精尖产业主阵地的若干意见》，对加快科技成果转化做出了详细的工作指引，包括打造科技成果转移转化新标杆、推动产学研一体化高效协同、强化产业共性技术支撑能力、支持企业开展颠覆性领跑技术研发、打造全场景智慧城市等，并提出了具体的"真金白银"激励方案，如实施"创新成长计划"和"创新伙伴计划"，对纳入计划的创新项目和服务机构给予房租补贴、贷款贴息、人才奖励等方面支持；对经确认的高校、科研院所，根据上年度科技成果转化活动情况给予奖励，每家单位最高奖励 1000 万元；对服务企业大、行业影响力高的平台，根据其服务能力及效果，最高给予 500 万元资金支持，对贡献特别突出的国家级公共服务平台，按"一事一议"给予支持，发放科技创新服务券，鼓励区内企业在经认定的公共技术服务平台和中试服务基地购买专业技术服务，促进科技资源开放共享；支持首台（套）技术突破、应用示范和系统集成，鼓励区内应用单位与研制单位强强联合开发首台（套），推动重大创新成果实现产业化，鼓励市场主体之间通过远期约定采购方式购买创新产品与服务，对符合支持条件的首台（套）项目，给予研发方不超

● 蔺洁，陈凯华，秦海波，等. 中美地方政府创新政策比较研究：以中国江苏省和美国加州为例 [J]. 科学学研究，2015，33（7）：999－1007.

过首台（套）认定合同实施金额的 30% 支持。北京市其他区也发布了相应的支持配套措施，提出了相应的激励方案。❶ 地方政府在相应的激励措施上越明确透明，后期政策规定执行成本越低，能够提升科技成果转化激励的效率。

在具体操作中，从国家到政府实际上并没有太大的分歧，以政府的行为为基础展开相应的立法、司法、行政等行为，并且为科技成果转化提供多种形式的资源配置，是科技成果转化系列规定中对国家、政府角色安排的最终落脚点。

（二）政府在科技成果转化激励中的扬帆角色

在诸多创新活动中，部分企业自我创新意识淡薄，过于依赖政府扶持或国外成熟技术引进、只注重短期效益的现象突出。❷ 政府的掌舵作用意味着其对创新体系有全局把握的意识和能力，而扬帆的作用意味着政府能够通过自身行为带动社会对科技成果转化予以关注、践行。特别是对科技成果转化这样的活动而言，很可能在开始阶段特别困难，政府在创新的中长期效益方面既有关注的使命，又有关注的能力，包括投入能力，因此在科技成果转化相应的活动中"扬帆"的角色就显得异常重要。

此外，所谓的扬帆角色也需要政府认识到当前中国科技成果转化及创新面临的核心困难点。从科技成果转化出发，政府需要认识到科技成果转化绝非独立，其在创新体系中处于何种角色与国家政策、国家科技发展阶段有密切关联。国家的科技发展阶段性使命决定科技成果转化的角色安排。在中国当前阶段，科技成果转化处于解决自主创新难题的关键位置，对于提升中国科技实力和避免受国外技术牵制意义非凡。基于此，政府对科技成果转化激励体系的构建，要与科技成果创新的激励相一致。正如有观点提到的，中国目前虽然科技成果产出规模不断扩大，但是源头创新能

---

❶ 例如《石景山区推进国际科技创新中心建设加快创新发展支持办法》。

❷ 杨文明. 自主创新政策：作用机制与网络［M］. 北京：经济管理出版社，2021：104.

力不强，在一些关键核心技术领域还缺少重大突破，技术水平尚难与国外先进技术竞争，导致部分企业在成果转化过程中优先选择购买国外先进技术。❶ 这是中国促进科技成果转化时必须平衡的内容，如何在科技成果转化与科技成果之间达到激励层面的齐头并进，值得探索。

（三）市场主导与政府主导的基本问题解决

在科技成果转化激励以及其他创新活动中，"市场主导"是常见的定位，有关政策规定对"市场主导"也有明确的认识。这一基础认识被市场经济环境相关经济基础理论所认可，并在实践中获得一定的共识。完善以企业为主体、市场为导向、产学研深度融合的技术创新体系，切实推进实质性创新科技成果转化，❷ 是厘清政府与市场关系、发挥各自作用的导向。在这些关系的处理中，有一些关键问题的解决需要有一些前提共识，比如认可政府在创新中的贡献等，以为市场与政府在科技成果激励相关活动提供相应的协调，为市场深度参与科技成果转化、职务科技成果转化的顺利高效进行扫除障碍。

1. 国有企业、事业单位的问题及领导人员科技成果转化激励问题

科技成果转化是创新体系中的一个环节，是整个社会治理中的一个构成部分。在中国当前体制之下，多数科研院所、高等学校有财政支持的背景，其资产管理和领导干部的属性上有特殊性，在科技成果转化激励过程中也有相应的制度协调与衔接问题。从观念上而言，对职务科技成果混合所有制改革有看法者还认为，为了激励科技成果转化而做出的混改可能影响其他国有资产领域的制度稳定性，容易造成思想认识上的混乱。❸ 因此这些都影响职务科技成果及其转化制度在市场化环境下如何获得高效的、

---

❶ 申红艳，张士运. 打造四大科创平台，助力科技成果转移转化 [N]. 科技日报，2021 - 08 - 23 (8).

❷ 王志阁. 企业研发投入如何影响创新策略选择：基于政府扶持与市场竞争视角 [J]. 华东经济管理，2023，37（6）：54 - 65.

❸ 陈柏强，刘增猛，詹依宁. 关于职务科技成果混合所有制的思考 [J]. 中国高校科技，2017（S2）：130 - 132.

不受国有资产约束的改革。

国有企事业单位作为中国特色社会主义的物质基础和政治基础，要在推进高水平科技进步中积极担当、有所作为，充分发挥先锋模范和引领带动作用。❶ 目前为了促进科技成果转化，有些单位展开了职务科技成果的混合所有制改革。虽然具体改革方案不同，但是基本都认为将职务科技成果作为特殊国有资产进行看待是合理的，制定专门的职务科技成果国有资产宽松约束机制是有利于促进科技成果转化的。然而，这些看法并没有得到全面的认可，对于科技成果初始权利归属于科研人员仍然存在相当的障碍，目前赋权改革也只是将职务科技成果的初始权归于单位，而单位通过"赋权"将有关权利、权益赋予相关职务科技成果科研人员。这距离将科技成果置于完全市场化场域还有一定的障碍，所谓的市场主导可能还需要以该核心问题的彻底解决为前提。

另一个核心问题是领导人员在科技成果转化激励体系中受到限制的问题。中共中央办公厅、国务院办公厅印发《关于实行以增加知识价值为导向分配政策的若干意见》规定："完善科研机构、高校领导人员科技成果转化股权奖励管理制度。科研机构、高校的正职领导和领导班子成员中属中央管理的干部，所属单位中担任法人代表的正职领导，在担任现职前因科技成果转化获得的股权，任职后应及时予以转让，逾期未转让的，任期内限制交易。限制股权交易的，在本人不担任上述职务一年后解除限制。相关部门、单位要加快制定具体落实办法。"其他科技成果转化有关的规定也对科技成果转化激励对象的领导人员被激励的方式做了限制。做出这些限制的重要原因之一是，科研机构、高校领导职务人员需要遵从廉洁纪律，同时他们的领导职务要求全职，因此对其要首先满足领导岗位的工作需求和要求。《实施〈中华人民共和国促进科技成果转化法〉若干规定》

---

❶ 《关于实行以增加知识价值为导向分配政策的若干意见》第5条：完善科研机构、高校领导人员科技成果转化股权奖励管理制度。科研机构、高校的正职领导和领导班子成员中属中央管理的干部，所属单位中担任法人代表的正职领导，在担任现职前因科技成果转化获得的股权，任职后应及时予以转让，逾期未转让的，任期内限制交易。限制股权交易的，在本人不担任上述职务一年后解除限制。相关部门、单位要加快制定具体落实办法。

对于担任领导职务的科技人员获得科技成果转化奖励，提出了按照分类管理的原则执行的规定，具体为：（1）国务院部门、单位和各地方所属研究开发机构、高等院校等事业单位（不含内设机构）正职领导，以及上述事业单位所属具有独立法人资格单位的正职领导，是科技成果的主要完成人或者对科技成果转化作出重要贡献的，可以按照《促进科技成果转化法》的规定获得现金奖励，原则上不得获取股权激励。其他担任领导职务的科技人员，是科技成果的主要完成人或者对科技成果转化作出重要贡献的，可以按照《促进科技成果转化法》的规定获得现金、股份或者出资比例等奖励和报酬。（2）对担任领导职务的科技人员的科技成果转化收益分配实行公开公示制度，不得利用职权侵占他人科技成果转化收益。但是对于具体规制范围，在实践中仍然产生相应的公平性、激励效果、规避措施等问题，成为科技成果转化激励规范性的障碍。

2. 几个核心问题解决时需要理顺政府有关的关系

除了核心的体制问题需要得到关注之外，还有几个实践中经常会被质疑政府角色是否正当的问题，这也需要得到关注。

（1）科技成果转化融资难问题中的政府介入。

科技成果转化是从研究成果到现实生产力的过程，从转化到转化成功、获得收益有一个漫长的过程。企业作为市场主体，具有的逐利性并不一定完全契合科技成果转化的规律。一般而言，学校的研究成果并不能直接拿去用，科研团队找企业做技术成果转化也会遇到多种问题，特别是企业对短期利益的追求与科技成果转化技术需要实地试错、调试、迭代等，而有些企业急于求成、只想收"果子"。❶

为了解决科技成果转化资金困难、促进金融资源向科技成果转化领域倾斜，同时为了缓解金融机构对科技成果转化不确定性、高风险性的担忧等问题，引导社会力量和地方政府加大科技成果转化投入，财政部、科技

---

❶ 承天蒙. 高校教师谈科技成果转化：很多企业只想"收果子"[EB/OL]. [2023-09-28]. https://m. thepaper. cn/rss_newsDetail_23449723？ from = sohu.

部于 2011 年发布《国家科技成果转化引导基金管理暂行办法》，提出主要用于支持转化利用财政资金形成的科技成果的转化基金制度，其中就包括贷款风险补偿制度，即转化基金对合作银行发放用于转化国家科技成果转化项目库中科技成果的贷款给予一定的风险补偿。为了推进相关制度的落实，有力激励社会力量和地方政府对科技成果转化的投入，科技部和财政部于 2015 年发布《国家科技成果转化引导基金贷款风险补偿管理暂行办法》，对贷款风险补偿促进科技成果转化具体落实给出详细规定。科技成果转化贷款风险补偿制度，主要是对科技成果转化方提供积极的资金支持，而且使得相关合作银行不再因为担心科技成果转化高风险而对其贷款有过度的畏惧，因为有科技成果转化基金提供相应的补偿。这充分体现了政府引导与市场机制有机结合的优势，体现出财政资金的杠杆作用。

但是科技成果转化作为一种应当市场化的行为，政府通过多种渠道解决资金问题是否有悖政府的被动角色？在这种情况下如何释疑，或者如何解决市场主导不足，成为科技成果转化深入发展过程中应当注意的问题。政府的介入可能会对科技成果转化带来相应的帮助，但是这种帮助是否对政府角色形成偏差，是否代替了市场应当为的空间，成为需要深入思考的问题。

（2）为有风险的科技成果转化试错成本兜底。

虽然科技成果转化激励在科技成果转化基金领域获得了相应的体现，而且体现出政府对科技成果转化活动试错的宽容积极态度，由政府承担一定的成本，但是这并不意味着科技成果转化的试错成本完全由政府兜底。根据《国家科技成果转化引导基金贷款风险补偿管理暂行办法》的规定，对合作银行年度风险补偿额按照合作银行当年实际发放的科技成果转化贷款额进行核定，最高不超过合作银行当年实际发放的科技成果转化贷款额的2%，具体比例另行核定。因此，科技成果转化归根结底还是一个市场行为，发放贷款方具有首要的自主权，且要为自己的科技成果转化投资行为在一定范围内负责，避免不负责、逃避责任甚至骗取转化基金等不规范现象。

实际上在此方面也存在一些难以调和的矛盾。如果政府不对具有高风险的科技成果转化活动予以相应的试错成本的承担，那么这些高风险创新链条可能就会被市场遗弃。然而，在市场经济环境下如果政府通过将财政资金转移到为科技成果转化活动领域去承担风险，那么可能会被质疑其正当性。如果将科技成果转化活动看作市场主导的，那么相关市场主体就应当为自己的选择承担相应的风险后果。

（3）政府在科技成果转化体系中是市场主体间的催化剂。

在科技成果转化活动中，商品化阶段是真正意义上的科技成果转化为生产力的过程，实质上是首家成功进行商业化开发主体产生的示范和外溢效应，其目的在于使特定科技成果获得更为广泛的社会应用，使科技成果真正转化为现实生产力，推动行业的进步。❶ 然而在真正的具体科技成果转化和产业化中，往往涉及相关信息的传达、磋商、决策、经济利益与权属的对价处理等，若有科技成果转化失败或不符合目标还会有纠纷。虽然从规范意义上而言，科技成果转化实际上是对私权的意思自治的处理、依据相关合同或法律规定即可约束彼此，但是科技成果转化往往是一项对彼此而言有风险的活动，涉及环节多、经济利益与权属关系复杂。因此在促成科技成果转化落实上，政府往往发挥着市场关系催化剂的作用。

以地方政府的科技成果转化激励措施为依托，科技成果转化规则呈现出自上而下的模式，对当地的高等学校、科研机构、企业等起到凝聚共识的重要作用。特别是通过地方政府牵头，带动地方科技成果转化有关主体之间，在资源共享、信息交流等方面起到催化剂的作用，对科技成果转化甚至研发而言，是具有较大的推动作用的。从根本上而言，政府的催化剂对本地科技成果转化也是一种有力的激励。举例而言，北京工业大学作为北京市市属高校，在科技成果转化方面积极探索，在该校服务北京市发展方面做足了探索。在科技成果转化方面，不仅发布了《北京工业大学服务北京国际科技创新中心建设工作方案》（"北工大科创十条"），还面向国家需要、社会发展需求建立起关键核心技术攻关"两张清单"——北京高精尖产业技术需求清单和服务北京高精尖产业的潜力成果清单，将高校创

---

❶ 张健华. 高校科技成果转化中的政府职能研究［M］. 天津：天津人民出版社，2013：67.

新的"最先一公里"与企业转化的"最先一公里"有效衔接。❶

在此最大的问题在于，政府如何在催化剂作用中把握一个"度"，既保持政府对市场的尊重，又能够通过政府的催化剂作用促进科技成果转化有关主体之间的信任及合作。毕竟，科技成果使用者——生产企业的主观意愿、科技成果转化承接能力和科技成果转化时机等决定着科技成果转化效果。❷

二、如何看科技成果转化激励中的府际之争

府际关系，即国内外各级政府之间的关系，是影响政府经济功能的场域、动机以及效果的关键因素。❸ 在中国，中央政府一方面将大量权力下放给地方政府，另一方面掌握着地方政府官员的任免权，将地方经济发展等作为地方官员晋升的关键参考依据。在此模式之下，中央政府通过鼓励地区竞争，摸索总结经验，在中央层面凝聚共识、推动创新，地方政府有足够的动力积极创新并在相应的环节相互竞争，❹ 是一种常见现象。在这种模式之下可能会产生所谓的府际之争。府际关系既包括纵向的中央地方关系的互动，❺ 又包括横向政府之间的竞争合作关系。

（一）体现：科技成果转化本地化

从国家层面而言，中国有关文件也规定，鼓励科技成果在中国的转化。这一方面是为了科技有关的竞争优势考虑，另一方面是为了国家安全等考虑，当然科技成果在中国的转化实际上也是基于科技成果转化知识扩

---

❶　何蕊. 首届科促会推动成果转化超 1.2 亿［N］. 北京日报，2023 - 04 - 16（1）.

❷　裴映雪，殷晓倩. 创新科技成果转化机制　助推北京市高精尖产业发展［J］. 智慧中国，2021（4）：50 - 52.

❸　周婷婷，马芳. 中国府际关系及其经济功能：回顾与展望［J］. 投资研究，2021，40（12）：4 - 25.

❹　阮芳，何大勇，李赞铎，等. 解码中国创新：政府如何发挥作用［EB/OL］.［2023 - 09 - 28］. https：//web - assets. bcg. com/d5/cf/efad0de040afaaeb578c1b28b21b/decoding - chinas - innovation - the - role - of - government. pdf.

❺　高永久，杨龙文. 府际关系视角下的中国央地关系协调：价值意涵、演进思路与发展动向［J］. 山西师大学报（社会科学版），2022，49（5）：39 - 45.

散以及对中国经济增长做出相应贡献的考虑。

1. 中央与地方的政策相互支持

在实践中会出现对坐落于地方的中央单位，是否适用地方科技成果转化激励有关的规定之疑问。换言之，地方科技成果转化激励的立法是否适用于中央单位，这个并没有特别一致的规定。在实践中，中央单位执行地方科技成果转化激励存在相应的障碍，造成中央单位对地方规定持观望态度，对具体规定也存在不愿意、不敢执行的现象。❶

基于《关于支持中央单位深入参与所在区域全面创新改革试验的通知》，一般地方的科技成果转化激励政策覆盖中央在本地的高校、科研院所、企业。有些是基于中央单位与地方公共部门之间对相关科技成果转化基于合作意向达成的在本地转化的激励政策。如中国科学院科技促进发展局（以下简称中国科学院科发局）、中国科学院北京分院、中关村科技园区管理委员会在《促进中国科学院科技成果在京转移转化的若干措施》中提出，为了促进中国科学院科技成果在京转移转化，根据相关工作成效，中关村管委会给予转化平台服务资金支持；中国科学院科发局、北京分院积极鼓励和支持院属单位科技成果在中关村示范区各分园落地转化；在中关村示范区各分园落地转化和产业化的中国科学院科技成果转化项目，中关村管委会、北京分院和中国科学院科发局择优对项目科研团队给予资金奖励。

实际上在创新政策上，纵向路径是实现创新传导的主要路径，跨部门路径在特殊政策环境下也能实现政策创新的纵向传导。❷ 从根本上而言，中央层面的科技成果转化激励方案很容易得到地方的响应，除非与地方利益实现有冲突或者具有实际展开的困难或障碍。但是自下而上的科技成果转化激励政策，通过相应地区的试点试验、总结，可能形成中央层面的政

---

❶ 曹爱红，王海芸. 地方科技立法中关于中央单位适用性问题分析［J］. 科技中国，2021（1）：68 – 73.

❷ 苗丰涛. 基层创新如何上升为国家政策？——府际关系视角下的纵向政策创新传导机制分析［J］. 东北大学学报（社会科学版），2022，24（6）：41 – 51.

策规定，但是需要有相应的条件才能达成。总体而言，因为地方科技成果转化激励一般需要上级政府的财政等支持，因此一般形成政策和行动相互支持的局面。但是随着中国府际关系的改革，中国纵向府际关系经历了从弱激励的多任务委托代理关系向强激励的任务委托代理关系转变，由此出现央地利益博弈，以放权为核心的模式忽略了监督及激励机制构建。❶

2. 地方与地方之间对科技成果转化的竞争

为了激励科技成果转化在本地得以实施，有些地方政府公共部门在有关文件中对相关行为给予激励。在各地的实际诸多规范中，可以看到科技成果转化受到本地政府的欢迎，在有些地方科技成果有关文件中也明确如若在本地实现科技成果转化，将会有额外的"奖励"以示鼓励。中国大量科技成果转化单位为地方性质的单位，受到地方政府管理，是地方经济科技发展支撑力量。❷ 因此，地方的科技成果转化激励立法及实践，是非常值得关注的板块。

构筑科技成果转化首选地是多地为了科技成果转化竞争而出台政策的核心内容。2022 年中共杭州市委办公厅、杭州市人民政府办公厅发布《杭州市构筑科技成果转移转化首选地实施方案（2022—2026 年）》，基于此"方案"杭州市科技局、杭州市财政局制定了《构筑科技成果转移转化首选地的若干政策措施》。根据以上规定，围绕科技成果转化展开的活动以杭州市为首选地的，将在一定条件下获得政府的资助、奖励等。

基于对科技成果转化激励的地方雄心，建立协商机制动员有关中央单位以及其他科技成果转化优势单位在本地转化，也得到了一定的关注。如北京市就出台《关于打通高校院所、医疗卫生机构科技成果在京转化堵点若干措施》，提出健全重大科技成果落地协商机制，推动中央在京单位科技成果在京落地。与此同时，相关地区政府对结对子等形式的科技成果转

---

❶ 董志霖. 中国纵向府际关系发展研究：以多任务委托代理理论为视角［J］. 湖湘论坛，2020，33（5）：86-93.

❷ 沈凌. 南京科技成果转化立法问题研究［J］. 中阿科技论坛（中英文），2021（12）：156-159.

化区域联盟有新的探索，如京津冀、❶ 长江新三角、❷ 粤港澳大湾区❸等都对区域的科技成果转化首选地有相应的团结共识。但即便是在相应的联盟之内，不同地区在科技成果转化上可能仍然有竞争，不同地方在科技成果转化的具体项目上以及激励措施上也形成实际的竞争关系。

不同地区在科技成果转化上的竞争有其合理性，这是对资源的竞争，也是对发展的竞争，同时在其中又存在强烈的合作意向。通过相应的激励措施，吸引科技成果转化资源的对接、在本地落地，实际上也是科技管理中便于全链条管理的一种体现，能够使相应的地方资源倾斜反哺本地发展。

（二）科技成果转化激励府际之争的成因

科技政策的主要问题在于资源配置，通过对不同的科学活动合理分配资源，保证所有的资源被有效利用并为社会福利作出贡献。❹ 造成科技成果转化激励关系府际之争的根源就在于，科技成果转化领域有诸多资源竞争，通过科技成果转化激励机制的构建，不仅能够获得相应的财政资金支持，为当地带来相应的科技和经济利益，还能够为当地带来隐形的人才流入等利益，科技成果转化激励成为地方营商环境、科技发展水平、治理水平的风向标之一。

然而，府际之间对科技成果转化激励有关的资源争夺，相关市场主体对科技成果转化有关资源的争夺，在一定范围内的正常竞争有利于促进相

---

❶ 王睿. 京津冀科技成果转化联盟成立［N］. 天津日报，2020 - 09 - 17（5）；李书祺，崔京. 京津冀国家技术创新中心 加快科技成果转化［EB/OL］.［2023 - 09 - 28］. http：//news. enorth. com. cn/system/2023/06/03/053985468. shtml.

❷ 《长三角国家科技成果转移转化示范区联盟组建框架协议》；徐海涛，陈刚，陈诺，等. 科技成果转化"梗阻"咋打通？一长三角一体化发展新观察之一［N］. 新华每日电讯，2023 - 06 - 08（5）.

❸ 围绕共建粤港澳大湾区国际科技创新中心发展目标，三地开展了一系列紧密科技成果转化与创新合作，推动港澳高校和科研机构牵头承担96项广东省科技计划项目，面向港澳开放共享国家超算广州中心南沙分中心、珠海分中心、中国散裂中子源科学中心（东莞松山湖）等重大基础设施，组建粤港澳联合实验室20个，联合6所港澳高校搭建在粤新型研发机构9家，并共建"深港创新圈"积极探索区域协同创新。参见《粤港澳大湾区科技成果转化报告（2022）》。

❹ ［挪］詹·法格博格，［美］戴维·C. 莫利，理查德·R. 纳尔逊. 牛津创新手册［M］. 柳卸林，郑刚，蔺雷，等译. 上海：东方出版中心，2021：740.

关机制的完善，推动资源和人才向有利于其发展的方向流动。然而，有时候这种争夺也会产生负面的影响，这对科技成果转化激励目标的实现反而是不利的。以资金支持为例，虽然中国科技成果转化有关的政策在多种层面都有体现，但是落实确实存在困难，制度也难以达到理想的效果，最重要的原因之一就是，资金支持政策占据了相关政策的重要一部分。❶ 资金支持虽然能够产生相应的科技成果转化激励效果，但是其并非理想的激励路径，因为其会产生社会上相关主体对这些资源花费力气的争夺。这些资源争夺的竞争性行为，不仅占据了一定的创新、科技成果转化的精力、人力、物力、财力，还可能产生这样一种现象，即相关创新主体为了争夺到相应的资源，围绕上级相关政策制定创新、科技成果转化等政策，这些政策或许是偏离地方自身特长而实行的投其（上级政策）所好行为，在其中也有腐败行为发生的可能。另以地区间的竞争为例，地区间积极竞争国家级资源的同时，中央通过对地方政府的考核引导发达地区向欠发达地区转移创新成果，实现创新资源共享。❷ 但是激烈的竞争会有损相关地区间在科技成果转化有关活动中的合作，竞相拔高相关的激励水平还可能造成科技成果转化激励机制的异化，形成无须有的竞高秩序，激励水准拔高可能也会产生一些负面后果。

（三）破解思维：科技成果转化府际之争的认识与开放共享

1. 竞　　争

科技成果转化激励的府际之争对资源基础好、比较发达的地区而言是有利的，这种行为能够为本地带来更多更有价值的创新循环资源。而对于资源有限、科技发达后进地区则显得较为窘迫，在竞争的局势之下可能会

❶ 蔺洁，陈凯华，秦海波，等. 中美地方政府创新政策比较研究：以中国江苏省和美国加州为例［J］. 科学学研究，2015，33（7）：999-1007.

❷ 阮芳，何大勇，李赞铎，等. 解码中国创新：过去、现在与未来［EB/OL］.［2023-09-28］. https：//web-assets.bcg.com/80/f6/a121c4c143edaee48b49c11587a6/china-innovation-past-present-and-future.pdf.

竭尽全力参与竞争，以争取科技成果转化有关的项目在本地落地。科技成果转化激励的争相竞高也可能形成壁垒，成为阻碍科技成果转化交流的障碍。因为不同的科技成果转化激励产生的科技成果转化活动可能有不同的效率，具体做法上有的还属于"制胜法宝"，在具体的科技成果转化方案上有些为了激励实现而对相关信息做保守处理。一般市场能够对这些危害自我克服，创新环境能够自我消化修复。

科技成果转化激励的府际之争，从结果上而言在全国形成了注重科技成果转化、尊重创新链条延续的框架，实现了科技成果转化激励机制完善实践的进步，使科技成果转化率有了一定的提升，促使科技成果转化激励模式多样化。政府在其中的积极引导作用，使地方科技成果转化有了地方特色和独有的经验，形成了特有的格局。地方政府应当认识到具体科技成果转化激励方案在府际之争中的优势和劣势，从地方发展需求和能力基础出发，做出最有利于促进地方科技成果转化的方案。然而，正如前文所提及的，科技成果转化激励仅仅是一种选择，是诸多发展方案中的一个分支，如果地方科技成果转化激励政策不足但是仍然有其他吸引科技成果转化活动的能力，那么科技成果转化激励政策就可以做适当的调整，服务于整体科技创新活动。因为某些地方即便缺乏科技成果转化激励政策，但仍然对科技成果转化有关主体具有相应的吸引力。另外还要认识到，一般意义的科技成果转化仍然是以市场为中心的，规范意义上科技成果有关权利应当由意思自治规则调整。科技成果转化激励机制是从内外两个方向对科技成果转化积极性进行调整，一方面通过对科技成果有关科研人员予以利益更大化提供内在转化动力，另一方面通过外在的科技成果转化人员和机构的激励、引导社会资金参与等来为科技成果转化提供外在的动力。因此对科技成果转化激励机制的竞争力，要从多方面来看待，不能一味"偏袒"一方主体而使得其他对科技成果转化重要的力量有失平衡。否则，容易造成科技成果转化激励机制在府际竞争中丧失相应的竞争力。

2. 共　　享

虽然说政府在科技成果转化激励中的主动性动力有自我发展需求的成

分，重要的还是府际之争，除了竞争之外政府之间的合作更重要。2022 年中共中央、国务院发布《关于加快建设全国统一大市场的意见》，明确建设全国统一大市场是构建新发展格局的基础支撑和内在要求，提出"促进科技创新和产业升级"为主要目标之一，要"发挥超大规模市场具有丰富应用场景和放大创新收益的优势，通过市场需求引导创新资源有效配置，促进创新要素有序流动和合理配置，完善促进自主创新成果市场化应用的体制机制，支撑科技创新和新兴产业发展"。在科技创新、科技成果转化激励活动中，也要关注到全国统一大市场的重要性与科技资源共享的价值。地方政府可以通过自身的科技成果转化的政策优势带动本地科技成果创新集群的发展，也能够通过政策实现科技成果转化有关资源在不同地区之间的有利流动、交流。地方政府是实现集群式创新落地的重要推手，通过拉动式创新（市场需求为创新的动力）、推拉结合式创新（政府和市场交替驱动创新，政府引导科技成果转化，同时用市场换技术推动产业升级）、推动式创新（政府主导创新）等方式，可以推动相关创新资源在本地的聚集。❶ 地方政府对在异地实现科技成果转化更为有利的情况下，应当对科技成果的异地转移予以相应的认可和支持，对显性和隐性壁垒予以全面清理，推动更多主体参与本地的科技成果转化活动，同时对市场主体予以积极平等对待。异地建立科技成果转化活动，能够有利获得相应的科技成果转化激励的资源支持，同时也能够促进不同地区在科技资源上的流动，是对科技成果转化激励中府际之争的重要化解。在实践中为跨地区的科技成果转化提供有力的支持，为相关的人才提供持续的本地优化待遇，❷是保留相应科技成果转化资源在本地持续获得相关溢出效应的方案。此外，也要正确看待科技成果转化有关资源在异地退出的现象。❸ 不应该为

---

❶ 阮芳，何大勇，李赞铎，等. 解码中国创新：过去、现在与未来［EB/OL］.［2023 – 09 – 28］. https：//web – assets. bcg. com/80/f6/a121c4c143edaee48b49c11587a6/china – innovation – past – present – and – future. pdf.

❷ 郭蕾，张炜炜，胡莺雷. 高校异地科研机构建设面临的挑战及对策初探［J］. 高科技与产业化，2022，28（12）：62 – 67.

❸ 周南. 理性思考高校异地科研机构建设［J］. 中国高校科技，2017（S2）：56 – 59.

了留住资源、留住人才就对科技成果转化激励有关的承诺不履行等，而是要利用诚信机制继续吸引人才，促进本地科技成果转化资源的强化。

3. 政府与市场

在府际之争中实际上仍然蕴含着深刻的市场融合力量，在探讨府际之争时，科技成果转化激励的市场关系与政府关系仍然是一个值得继续探索的重要内容。在科技成果转化领域，提出市场主导，其真实性成分如何值得分析。"让市场发挥作用"并不是一种放之四海而皆准的政策设计指导，其未能够减轻个人面对技术挑战进行决策的复杂程度，也未降低由此出发制定一些政策的难度，而只不过市场确实存在，人们又制定了多种政策以使得许多经济市场运作。❶

从本质上而言，地方政府对科技成果转化有关障碍的扫除程度，也决定了其在科技成果转化激励上的成效，对科技成果转化有关的资源吸引还是能够起到一些作用的。以科技成果转化中的混合所有制改革为例，积极推进科技成果转化中的认识革新，提升对统一大市场的积极认识，在尊重市场的基础上，做出更多的地方政府突破以及助推行为。实际上关于助推的性质与市场的主动性并不冲突，重要的在于科技成果转化活动中，如何展开助推、政府如何在其中发挥好助推的作用，通过相应的设计提供给市场相应的主体以选择引导，可以侧面激励科技成果转化活动的丰富化和有效性。2020 年中共中央、国务院发布《关于新时代加快完善社会主义市场经济体制的意见》，其中明确要积极稳妥推进国有企业混合所有制改革，提出要强化激励、提高效率地推进混合所有制改革。这种改革的进度在科技成果转化领域实际上并没有得到彻底的、有成效的支持，相反在改革过程中因为其与国有资产管理有关的理念和政策规范的冲突，还存在排斥改革的现象。

政府在科技成果转化激励中的直接介入，势必带来资源的倾斜。这种资源的倾斜可能存在相应的争议。例如，中国地方政府多对科技成果转化

---

❶ ［美］詹姆斯·加尔布雷斯. 掠夺型政府［M］. 苏琦，译. 北京：中信出版社，2009：164.

的贷款风险承担100%的损失，❶ 而国外的政府如美国加州政府对小企业贷款担保计划仅承担80%的贷款风险。❷ 这就意味着政府的科技成果转化风险补偿专项资金可以完全覆盖科技成果转化的试错成本。这引发市场对这种行为的偏颇评价，这种对科技成果转化的政府兜底做法，给市场带来的信号并不健康，政府应当将这种损失的承担放由市场去通过自发机制如商业保险等来解决，而不是通过公共资源为商业行为承担责任。这也对政府在激励科技成果转化中的角色和地位提供了审视的必要。

总归来讲，政府在科技成果转化激励过程中的传统作用在于解决市场失灵的问题，主要涵盖以下几个方面：第一，解决科技成果转化中的私人物品和公共物品性质之间的内部矛盾；第二，解决科技成果转化中存在的市场外部正效应和负效应之间的矛盾；第三，解决科技成果转化过程中竞争与合作的矛盾；第四，解决科技成果转化战略资源意义和高风险之间的矛盾。❸ 但是实际上科技成果转化激励中，政府的可作为空间已经远远超过以上范围，并呈现出与市场边界相互模糊的现象，这对科技成果转化而言并非不利，反而能够各尽其用发挥超乎寻常的作用。在政府与市场之间的关系上，对国外科技成果转化激励有关研究对中国具有相应的积极借鉴价值，然而也应当注意到中国科技成果转化及创新环境的本土情况，❹ 在有必要的情况下从本土出发树立积极的科技成果转化政府和市场角色界分，是需要注意的重点。

---

❶ 《山东省科技成果转化贷款风险补偿资金管理办法》第4条规定："风险补偿资金由省、市财政预算安排，专项用于合作银行为促进科技成果转化所提供贷款发生的不良本金损失补偿。"《湖南省科技成果转化贷款风险补偿管理暂行办法》第4条第1款规定："科技成果转化贷款风险补偿资金从省科技专项资金中安排。"《江苏省科技成果转化贷款风险补偿资金管理办法（试行）》第15条第1款规定："省生产力促进中心受省科技厅委托每年定期对风险补偿申请进行集中审核，将审核结果和风险补偿建议报省科技厅、省财政厅，省财政厅会同省科技厅审核后拨付资金。"

❷ 蔺洁，陈凯华，秦海波，等. 中美地方政府创新政策比较研究：以中国江苏省和美国加州为例［J］. 科学学研究，2015，33（7）：999-1007.

❸ 张健华. 高校科技成果转化中的政府职能研究［M］. 天津：天津人民出版社，2013：70-71.

❹ 郑烨，杨若愚，刘遥. 科技创新中的政府角色研究进展与理论框架构建：基于文献计量与扎根思想的视角［J］. 科学学与科学技术管理，2017，38（8）：46-61.

第五章 进路：科技成果转化激励的未来

科技成果转化并不会一蹴而就，从长远发展来看，一项技术的成熟化、市场化，可能与技术的产生相隔较远的时间。一项对 161 个国家和地区采用从蒸汽机到个人计算机等 1045 项技术的时间框架的研究表明，各国平均在一项新技术发明后 45 年才会采用这种技术，不过这种滞后幅度近年来有所缩短。❶ 由此，要正确看待科技成果转化慢的问题。从政策角度来看，中国对科技成果转化寄予厚望。"十四五"规划指出，要"创新科技成果转化机制"，"改革国有知识产权归属和权益分配机制，扩大科研机构和高等院校知识产权处置自主权"。随着相关机制改革的深入，中国科技成果转化也面临新的格局和国际挑战，隐藏在这些新格局之下的还有一些深层次的理论问题，尚待投入关注和作出阐释。

第一节 激励目的：科技成果转化激励的时代使命

探讨科技成果转化激励机制，更多的是希望通过对科技成果转化激励予以剖析，明确科技成果转化激励可以改进完善的空间。科技成果转化激励如果没有效果，那么这些激励方案就如同道具，最终科技成果转化激励

---

❶ ［美］萨提亚·纳德拉. 刷新：重新发现商业与未来［M］. 陈召强，杨洋，译. 北京：中信出版社，2018：263；Diego A. Comin，Bart Hobijn. "Historical Cross – Country Technology Adoption（HCCTA）Dataset." The National Bureau of Economic Research. http：//www.nber.org/hccta/.

机制的落脚点应当是科技成果转化的效率。❶ 然而激励机制形成之后可能产生良好的助长作用，也可能产生相反的抑制作用，❷ 因此结合当前时代背景对科技成果转化激励机制进行综合评价并提出改进措施是合理的，也是必要的。

一、科技成果转化激励目的：实用主义与人类发展

前文探讨了如果科技成果不转化将会产生什么样的后果，可以认为科技成果转化具有的作用是有限的，而且科技成果转化激励在相应的科技环境下可能产生的效用也不是万能的。但是科技成果转化激励具有较强的时代使命色彩，在中国目前创新发展阶段，科技成果转化激励仍然具有积极的价值和不可忽略的作用。无论是从近期目标来看，还是从中长期发展规划来看，科技成果转化激励的目的都应当有相应的明确，这是规范科技成果转化激励立法以及开展科技成果转化激励实践的前提。

（一）作用：认识到科技成果转化的中国创新环境中的积极意义

1. 唤醒大量科技成果

科技成果转化率低一直是国家和行业比较头疼的问题，大量科技成果获得权利之后躺着"睡大觉"当然是一种比较被动的现象、对科技发展也不利。比较可喜的是，据《2022 年中国专利调查报告》的统计，中国专利产业化率稳步提高，2022 年发明专利产业化率为 36.7%，较上年提高 1.3 个百分点，自 2018 年以来逐年稳步上升；实用新型专利产业化率为 44.9%，较上年小幅降低 1.3 个百分点；外观设计专利产业化率为 58.7%，较上年提

---

❶　张成华，陈永清，张同建. 我国科技成果转化的科技人员产权激励研究［J］. 科学管理研究，2022，40（3）：130 – 135.

❷　谢婷婷，李梦悦，张克武. 职务科技成果所有权改革的激励机制研究［J］. 西南科技大学学报（哲学社会科学版），2022，39（2）：85 – 90.

高6.4个百分点。❶ 中国科技成果转化已经取得相应的进步，这与系列科技成果转化激励措施不无关系。据统计，以转让、许可、作价投资等多种方式转化的科技成果呈明显上升趋势，2022年高校院所转化合同总金额约为1582亿元，同比增长约25%，全国技术合同从2018年的41.20万项提高到2022年的77.3万项，成交额从2018年的1.77万亿元提高到4.78万亿元，分别增长87.6%和170%，企业科技成果转化主体地位更加突出，贡献了全国93.7%的技术输出和82.8%的技术吸纳。❷

科技成果转化激励并不以特殊主体为局限，在立法层面需要在激励主体上予以全面完善。在《促进科技成果转化法》等法律规范、政策文件中中国科技成果转化有关立法常常以"国家设立的研究开发机构、高等院校"为主体，难以明确企业等其他主体在科技成果转化中的法律权利与义务，❸ 致使除了以上主体之外在科技成果转化方面存在法律适用和激励实践展开的困难。应当对这一偏差认知现象着重关注，拓宽科技成果转化立法对高校、科研院所、企业等主体的全面覆盖，扭转立法关注主体偏失局面。

科技成果转化率低是一个需要破解的问题，而这个问题并不是中国独有的。但是人们会常常以中国高校的科技成果转化率低而对科技成果转化激励制度的适当性予以苛责，实际上有时这种苛责是不合理的。一方面，中国高校的科技成果转化率低并不直接反映科技成果被利用的情况。因为现有的数据统计多是基于专利而言的，还有诸多其他形式的科技成果的转化未被纳入统计。此外对统计的形式也有不精确之处，如有些科技成果并不以专利的转让、许可、作价入股形式体现，那么就没有办法被精确地纳入统计体系，诸如在开发、咨询、服务等技术活动中被应用也产生了实际

❶ 国家知识产权局战略规划司，国家知识产权局知识产权发展研究中心. 2022年中国专利调查报告［EB/OL］．［2023-09-28］．https：//www.cnipa.gov.cn/module/download/down.jsp？i_ID=181043&colID=88.

❷ 王昊男，吕中正. 我国科技成果转化规模显著提升［N］．人民日报，2023-05-28（2）.

❸ 翟晓舟，马治国. 科技成果转化主体之立法偏差研究［J］．西安电子科技大学学报（社会科学版），2015，25（4）：57-64.

的价值，❶ 实现了科技成果转化的目的，但是有时未被统计。另一方面，也要看到科技成果转化激励的目标绝对不是创新体系的唯一目标，即并非要追求所有的科技成果都被转化，特别是以有限的形式被应用。正如有观点所言，科技成果被体现出来除了使用价值实际上还有保护价值，❷ 如以专利等形式被法律保护的目的并不是立即被转化适用，或许其更重要的价值是带来临时的法律边界抑或布局，为相关主体带来相应的价值，甚至在有些科技成果转化的场合需要诸多科技成果一起聚合才能实现科技成果转化，因此并没有必要追求相应的科技成果转化率。

2. 提升科技发展水平

对科技成果转化的利用，显然对一个国家来讲是有好处的。例如，西方国家企业曾经往往疏于对知识产权的实施，日本企业借机使用专利实现了技术追赶目的。❸ 与美国等国家相比，中国科技成果转化能力较弱，体系完善有待尽快加强。从教育层面来看，中国高校学生培养和教育研究的精力多用于写文章等，导致总体的应用能力较弱，❹ 提高对科技成果转化的认识、完善科技成果转化体制机制建设，有助于提升中国高校的应用能力，与科研能力一道促进中国科技发展水平的提升。而且，科技成果转化激励能够促使科研与需求建立起紧密联系。《国家技术转移体系建设方案》明确，要"强化需求导向的科技成果供给"。❺ 这表明，在创新体系中要注

---

❶ 高德友. 成果转化，失败的理由千万条，成功的因素只有一个 [EB/OL]. [2023 - 09 - 28]. https：//www. edu. cn/rd/gao_xiao_cheng_guo/ssgx/202106/t20210621_2125081. shtml.

❷ 高德友. 成果转化，失败的理由千万条，成功的因素只有一个 [EB/OL]. [2023 - 09 - 28]. https：//www. edu. cn/rd/gao_xiao_cheng_guo/ssgx/202106/t20210621_2125081. shtml.

❸ ［挪］詹·法格博格，［美］戴维·C. 莫利，理查德·R. 纳尔逊. 牛津创新手册 [M]. 柳卸林，郑刚，蔺雷，等译. 上海：东方出版中心，2021：334.

❹ 承天蒙. 高校教师谈科技成果转化：很多企业只想"收果子" [EB/OL]. [2023 - 09 - 28]. https：//m. thepaper. cn/rss_newsDetail_23449723? from = sohu.

❺ "发挥企业在市场导向类科技项目研发投入和组织实施中的主体作用，推动企业等技术需求方深度参与项目过程管理、验收评估等组织实施全过程。在国家重大科技项目中明确成果转化任务，设立与转化直接相关的考核指标，完善'沿途下蛋'机制，拉近成果与市场的距离。引导高校和科研院所结合发展定位，紧贴市场需求，开展技术创新与转移转化活动；强化高校、科研院所科技成果转化情况年度报告的汇交和使用。"

重市场需求。事实上，技术产品的更迭确实与客户需求有密切的关联，甚至在某些技术领域客户需求决定了创新应用到市场的情况。❶

从根本上而言，科技成果转化的效用不局限于直接的经济效益，而是由科技成果升级、科技成果市场占有、科技成果收益、科技成果远期竞争力等综合决定的。❷ 因此，在讨论科技成果转化激励促进科技进步时，不仅要注意激励机制的完善和落实，更要注重科技成果转化激励机制在整个创新体系中的角色与其他制度的衔接。与此同时，还要结合科技成果转化反思科技成果保护制度。科技成果本身具有不同于普通知识产权的科技含金量的价值，因此在具体实践中对之予以转化具有相应的激励价值。正如有研究表明的，专利在当前创新体系中的角色越来越模糊，然而有些政府仍然认为专利与正在进行的高科技研究有着密切联系并进行激励且引领增长，殊不知现在的多数专利不具有创新价值，甚至具有阻碍创新的作用。❸ 这就表明，当前科技成果转化从某种程度上可能也是科研贡献的试金石，这对专利赋权标准也提出了新的需求。由此来促进科技创新水平、推动科技成果转化与科技成果研发对创新水平的双驱动。

3. 带动产业的发展

虽然科技成果转化激励的效果并不局限于经济效益，但是其最明显、最直观的体现就是相关经济效益的提升。高等院校、研究院所的科技成果向产业转移转化，还可能带动相关企业的发展，并形成高技术集群高地。❹ 这在实践中体现非常广泛，有些高校、科研院所为了促进本单位科技成果转化，深度扩展产学研活动。

---

❶ [美] 克莱顿·克里斯坦森. 创新者的窘境：珍藏版 [M]. 胡建桥，译. 北京：中信出版社，2020：34.

❷ Zeng S M. The Marine Property Rights Operating Platform Built on the Transformation of Scientific and Technological Achievements Is Constructed under the New Economic Normal of Coastal Areas：An Example of Guangzhou City [J]. Journal of Coastal Research，2021，112（2）：216 – 229.

❸ [英] 玛丽安娜·马祖卡托. 创新型政府：构建公共与私人部门共生共赢关系 [M]. 李磊，束东新，程单剑，译. 北京：中信出版社，2019：63 – 64.

❹ [挪] 詹·法格博格，[美] 戴维·C. 莫利，理查德·R. 纳尔逊. 牛津创新手册 [M]. 柳卸林，郑刚，蔺雷，等译. 上海：东方出版中心，2021：277.

在现实生活中，计划是不可避免的，问题是谁来执行它以及根据什么原则达到何种效果，特别是在军工技术科技成果转化以及涉及国家安全等方面的科技成果转化上。❶ 同样对于特殊产业，也存在科技发展的产业政策支持，对于产业政策的争议属于正常现象，但是通过这些资源倾斜下的科技成果转化是否能够真正带动产业的发展，是人们所担忧的对象。需要指出的是，没有科技成果转化而固守原有技术的产业很容易落后，在整个创新体系中处于"拉后腿"地位。由此，对科技成果转化积极探索和实践对每个产业的发展都是必要的。

（二）功能：客观认识科技成果转化激励对科研人员参与科技成果转化的作用

科技成果转化处于科技创新体系内，权属如何分配直接影响激励价值的发挥。激励科技成果与激励科技成果转化之间存在互动关系，两个板块对科研人员均有激励，围绕扩大科研人员所获得利益展开激励成为现实做法。两个板块的激励分别对科研人员提供科研、科技成果转化活动的激励，两者之间存在潜在竞争关系。这种竞争关系体现于，对科技成果转化激励会促使科研人员付出更多的精力在科技成果转化上，这些原本属于科研的时间、精力将被稀释，对科技成果激励的效力造成削损。

如果从创新研究活动框架看，在全球几乎所有大学中的雇员都首先将精力放在教学和科研任务上，因此不可避免地发现他们是很难有时间参与科技成果转化等有关产业的事项的，这是深刻制约科技成果转化前期发展的重要障碍。❷ 显然，通过科技成果转化激励机制克服这种障碍成为必要。科技成果转化激励则引导科研人员参与科技成果转化活动，甚至主导科技成果转化活动，还有一些会选择兼职、离岗创业等与科技成果转化有关的活动。单从科技成果转化视角看是一种良性的激励，但是如果从创新链条

---

❶ ［美］詹姆斯·加尔布雷斯. 掠夺型政府［M］. 苏琦, 译. 北京：中信出版社, 2009：168.
❷ Tom Hockaday. University Technology Transfer. What It Is and How to Do It［M］. Maryland：Johns Hopkins University Press, 2020：105 – 106.

来看这种激励势必会与科研"争夺"科技成果转化人力资源。例如，如果科技成果转化活动带来的激励，足够满足科研人员岗位要求和回报，那么从绩效考核等角度而言能够起到替代科研活动的作用，科研人员选择从事科技成果转化活动而一定程度上放弃科研活动。这种关系需要得到相应的关注，结合高校、科研院所对科研人员的职能定位，来做出相应的调整，以通过激励机制调整引导科研人员在科技成果转化与科研活动中的参与度。

二、科技成果转化激励反映还是塑造创新秩序

科技成果转化激励目的当然是使科技成果转化获得更好的成果，这个激励当然是以特定的价值为前提的，镶嵌在科技成果转化体系中点睛之核心即是创新。那么有一个必须要回应的问题，科技成果转化是仅仅反映了创新还是塑造了创新？激励机制往往蕴含了一定的价值选择，价值选择中含有一定的价值偏好。2016 年 11 月，中共中央办公厅、国务院办公厅印发《关于实行以增加知识价值为导向分配政策的若干意见》，提出要"充分发挥市场机制作用，通过稳定提高基本工资、加大绩效工资分配激励力度、落实科技成果转化奖励等激励措施，使科研人员收入与岗位职责、工作业绩、实际贡献紧密联系，在全社会形成知识创造价值、价值创造者得到合理回报的良性循环，构建体现增加知识价值的收入分配机制"。这对科技成果转化激励也带来了相应的启发，在科技成果转化激励体系下尊重创新贡献成为激励的依据之一。

（一）科技成果转化激励实践塑造创新规范

关于科技成果转化激励等实践对规范的挑战引人深思。例如，科技成果转化激励中对科研人员的赋权让我们认识到，《专利法》中职务发明权属有关的规定可能有利于发明等创新科研活动，但是对后续的科技成果转化激励则形成掣肘。虽然中国有关的试点文件做出了单位可以将职务科技成果"赋权"给科研人员的探索，也有些地方的科技成果国有资产混合所有制改革做出了科研人员与单位对科技成果按照相应比例共有，但是仍然

没有给科研人员最原始的"权利"。然而，这种实践也催生对《专利法》与科技法之间的协调问题。❶ 科技成果转化是创新体系的构成，专利作为一种产权保护也是一样的，科技成果转化激励措施能否"撬动"知识产权保护的法律规定，或者知识产权规则是否应当考虑相关创新伦理以及创新转化为生产力的重要性做出相应的改变，将职务科技成果的权属规则更自由化或者朝向以个人为中心的方向调整，成为可以考虑的内容。特别是《民法典》第 847 条第 1 款❷对"职务技术成果的使用权、转让权属于法人或者非法人组织的"之规定，言下之意是否还存在这样一种情形，即职务技术成果的使用权、转让权不属于法人或者非法人组织？这也增强了我们对《专利法》有关职务发明的规定与科技成果转化有关规则之间进行协调的可能性。同时，中国 2000 年发布的《技术合同认定登记管理办法》、2001 年发布的《技术合同认定规则》在当前科技成果转化激励的背景下，也显得较为落后，需要对其中的有些规则进行完善，也反映出实践对相关规范文件的影响及塑造可能。

整个过程体现出的实践塑造规范表明，创新秩序构建中不同环节的创新规则可能形成冲突，这些冲突如何从当前创新秩序的关注要点以及中长期计划来提升制度的稳定性十分关键。

（二）科技成果转化激励反映选择偏好

科技成果转化激励仅仅是为科技成果转化提供一种更优待遇的选择，促使有相关权利的人通过相关规定提供的激励引导，出于自身利益考量做出相应的决策、采取相应的行动，这种选择同时有助于实现科技成果转化

---

❶　当然关于职务科技成果混合所有制改革是否与《专利法》第 6 条第 1 款冲突，也有不同的争议，具体参见：康凯宁，刘安玲，严冰. 职务科技成果混合所有制的基本逻辑：与陈柏强等三位同志商榷［J］. 中国高校科技，2018（11）：47－50.

❷　《民法典》第 847 条第 1 款规定："职务技术成果的使用权、转让权属于法人或者非法人组织的，法人或者非法人组织可以就该项职务技术成果订立技术合同。法人或者非法人组织订立技术合同转让职务技术成果时，职务技术成果的完成人享有以同等条件优先受让的权利。"

对社会福利的增加，实现激励相容。❶ 但是也有观点认为，科技成果转化激励反映出的选择偏好，有时候可能会对社会福利带来相应的损害：对科技成果转化的激励与强调，可能会削弱学术研究者对开放科学的承诺，在获得相应的科技成果及科技成果转化之前可能会发生阻碍"非专利/许可"的路径，进而阻碍下游研究及产品发展。❷ 然而，这种选择决策对于具体科技成果转化激励个案而言，往往无法从全局考量这些活动的影响，因此偏好往往以规定政策激励措施的直接引导为基础。这意味着，并非所有的科技成果转化激励对创新秩序都是好的。

对科技成果转化激励的制度设置，是基于科技成果转化的需求端考虑，还是基于科技成果转化的习惯塑造考虑，应当成为科技成果转化激励政策规定与具体方案制定时应该考虑的内容。在一般技术领域，科技成果转化激励是基于需求的牵动，科技成果转化有需求的情况下市场才能有承接能力，市场有承接能力科技成果转化激励才能有起作用的空间。因此科技成果转化激励是存在相应的前提条件的，这也将引导科技成果的研发考虑实践需求。然而，科技成果转化激励特别是特殊领域的科技成果转化激励，还能够引领需求端发生变化。科技成果转化激励机制对科技成果转化主体具有相应的拉动力，以致其有动力通过设置相应的科研团队及科技成果转化有关的资源来对实践需求进行调整、重塑相关领域技术的格局。需要说明的是，这种激励模式是特殊的技术领域或前沿技术领域，在相应利益等激励之下凝聚相应的团队资源和其他资源，决定相应的技术应用。这种一般是特别具有话语权的主体才能够被这种激励机制所影响，例如在一些军工领域、尖端技术领域，存在这样以后果引导行为的现象。

另外，科技成果转化激励除了考虑技术因素之外，还要考虑政治及社会因素。于政治因素而言，国际上不同国家形成的发展差距的拉大仍然是

---

❶ 徐博禹，刘霞辉. 激励相容法律体系促进经济增长的作用机制研究 [J]. 福建论坛（人文社会科学版），2021（9）：95 – 107.

❷ [挪] 詹·法格博格，[美] 戴维·C. 莫利，理查德·R. 纳尔逊. 牛津创新手册 [M]. 柳卸林，郑刚，蔺雷，等译. 上海：东方出版中心，2021：284.

触发技术跨国转移及技术发展对不平等作用的现实，中国处于何种地位，特别是在特殊产业内的科技成果转化是否应当有更进一步的选择，成为我们对科技成果转化激励政策进行设计调整的重要参考。于社会因素而言，应当将科技成果转化激励的政策以及缘由，以普法的形式多向民众予以传播，从知识产权保护文化基本成型到科技成果转化的大力重视，在民间并没有太长时间的过渡，民众的意见及参与也十分重要，因为这是科技成果转化落实到最终端的受益者或者受影响者（如终端产品更迭、价格的变动）的重要构成。

科技政策的发展带来的对科技成果转化激励的过度关注，或许还可能带来对一般性产业的忽视，因为这些产业并不需要什么高科技就能够解决问题，或者在固有的科技成果转化技术的基础上就能够得以解决，退一步而言科技并非解决所有问题的捷径。❶ 因此，在很多领域科技成果转化激励是否有发挥作用的价值也并不一定。换言之，虽然科技成果转化激励是一种重要的选择，但是有时候也仅仅是一种选择而已。

总归来讲，科技成果转化反映了创新，与此同时还可能塑造创新，其虽然作为一种激励机制在实践中仅仅为科技成果转化有关主体提供了一种基于贡献而产生的决策选项，但是衍生的选择对创新具有重要价值，是科技成果转化作为创新链推动创新链持续前进的积极推动力。

（三）保障：科技成果转化激励政策的稳定性

探索科技成果转化激励机制目的是通过这些激励机制实现促进科技成果转化的效果，提升科技成果转化链条上有关主体对科技成果转化的积极支持。要想达到这些实用目的，激励政策的稳定性是保障。短期的激励和探索能够掀起相关资源对其尝试性地投入，而只有长效的稳定的科技成果激励政策才能够真正起到相应的积极作用。在实践中，中国科技成果转化

---

❶ ［挪］詹·法格博格，［美］戴维·C. 莫利，理查德·R. 纳尔逊. 牛津创新手册［M］. 柳卸林，郑刚，蔺雷，等译. 上海：东方出版中心，2021：758.

激励政策可以分为以下三种，供给型政策工具推动科技成果转化、需求性政策工具拉动科技成果转化、环境政策型工具影响科技成果转化，中国科技成果转化政策多为供给型政策工具，其次是环境型政策工具，需求型政策工具运用较少。❶ 然而，政策的稳定性在很多时候是不足的，为了使相关激励机制能够获得稳定性，应当在条件成熟时上升为法律规定。中国目前环境型政策工具中金融支持和知识产权受到重视，但是法规管制占比非常有限，政府对科技成果转化更多的是政策引导而非正式和有强约束力的法律。❷ 科技成果转化激励政策蕴含于科技成果转化有关政策中，科技成果转化政策的稳定性同样影响科技成果转化的激励效果。❸

然而科技成果转化激励政策的稳定性并不意味着相关规定不得变化，而是从整体上而言激励效果的调整能够更有利于促进科技成果转化。激励效果的调整必定会损害现有既得利益者的利益分成，因此在做相应的调整时需要决定何种主体受到何种程度的激励机制变动的影响。从根本上而言，也不能因为科技成果转化失败就认为激励是一种错误的或者需要调整的机制，对科技成果转化树立积极客观的认识相当重要。科技成果转化如同其他创新一样，"胜败乃兵家常事"，科技成果转化激励应当对科技成果转化有一定的容错机制。中国相关文件中已经明确了科技成果转化中相关主体在履行勤勉尽责义务前提下，免除其相应的责任。然而，大多数高校在执行过程中还是过于谨慎，担心引起"事端"，❹ 造成相应的激励容错机制名存实亡。

同时需要考虑的是，政策的稳定性也会影响创新体系中其他板块的内容，是制定政策规定时需要注意的。举例而言，科技政策是影响外商直接

---

❶ 张春花，宋永辉，李兴格. 三维政策工具视角下科技成果转移转化政策研究：基于2008—2021年国家相关政策文本的分析［J］. 中国高校科技，2023（6）：81-88.

❷ 张春花，宋永辉，李兴格. 三维政策工具视角下科技成果转移转化政策研究：基于2008—2021年国家相关政策文本的分析［J］. 中国高校科技，2023（6）：81-88.

❸ 程华东，杨剑. 安徽省与江浙沪地区科技成果转化政策比较研究：基于政策文本量化分析［J］. 常州工学院学报，2022，35（2）：55-62.

❹ 杨红斌，马雄德. 基于产权激励的高校科技成果转化实施路径［J］. 中国高校科技，2021（7）：82-86.

投资（FDI）的重要因素，而外商直接投资又通常被认为是知识国际转移（international knowledge transfer）的重要工具。● 由此制定科技成果转化激励机制时，需要考虑延迟的国际层面的影响。另举例而言，科技成果转化激励措施应当注意相应期限内的稳定性，在相关制度、合同有效期限内，相应的激励应当妥善到位，对相应的内容有一定的预期计划。否则，将容易影响下一个周期的建设和经费支持，同时也会对社会其他资金来源产生负面影响。❷ 总之，科技成果转化激励是一种通过资源配置而对具体主体产生行为影响的机制，激励的稳定性产生相应的预期，引导相应的行为，形成相应的创新格局，对其进行调整需要综合衡量。

三、科技成果转化激励目的：跨国技术转移

科技成果转化被高度强调的时代背景之一是高质量发展。在高质量发展政策逻辑之下，科技成果本身的高质量是追求目标之一，科技成果转化率高能够使科技成果为现实所用，也进一步表明科技成果的有用性。如果将视野置于国际背景下还会发现，对科技成果转化的高度强调是与科技自强有关的。在诸多科技领域，国内的自主技术率较低，很多技术特别是尖端关键技术受制于人，国外的技术封锁带来发展的被动。在这样一种背景下，我们认识到科技成果转化为现实生产力带来的积极价值与现实意义。

基于对现实的客观认识，首先要认识到，从国际视野来看，科技成果转化激励在维护国家安全、提升国家科技自主性方面是十分必要的。因为各个国家都在争夺对技术的控制权，通过对民用和军用领域相关机构持续投入实现，缺乏自主能力的国家必须依靠技术转让吸收国外技术，虽然其

---

❶ Eran Leck, Guillermo A. Lemarchand, April Tash, et al. Mapping Research and Innovation in the State of Israel [M]. Paris: the United Nations Educational, Scientific and Cultural Organization, UNESCO Publishing, 2016: 17.

❷ 郭蕾，张炜炜，胡鸢雷. 高校异地科研机构建设面临的挑战及对策初探 [J]. 高科技与产业化，2022，28（12）：62－67.

价格上可能低于最新技术水平，但是往往附带某些条件。❶ 在跨国的技术转移中，所有国家都有这么一个特色，技术优先为"我"所用。虽然现在有一些跨国公司、全球公司，其身份并不是那么明确，但是其仍然受到发达国家的制约。因此，企业的国际科技成果转化与技术转移也受制于相关国家的政策要求，如芯片领域就是如此。发达国家在技术封锁上会借用国家安全为由头，实际上就是限制科技成果在全球的自由流动。

作为发展中国家，对外进行科学技术交流是十分重要的，无论是对科技成果转化还是有关知识的扩散、吸收均具有重要的意义。值得关注的是，发展中国家的创新能力也在提升，特别是基于本地需求的原始创新也时有发生，而这些也可能向发达国家发生技术转移。❷ 因此无论与发达国家还是发展中国家的有关主体展开科技成果有关的合作，是具有相应价值的。我们从过去的经验中应该认识到跨国科技成果转化的积极意义，其对及时解决公共健康、医药可及性等方面问题的积极价值，在缺乏相应的科技成果跨国研究与转化的情况下带来的人类发展不平衡问题依旧相当突出。❸

当然，科技成果转化也需要关注外国投资的影响，如果缺乏外国投资或许可能影响科技成果转化需要的重要资金投入，也影响相关主体从技术转移中获益。❹ 在跨国科技成果转化激励过程中，能促进涉外投资在相关技术领域的流动。吸引国外主体来华合作以及来华进行科技成果有关的研发与转化得到了中国有关规定的肯定，中国《国家科学技术奖励条例》还设立了国际科学技术合作奖，对中国科学技术事业作出重要贡献的外国人

---

❶ John Mcintyre, Daniel Papp. The Political Economy of International Technology Transfer [M]. Connecticut: Greenwood Press, 1986: 4.

❷ Marco Cantamessa, Francesca Montagna. Management of Innovation and Product Development: Integrating Business and Technological Perspectives [M]. 2nd edt. London: Springer, 2023: 97.

❸ Sam F. Halabi, Rebecca Katz. Viral Sovereignty and Technology Transfer: The Changing Global System for Sharing Pathogens for Public Health Research [M]. Cambridge: Cambridge University Press, 2020: 92.

❹ ［美］美国国际贸易委员会. 塑造竞争优势：全球大飞机产业和市场格局 [M]. 孙志山，欧鹏，等译. 上海：上海交通大学出版社，2022: 100.

或者外国组织授予该奖项。❶

  总而言之，中国科技成果转化激励的效果，并非完全依靠对专利的转让、许可、作价入股等方式来评估科技成果转化率。另外还存在将大量科技成果排斥在科技成果转化率指标之外的现象，因此科技成果转化率的统计更多的是科技成果市场利润转化率，❷并不能直接反映中国科技成果转化水平。更为重要的是，科技成果转化激励是促进有必要转化、对实践有积极生产力价值的转化活动，并非要追求数量上的、金额上的数据美观，而是要根据实际需求将科技成果满足实际需求的能量予以释放。因此，要客观看待科技成果转化激励的时代使命，科技成果转化激励的时代使命是提升科技成果转化满足现实需求的可能，提升科技成果转化的积极性和主动性，塑造创新秩序对现实需求的考虑，解决特殊关键领域科技受人制约的问题，维护国家科技、经济、政治安全。

第二节　科技成果转化激励的差异化方案

  科技成果转化激励作用的对象是一个庞大的体系，为了提升科技成果转化激励机制的作用效果、节约创新资源、优化创新结构，在科技成果转化激励机制构建中应当结合相应的个性化需求做出相应的调整。这些调整一方面是为了提升科技成果转化本身的激励效果，另一方面是为了达到一种创新体系的平衡，从根本上服务于科技成果转化的综合效果。

---

❶ 《国家科学技术奖励条例》第 13 条：

中华人民共和国国际科学技术合作奖授予对中国科学技术事业做出重要贡献的下列外国人或者外国组织：

（一）同中国的公民或者组织合作研究、开发，取得重大科学技术成果的；

（二）向中国的公民或者组织传授先进科学技术、培养人才，成效特别显著的；

（三）为促进中国与外国的国际科学技术交流与合作，做出重要贡献的。

中华人民共和国国际科学技术合作奖不分等级。

❷ 郑翠翠，姚芊. 我国科技成果转化现状及对策 [J]. 经济研究导刊，2022 (24)：141-143.

一、科技成果本身差异带来的激励差异化

（一）科技成果及产业的差异化

科技成果转化激励首先应当根据不同类型的科技成果而有不同的激励机制。这些不同因为科技成果类型不同而有所不同、因科技成果所处产业不同而不同、因科技成果创新程度不同而有所不同，由此应当建立有梯度的科技成果转化激励机制，并在不同的科技成果转化主体之间有不同的分配。

基本面的科技成果转化激励是正常的做法安排，所谓的激励就是在一般基准之上来通过相关激励机制的建立，更进一步将有关利益流向相关主体。基本面的科技成果转化不应当设立相应的比例体现，应当由科技成果转化具体实践通过选择决策来构建不同的科技成果转化激励。因此，中国在具体的科技成果转化激励法规中可以删除相应的科技成果转化激励比例，规定应当对科技成果转化链上的某些主体予以奖励报酬。

科技成果类型方面，应当以科技成果类型价值而有所区分。在科技成果转化类型中，发明专利的技术含量要大于实用新型、商业秘密的实用价值则受到众多保密机制的约束等现实决定了对科技成果转化予以同等比例的激励对高质量发展的引导并不是特别强。科技成果转化激励不仅要促进转化，更要通过利益分配的引导反过来激励技术含量高的科技成果的研发活动、转化活动。这也有助于避免因科技成果的研发人员过于依赖科技成果转化活动的激励而对科技成果研发活动有所忽视。因此，在科技成果转化激励机制构建过程中应当对不同类型的科技成果转化予以相应的激励差异化考虑。从创新水平上而言，我们也更加追求颠覆式创新。颠覆性技术是指通过新科学原理突破或技术创新组合，突破传统或主流的技术或产品路线，对已有技术、产品、工艺流程、设计方案等进行另辟蹊径变革的新技术。颠覆性技术的创新应用能够改变原有的技术、产品、市场发展轨

道，逐步取代目前的传统技术、主流产品，并重塑产业格局、生产方式、商业模式。❶ 颠覆性科技成果是比较宝贵的科技成果，在相关行业内或可为相关产业带来巨大的变化和利益。科技成果转化的权属激励在颠覆式创新科技成果场合下带来的激励效果特别显著。❷ 因此对于颠覆式创新科技成果的转化激励应当更加突出，强调对颠覆式创新科技成果完成人的激励强度，激励更多科研力量向颠覆式创新领域聚集。渐进式创新科技成果的转化不同于颠覆性科技成果转化，其产生的效益以及对科技成果转化主导者的吸引力并不大。与颠覆性创新相比较而言，渐进式创新具有普遍性和常态性，但是其转化的价值几何则往往成为科技成果转化实践中的重要争议点。在渐进式创新的科技成果转化实践中，评估等程序成本较高，对科技成果权利人转化科技成果具有较大的影响，❸ 而此时需要激励的点并不在于科技成果完成人能够享有多大比例的利益，而是去破除这些障碍。对渐进式创新科技成果转化激励的侧重点转变绝对不意味着激励在此场域的重要性降低。渐进式创新本身具有诸多优点，其具有短周期性、连续性、累加性、递进性和开放性，创新风险较低且可控性强，通过量变、质变规律实现科技创新和塑造产业结构。❹ 所有的创新都是为当前或未来服务的，其应用价值应当得到相应的关注，只不过在当前转化需求的衡量体系中其被定位为有相应的差异，基于这种差异的考虑在激励机制上予以相应的差异化安排，以使其在当前能够有一定的激励效果实现。

　　虽然通常理念中中国科技成果转化率较低，实际上并非所有领域的科技成果转化率都一样低，而是呈现出一定的差异的。根据通过激励机制改

　　❶　关于申报 2023 年中关村颠覆性技术创新项目的通知［EB/OL］.［2023 - 09 - 28］. https：//www. beijing. gov. cn/zhengce/zhengcefagui/202212/t20221223_2883612. html。参见《中关村国家自主创新示范区提升企业创新能力支持资金管理办法（试行）》（京科发〔2022〕5 号）第 8 条"支持企业开展颠覆性技术创新"。
　　❷　康凯宁. 职务科技成果混合所有制探析［J］. 中国高校科技，2015（8）：69 - 72.
　　❸　高校科技成果转化困境思考［EB/OL］.（2022 - 01 - 27）［2023 - 09 - 28］. http：//www. stte. com/articles/518.
　　❹　邹坦永. 渐进式科技创新推动产业升级：文献述评及展望［J］. 西部论坛，2017，27（6）：17 - 26.

变现状的制度动机，科技成果转化激励机制也应当有一定的差异。从结果统计上而言，物理、化学领域休眠专利的占比比较高，但是该领域的科技成果转化对芯片制造等高科技产业、中国受制于人的产业是非常关键的。❶科技成果转化率实际上与具体的行业也有关系，有些行业本身比较接近终端产品，无论是否有激励机制，其都不可避免地呈现出科技成果转化率的差异。一般而言，中国通用设备制造业、金属制品业、专用设备制造业发明专利产业化率比较高（超过50%），而软件和信息技术服务业、土木工程建筑业和专业技术服务业发明专利产业化率则较低（不超过40%）。❷因此，对这些产业的科技成果转化应当做出更加积极的调整。然而，这些领域也有转化的特殊性，其问题关键在于这些领域的科技成果转化周期长、资金需求量大、市场应用性弱，市场缺乏介入的能力。❸因此，在这些领域更需要对市场端、对科技成果转化中间人予以更强的激励，以使其能够在科技成果转化中通过获得激励机制的支持而能够对相关科技成果增加贡献。

国家急需领域的特殊激励机制政策应当得到加强。从国家科技竞争力视角而言科技成果转化价值也具有实质的差异，对于国家发展急需领域应当不惜成本地去做科技成果转化激励机制构建。对有些领域进行长期的政府支持，能够增强科研和科技成果转化的连续性。特别是要加强财政支持资金在试验阶段的占比。据统计，中国高校试验发展阶段经费投入是比较低的，与西方国家在研究、成果转化、新产品形成阶段投资比1∶15∶25相比还有相当的差距。❹对国家急需领域需要进行相应的激励布局，需要以单行政策的形式来进行激励机制的设置。一方面能够通过强劲的科技成

❶ 叶建木，李倩，谢从珍，等. 中国高校"休眠态"科技成果现状、成因与对策研究［J］. 科技与管理，2023，25（3）：1-12.

❷ 国家知识产权局战略规划司，国家知识产权局知识产权发展研究中心. 2022年中国专利调查报告［R］. 北京：国家知识产权局，2022：8.

❸ 叶建木，李倩，谢从珍，等. 中国高校"休眠态"科技成果现状、成因与对策研究［J］. 科技与管理，2023，25（3）：1-12.

❹ 叶建木，李倩，谢从珍，等. 中国高校"休眠态"科技成果现状、成因与对策研究［J］. 科技与管理，2023，25（3）：1-12.

果转化激励机制有效提炼出真正有价值、有助于解决当前科技难题的科技成果，通过科技成果转化促进中国核心竞争力的提升，另一方面有助于在短期内带动社会资源与财政资金一同为解决国家难题作出相应的贡献，避免资金支持与其他支持被广泛撒网，而应当好钢用在刀刃上。例如，有些地方对专利转化予以专门的资金支持，就是对科技成果转化予以重点对待的重要体现形式。❶

科技成果转化实践中，应当允许相应的激励比例按照价值比例来自由决策确定。科技成果自身存在的差异，实际上早就被关注到了。在政府为何不愿意为研发提供补贴的分析中，有观点就认为主要困难在于难以识别研发项目的成功，而且哪些费用归于研发是模糊的。❷ 在科技成果转化领域，科技成果本身的差异化实际上本应该被"科技成果"的界定自动筛选，因为科技成果本身要求其具有价值性。然而，"价值性"的理解以及实际操作空间比较大，例如通过虚假协议将一个专利高价卖出，该专利是不是实现了科技成果转化的高价性呢？从形式上的经济价值来讲，不可否定；若从本质来看，则可能大失所望。因此，就科技成果自身的差异性，不宜单单从其交易价值来判断。对于不同的科技成果，科技成果有关主体不能以固化的科技成果转化激励的获取为唯一目标，而要全局通盘考虑，在适当的时候进行成果转化。山东理工大学毕玉遂教授团队研发的"聚氨酯新型化学发泡剂"技术科技成果转化过程，就蕴含着科技成果专利申请的选择决策、科技成果转化与技术战略保密措施的协调等方面的考虑，最终该科技成果转化成为 2017 年度转化成功案例中单项转化金额最高的一项。❸ 因此，科技成果转化的价值应当兼顾全局，在激励机制之下能够有布局、有战略地开展科技成果转化活动。

❶ 《北京市专利转化专项资金实施细则》（京财经建〔2022〕118 号）。
❷ ［英］克里斯汀·格林哈尔希，［英］马克·罗格. 创新、知识产权与经济增长［M］. 刘劭君，李维光，译. 北京：知识产权出版社，2017：21.
❸ 徐明波. 如何畅通高校科技成果转化体制机制：以一项技术专利成功转化为例［J］. 中国高校科技，2020（5）：92-96.

（二）科技成果来源的转化激励差异化

理论上而言对科技成果转化激励不应当因科技成果来源而有差异，因为相同的激励机制对权利主体、转化主体应当有类似的作用效果，而实际上并非如此。举例而言，中国高等院校、科研院所有关的科技成果多为国家财政支持的相关研究产出的科技成果，其作为职务科技成果在专利法等规范框架下，除了权属机制改革与私人企业可能形成相应的差异之外，还可能因不同性质单位的考核机制、岗位工作评价机制不同而显示出相应的激励作用机制差异。更为重要的是，在国有企事业单位的职务科技成果转化可能还涉及非常关键的国有资产流失的风险，即便是在国有企事业单位内，高校及科研院所的社会职能与国有企业的社会职能也存在不同的角色定位，因此在科技成果转化激励上也遵循不同的逻辑；❶ 而在私人企业则不存在这一问题，相对手续流程也更简单。因此，同样的激励机制可能形成完全不同的激励效果，而需要产生相同激励效果则需要遵循不同的逻辑。

1. 科技成果转化中国有资产问题的处理方案

科技成果转化的核心难点在于高校和科研院所，其转化率低有多种原因，最重要的一点在于其科技成果多为财政支持研究成果，转化过程中科技成果受到国有资产管理的约束，因此基于对国有资产流失担责的担忧从而对科技成果转化避而远之的不在少数。实践中，对科技成果转化与国有资产管理约束的冲突风险，也有一定的改革实践，其中最常见的就是混合所有制改革以及对相关决策人员免责。然而，这些并无法让人放心地去拥抱科技成果转化激励机制，他们仍然对科技成果转化有关的国有资产流失风险对自己产生影响过于忧虑进而做出保守选择决策。基于此，应当对职务科技成果做出更进一步的改革。

---

❶ 吴寿仁. 国有企业科技成果转化政策体系及其影响因素研究［J］. 安徽科技, 2023（6）: 6－13.

　　第一种方案是，将职务科技成果看作特殊的国有资产，基于科技成果转化的时代重要价值，将其剔除出普通国有资产管理范畴。将特定范围的科技成果转化不纳入国有资产保值增值考核范围，对创新而言是十分有利的。在相应的探索期限内，可以对指定或者特定范围的科技成果的转化不纳入国有资产保值增值管理范围，以避免国有资产管理的有关问题对科技成果转化带来的负面束缚。浙江省提出了科技成果"安心屋"平台，❶ 在"安心屋"内实施转化的职务科技成果，以及成果直接或指定持股平台作价投资所形成的股权不纳入国有资产保值增值的考核范围。❷ 这种做法值得推广，以为科技成果权利人、转化者等活动的决策者提供全面的责任豁免保障。而且，尽管混合所有制改革表面上分割了国有资产，但着眼于转化后的未来预期，通过升级、企业税收、国有股权等方式获得了回报。❸因此，从整体来看，这种改革还是有益的，只不过在当前而言与一般的国有资产理念形成一定的冲突。

　　第二种方案是，要理顺对职务科技成果混合所有制的改革是否合法的疑问。该疑问的根本在于对《专利法》第 6 条理解的差异。认为职务科技成果混合所有制改革违反《专利法》第 6 条精神者认为，应当厘清该条规定第 3 款的定位，第 3 款只是第 1 款中"主要利用本单位物质条件完成"的特殊情况，更何况中国相关科技成果转化激励探索已经充分保障了对个人的奖励力度，不存在实施混合所有制改革的必要。❹ 然而，中国专利法本身是随着创新秩序的改变而改变的，当专利法的相关条款无

　　❶　"安心屋"是一个场景应用，该应用打通了国有资产管理云平台和中国浙江网上技术市场3.0 平台，两大平台上的数据和业务实现无缝衔接，搭建了一条全流程电子化的成果转化通道。在"安心屋"上可以实现成果转化在线申请、转化合同在线审批、合同登记和免税登记在线受理、收益分配在线登记、科技成果在线赋权这五大功能，科研人员也可以实时查看审批和交易进程。参见：洪恒飞，陈苑，江耘. 浙江："安心屋"为职务成果转化再松绑［N］. 科技日报，2022 -06 - 14（3）.
　　❷　参见《浙江省扩大赋予科研人员职务科技成果所有权或长期使用权试点范围实施方案》。
　　❸　石琦，钟冲，刘安玲. 高校科技成果转化障碍的破解路径：基于"职务科技成果混合所有制"的思考与探索［J］. 中国高校科技，2021（5）：85 - 88.
　　❹　陈柏强，刘增猛，詹依宁. 关于职务科技成果混合所有制的思考［J］. 中国高校科技，2017（S2）：130 - 132.

法服务于当前创新秩序需求时，应当及时对其进行修改，以适应服务创新的目的。

实际上，职务科技成果的权属规则多来自知识产权具体的规定，这些规定与基本的劳动价值、激励价值实际上还是有一定的冲突的。在整个繁杂的知识产权制度中，我们首先应该对真正的创新主体——自然人，做出制度上的尊重，将其劳动付出以权属的形式返还给他们，即职务科技成果的第一权利人应当归自然人，其次根据雇佣关系、创新条件等将权利转给雇主。实际上这种逻辑在国外是有立法支持者的，其实践也并没有带来创新秩序混乱的现象。一旦将职务科技成果的最初权利人规定为自然人，那么这种科技成果转化激励机制发挥作用的空间就会大多了，也不会再受到国有资产管理的严苛约束。

2. 国防科技成果转化激励问题

源于国防工业领域的科技成果转化激励，因为其性质特殊性与普通领域的科技成果转化激励也有不同的作用机制。中国《促进科技成果转化法》第14条第2款规定："国家建立有效的军民科技成果相互转化体系，完善国防科技协同创新体制机制。军品科研生产应当依法优先采用先进适用的民用标准，推动军用、民用技术相互转移、转化。"《国家技术转移体系建设方案》也指出，要"深化军民科技成果双向转化"。《促进国防工业科技成果民用转化的实施意见》提出，要"完善科研人员职务发明成果权益分享机制、大幅提高科技成果转化成效，推进国防工业科技成果向民用领域转化应用，助推形成国内大循环为主体、国内国际双循环相互促进的新发展格局"。这意味着，国防工业科技成果转化既要通过激励措施实现民用化，又要兼顾国内和国际双重市场。

中国鼓励社会资本进入国防科技工业领域的政策方向比较明确。❶ 很

---

❶ 参见《关于鼓励和引导民间资本进入国防科技工业领域的实施意见》。

多民用技术和主体的发展都得益于军工技术的发展或者其与军工的紧密联系。❶无论是美国硅谷还是美国科技成果转化的能量被激发，与美国军事技术向民用技术的转化历史背景是分不开的。当年《科学：无尽的前沿》产生的背景就是，罗斯福问布什"政府如何将军事科学转化为民用改进"等，布什给出的报告，这一报告奠定了美国"二战"后科技政策的基调。❷这也为中国提供了一个思路，即既要鼓励社会资本进入国防科技工业领域，又要注意通过军用资产融入民用场合，提升相关科技成果产生于民用领域、在民用领域扩散的便捷性。

要想在国防科技成果转化激励领域有所突破，那么重点是通过激励机制解决决策权的问题。军用技术的科技成果转化，特别是向民用领域的转化，具有积极意义，但是其具体执行需要在激励机制之下的公权力介入，否则执行相关科技成果转化所需的意志、能力和强制性权威缺失将直接导致技术封闭在军用领域而对民用领域的迫切需求爱莫能助。❸这充分显示了在现实需求之下对军用科技成果向民用领域转化的决策权之重要。在中国各种科技成果转化及其他政策文件中，都对军民融合有所提及。

国防科技工业科技成果转化活动应当充分发挥企业的主体作用、政府的主导作用和市场对资源配置的决定性作用。首先，要在相关规定中，加快国防工业科技成果向民用领域转移的程序性规定，降低脱密审查成本、简化脱密审查程序。❹其次，加强国防工业科技成果研发阶段民营单位、高校的参与，对不涉密的科技成果及时通过合作关系加快科技成果转化，在科技成果研发阶段对转化路径进行可控制、可落实的初步规划。特别是不同主体合作过程中产生的科技成果并非完全用于国防领域的军民两用技

---

❶ Eran Leck, Guillermo A. Lemarchand, April Tash, et al. Mapping Research and Innovation in the State of Israel [M]. Paris: the United Nations Educational, Scientific and Cultural Organization, UNESCO Publishing, 2016: 36.

❷ [美] 亨利·切萨布鲁夫. 开放式创新 [M]. 唐兴通，王崇锋，译. 广州：广东经济出版社，2022：31.

❸ [美] 詹姆斯·加尔布雷斯. 掠夺型政府 [M]. 苏琦，译. 北京：中信出版社，2009：170.

❹ 马忠法，吴昱. 论我国国防专利转化利用及其制度完善：以"分级立项"制度构思为例 [J]. 科技进步与对策，2023（18）：1-10.

术，应当不属于纯粹的国防科技成果、不完全受国防科技成果制度约束。❶
在国防科技成果转化领域也要扭转认识，加深对市场化的理解、顺应市场
化规则，通过政府的主导作用引导更多的企业提供高质量的承接活动。国
防科技成果转化具有相应的特殊性，在激励机制的规定上应当与民用领域
的科技成果转化激励机制相衔接，以在实践中国防科技成果向民用领域转
化时，市场能够有更加高效的承接能力。

二、科技成果转化激励主体对象的差异化格局

（一） 正角色：科研机构、企业在科技成果转化中激励协调机制

首先需要明确的是，在中国国有企事业单位与私营企业实际上在创新
体系中虽然有些活动是趋同的，但是权属规则、创新管理、决策机制、追
责机制等均存在不同之处。虽然在科技成果转化领域产学研一再被强化，
但是在实践中产生的效果仍然不甚理想。在科技成果转化激励领域也是一
样，同样的激励措施可能产生不一样的激励效果，而不同的单位性质可能
需要遵循不同的科技成果转化激励机制。为了使在各环节的科技成果转化
激励机制能够发挥理想的激励效果，需要对其进行差异化处理和协调机制
的设置。

1. 大学作为基础研究重地在科技成果转化中的角色

虽然一个国家发展基础研究的必要性和基础研究发展是否足够促进一
个国家创新能力的探讨有一些争议，❷ 但是不可否认基础研究的重要性在
当今已经有目共睹，无论是 "中兴事件"❸ 带来的震撼抑或中国芯片技术

---

❶ 马忠法，吴昱. 论我国国防专利转化利用及其制度完善：以 "分级立项" 制度构思为例
[J]. 科技进步与对策，2023 （18）：1-10.

❷ Jan Fagerberg, David C. Mowery, Richard R. Nelson. The Oxford Handbook of Innovation
[M]. New York：Oxford University Press，2005：212.

❸ 袁晓东，鲍业文. "中兴事件" 对我国产业发展的启示：基于专利分析 [J]. 情报杂志，
2019，38 （1）：23-29.

与其他发达国家差距较大尚需时日追赶❶的无奈，都彰显出基础研究在关键时刻的一剑封喉之威力。大学作为基础研究的重镇有其宝贵经验和资源积累，在整体科技进步中具有不可或缺的作用。有观点认为，大学研究成果的商业化动机会使大学研究的方向从基础向应用研究发生实质性转变的担忧，是没有充分证据的。❷然而，在高校自身学术激励机制尚未健全的情况下，科技成果转化政策强激励和约束或可能损害高校的基础研究功能，至少会对其带来相应的冲击，这不得不引人深思，国家创新系统中的科技成果转化的激励对象是否应当有"归位"的考量。❸将基础学科看作完全自由的是不切实际的，然而将科学置于政治经济利益之下的从属地位将对社会及经济造成长期危害，因此支持大学的基础研究特别是学术研究的自由和自主性，对于社会发展是有长远价值的。❹对科技成果转化激励的强调，并不应该动摇对基础研究的关注、支持、激励。《科学技术进步法》第26条第1款进一步明确应用研究、基础研究与成果转化的关系，"国家鼓励以应用研究带动基础研究，促进基础研究与应用研究、成果转化融通发展"。可以说，在实践中科技成果转化中的应用研究与基础研究是相辅相成的，一般而言高校的优势在于基础研究、企业的优势在于技术应用，从科技成果转化激励机制的设置上应当对这种关系做出有利的引导而非一味强调科技成果转化，避免将重要的基础研究力量转移到技术应用领域中去。

大学的功能是多面的，在做科技成果转化激励政策框架时，往往容易对大学的功能予以片面的理解，且可能给大学带来相应的科技成果转化的

❶ 中美芯片产业差距多大？中国工程院院士倪光南给出答案［J］．信息系统工程，2019 (8)：177.

❷［挪］詹·法格博格，［美］戴维·C.莫利，理查德·R.纳尔逊．牛津创新手册［M］．柳卸林，郑刚，蔺雷，等译．上海：东方出版中心，2021：284.

❸ 贺俊．"归位"重于"连接"：整体观下的科技成果转化政策反思［J］．中国人民大学学报，2023，37 (2)：118-130.

❹［挪］詹·法格博格，［美］戴维·C.莫利，理查德·R.纳尔逊．牛津创新手册［M］．柳卸林，郑刚，蔺雷，等译．上海：东方出版中心，2021：741.

压力。❶ 科技成果转化激励的导向，往往狭隘地关注大学科技成果的商业化及其成功故事，而不关注政策偶发性影响的系统证据，也不关注大学研究更为重要的经济产出，后者显然是具有同样重要的价值的。❷ 这种做法很可能对研究机构角色带来转型，甚至反过来侵蚀科研机构的基础研究等社会基本功能。大学的主要功能是研究而非科技成果转化，为了使科学研究特别是基础研究的优势得以保留，在科技成果转化激励机制中应当适当注意这种平衡，不宜一味提升科技成果转化对科研人员的激励机制，而使其过度关注科技成果转化而忽视基础研究活动。

另外，中共中央、国务院《关于新时代加快完善社会主义市场经济体制的意见》强调了基础研究的重要性，对于基础研究、原始创新要建立相应的体制机制，适度超前布局建设国家重大科技基础设施，研究建立重大科技基础设施建设运营多元投入机制，支持民营企业参与关键领域核心技术创新攻关。因此，在基础研究方面不仅需要高校、企业的参与，更需要政府在其中做出主动介入的布局。

2. 高校与企业在科技成果转化激励中合作关系的促进

许多经济领域中，高校和研究院所才是创新知识的贡献者，而企业将运用这些新知识进行创新。❸ 言下之意，高校和研究院所是科技成果研发重镇，其在基础创新方面具有重要优势，甚至在企业将科技成果进行转化过程中还需要高校、科研院所的研究团队对转化活动中产生的基础研究进行破解才能够顺利完成科技成果转化。在科技成果视域下，基础研究与应用研究并不是严格分离的，而是相互牵制的。科技成果转化的激励依赖于应用研究侧的激励，而缺乏对基础研究的关注，实际上是对基础研究与科技成果转化关系认识不清导致的。大学的创新能力是比较强的，在有些领

❶ ［挪］詹·法格博格，［美］戴维·C. 莫利，理查德·R. 纳尔逊. 牛津创新手册［M］. 柳卸林，郑刚，蔺雷，等译. 上海：东方出版中心，2021：287.
❷ ［挪］詹·法格博格，［美］戴维·C. 莫利，理查德·R. 纳尔逊. 牛津创新手册［M］. 柳卸林，郑刚，蔺雷，等译. 上海：东方出版中心，2021：280.
❸ ［英］克里斯汀·格林哈希，［英］马克·罗格. 创新、知识产权与经济增长［M］. 刘劭君，李维光，译. 北京：知识产权出版社，2017：7.

域大学研究进展对该产业创新影响比其他产业更加突出和直接，在其他技术和产业领域大学有时候也贡献相关科技成果，但是大多数商业化的重大发明都来自非学术研究机构。❶ 因此，也应当注意企业的创新能力以及其科技成果研发和转化的能力开发，以激励机制促进其在科技成果转化中的能力提升。强调科技成果转化中高校和企业的合作，既是基于两者优势互补能够促进科技成果转化效率的考虑，也是基于强化科技成果转化在企业得以关注的考虑。

在实践中不应当过度限制科技成果转化过程中企业与高校之间在科技成果转化方式上的选择决策，也不应当对不同的方式予以不同的赋值，原因在于不同的科技成果场景可能适合不同的科技成果转化方式，企业和高校都会凭借自身经验和商业头脑来做出符合自身"利益"的选择。有些企业喜欢高校的科技成果以作价入股的方式转移给他们，重要的顾虑可能是不想拿到科技成果之后在实施上不能从高校获得相应的"帮助"，或者获得帮助成本更高。因此，通过作价入股可能使科技成果后续实施获得高校的人才支持和辅助技术支持。

在科技成果转化过程中，产学研结构的完善有助于科技成果转化效率。在实践中，也常常有因为产学研结构存在缺陷导致申请专利后得不到及时的市场化、产业化、经济回报，专利权人只能放弃专利的现象。❷ 为了促进科技成果转化活动在高校和企业之间的顺利进行，需要依托加强产学研模式、优化科技成果转化激励机制，促进大学与企业间的联系。实际上强调大学与企业之间的连接关系的历史并不太长，❸ 但是对二者关系的关联关注塑造了创新模式以及创新秩序。企业与高校、研究院所在科技成果转化方面本身就具有不同的先天差异。曾几何时我们对科技成果转化进

---

❶ ［挪］詹·法格博格，［美］戴维·C. 莫利，理查德·R. 纳尔逊. 牛津创新手册［M］. 柳卸林，郑刚，蔺雷，等译. 上海：东方出版中心，2021：274.

❷ 贺化，主编；国家知识产权局知识产权发展研究中心，组织编写. 前沿技术领域专利竞争格局与趋势 1［M］. 北京：知识产权出版社，2016：141.

❸ ［挪］詹·法格博格，［美］戴维·C. 莫利，理查德·R. 纳尔逊. 牛津创新手册［M］. 柳卸林，郑刚，蔺雷，等译. 上海：东方出版中心，2021：261.

行激励时，其实主要的激励预设对象就是高校和科研院所。对企业而言，科技成果转化不用制度激励，它们就能够依据自身市场规律及供求关系、依据相应的需求展开科技成果转化。实际上企业与高校、研究院所之间在科技成果转化体系中处于类似的地位，特别是其诸多需要的科技成果可能来源于高校和研究院所，更何况有些科研活动本身就是在产学研结合环境下产生的。那么科技成果转化激励的对象对企业而言同样重要。实际上这一现象也被中国创新政策所关注，据研究，无论是中央层面还是地方层面，政府都更加注重发挥企业和高校这两大创新主体的科技成果转化积极作用，这意味着中国科技成果转化政策越来越理性化。❶

产学研或者官产学研通常被拿来在研发领域做探索，其在科技成果转化的激励中具有更加重要的位置。产学研的天然错位，❷ 往往在很多领域无法满足科技成果转化为结果的成功预期。在有些领域，大学的研究成果能够对产业带来相应的引领作用，然而在有些领域，大学的科技成果转化对行业的发展作用则比较有限，甚至其与出版物、会议，或与大学研究者非正式的相互交往和咨询相比较而言可能重要性也相对小很多。❸ 在科技成果转化领域的产学研，需要相互之间建立起紧密关系，松散的、不信任的产学研很可能浪费资源且使得科技成果转化错失时机。特别是考虑到在科技成果转化中会涉及诸多技术秘密、商业秘密的问题，因此寻求靠谱的、可信的合作方尤为关键。实践中有一些科技成果之所以市场无法迅速获得转化，就与未在市场上获得可信的、能信的企业参与有关。❹ 在这里，既要注意利用圈内资源的可能性，又要注意在市场上培育科技成果转化潜在合作伙伴的布局。这时，高校、科研院所的科技成果转化机构就需要有

------

❶ 杜宝贵，王欣. 中国科技政策蓝皮书 2021［M］. 北京：科学出版社，2021：177.
❷ 谢志峰，赵新. 芯事 2：一本书洞察芯片产业发展趋势［M］. 上海：上海科学技术出版社，2023：211.
❸ ［挪］詹·法格博格，［美］戴维·C. 莫利，理查德·R. 纳尔逊. 牛津创新手册［M］. 柳卸林，郑刚，蔺雷，等译. 上海：东方出版中心，2021：275.
❹ 徐明波. 如何畅通高校科技成果转化体制机制：以一项技术专利成功转化为例［J］. 中国高校科技，2020（5）：92－96.

较高的能动性、前瞻性能力，来为校内诸多领域的科技成果转化提供"搭桥牵线""建桥连线"的资源。高校、研究院所也要积极构建自己的"朋友圈"，利用自身平台优势在地方、区域及全国范围内，为自己的科技成果转化谋篇布局，在特定的科技成果转化案例中，要积极听取相关科研人员的意见和资源需求，为其扫除"社交"障碍，积极向有关部门反映、反馈需求。此时，政府有关机构更是应当大有作为，利用政府的服务职能，为当地高校、研究院所、企业"背书"，提供"抱团"机会，并大力拓宽资源服务，避免本地转化的固化思维，争取更多全国有利资源，为本地科技成果转化提供优化服务。政府提供这些服务有较大优势，基于政府的权威性，能够降低非可信主体滥竽充数、坑蒙拐骗行为的可能性，提升科技成果转化有关资源衔接的效率和成本。因此，对于科技成果转化可信体系建设而言，上述主体都有具体的可为空间。

促进科技成果转化中的产学研关系有利于在特定地区提升产业集群的创新能力，促进地区产业集群的构建。有观点认为，区域高科技集群的出现与偶然性、路径依赖以及其他支持政策有关，而与大学研究或大学与产业之间联系的激励并没有多大关系。❶ 这种认识主要是基于西方发达国家教育体系下的认识。中国的大学、科研院所一般为财政支持单位，能够在相关政策的指引下对相关产业集群的建设作出重要贡献。国务院《"十四五"国家知识产权保护和运用规划》提出，要推动企业、高校、科研机构知识产权深度合作，引导开展订单式研发和投放式创新。这一模式更能够促进高校和企业之间在科技成果转化等有关的创新活动中加强联系，提升科技成果转化沟通机会和效率。

3. 加快风险投资在科技成果转化领域的成熟化

高校和科研机构在科技成果转化中的角色之重要不言而喻，因为其拥有大量的科技成果有待被激励转化，进而发挥其社会有益价值。当前科技

---

❶ ［挪］詹·法格博格，［美］戴维·C. 莫利，理查德·R. 纳尔逊. 牛津创新手册［M］. 柳卸林，郑刚，蔺雷，等译. 上海：东方出版中心，2021：280.

成果转化激励虽然有了相当的探索，但是仍然面临一个至关重要的难题，那就是缺乏资金支持。国外的科技成果转化中解决的重要路径之一就是风险投资，但是在中国科技成果转化风险投资有待获得新的探索，缺乏成熟的风险投资直接制约了科技成果转化激励在市场中的承接意愿，科技成果转化高投入、高风险的认识需要得到风险投资成熟机制的缓解，激发风险投资对科技成果转化的积极参与意愿。

一方面，政府对科技成果转化风险投资的风险分担，能够切实激励风险投资对科技成果转化的涉入；另一方面，科技成果转化的风险投资需要其逐渐形成自身承担风险的有利机制，逐步脱离对政府兜底风险的依赖。这不仅要求风险投资在科技成果转化领域形成对布局和逐利的平衡，还要求风险投资在科技成果转化领域形成长期主义的风格，对科技成果转化的急功近利往往既无法达到理想的目标，又破坏了科技成果转化本身的规律。

在科技成果转化领域风险投资的成熟化，也有利于其在世界范围内开疆拓土。❶ 中国应当在此方面逐渐从域外获得相应的机制借鉴，风险投资对科技成果转化的获利形成多元化的观念，纯粹的经济获利作为唯一投资目标并无法满足科技成果转化的效益价值，要丰富风险投资的获益评价体系，将科技成果转化带来的市场价值、布局价值等融入评价体系，客观认识具体科技成果转化投资的经济效益与价值效益，拓展科技成果转化的价值体现。

此外，对于高校、科研院所科技成果转化率的促进而言，需要切实认识到创新活动与科技成果量、科技成果转化等并不完全相同，需要在创新活动中认识到科技成果是否必须获得转化、是否必须通过风险投资的渠道获得转化。为此，指导高校、科研院所进一步完善职务科技成果披露制度和专利申请前评估制度，就显得相当重要。在科技成果转化激励体系中，

---

❶ Eran Leck, Guillermo A. Lemarchand, April Tash, et al. Mapping Research and Innovation in the State of Israel [M]. Paris: the United Nations Educational, Scientific and Cultural Organization, UNESCO Publishing, 2016: 36.

风险投资具有典型的趋利性，将高校、科研院所的科技成果披露及进行专利申请前评估，将有助于创新资源与现实需求相衔接。需要强调的是，这需要与科研活动的长期投入规律相结合进行评估，切忌对科技成果研究、转化予以过于短期的要求，以免引导科技成果的研发活动及转化活动朝向短期化的目标发展，而长期科研活动、科技成果转化被摒弃。现实中对科技成果转化的时间要求不宜过于急切，如有的评价对当年的科技成果进行转化评估，以此认为其科技成果转化状况不容乐观，实际上这并不科学，原因在于科技成果转化需要一个过程，有时候这个过程还有些漫长。"急功近利"的科技成果转化要求并不符合科技成果转化的规律，可能倒逼相应的主体进行劣质的、虚假的转化活动以应付要求。风险投资场合下，也应当尊重科技成果转化的规律，留给其适当的空间和时间实现科技成果与现实需求的对接，特别是对于重大投资需求的场合，应当对科技成果转化有关环境和条件进行评估，避免急功近利的科技成果转化要求在实践中出现有失水准的现象。

（二）科技成果转化中介机构、经理人激励的重要性

1. 建立成熟的独立科技成果转化机构、经理人体系

在中国当前，应当大力建立一批成熟而相对独立的科技成果转化中介机构，通过多种渠道培养或引进专业的科技成果转化经理人。中介具有独立的主体地位，应该在科技成果转化中对之予以明确的获益规定，而非仅仅以"合同约定"一笔带过，要提升科技成果转化中介机构的获利比例。如日本东京湾区 CASTI（东京大学先端科学技术孵化器中心）收益的模式中，中介最高可达 40%，提供相应的服务。还要建设稳定的科技成果转化人才流动环境，充实科技成果转化有关市场的成熟化、有序化及可预期性。

《中共中央 国务院关于构建更加完善的要素市场化配置体制机制的意见》明确提出要培育发展技术转移机构和技术经理人；加强国家技术转移区域中心建设；支持科技企业与高校、科研机构合作建立技术研发中心、

产业研究院、中试基地等新型研发机构；积极推进科研院所分类改革，加快推进应用技术类科研院所市场化、企业化发展。支持高校、科研机构和科技企业设立技术转移部门；建立国家技术转移人才培养体系，提高技术转移专业服务能力。《知识产权强国建设纲要（2021—2035年）》明确鼓励高校、科研机构建立专业化知识产权转移转化机构。科技成果转化中介机构应当得到成熟化的功能优化，并由此获得相应的利益分成。从职能上而言，高校的科技成果转化机构主要发挥以下作用：甄别科技成果转让价值，挑选适配的技术需求方、处理知识产权转让与国有资产转让。[1] 在科技成果转化中介机构的建设中，核心问题是有必要保持科技成果转化的独立性，这种独立性是实质上的独立性，关涉决策权。其他国家比较成功的科技成果转化体系中，也常见到高校科技成果转移转化中心的独立性。例如，以色列的大学建立的技术转移公司虽然隶属于高校，但是其是独立的市场商业性机构主体，具有完全自主的人事、经营、财务管理等方面的权限，技术转移公司仅就大学或科研机构的知识产权享有使用权。[2] 美国比较成熟的高校技术转移中心及科技成果转化机构多相对具有独立性，且对相应的科技成果转化具有相当的决策权。独立的权限具有重要的价值，其不仅可以提升科技成果转化的效率，同时还能够提升对科技成果转化负责程度，促进科技成果转化整体的水准提高。中国应当破除当前的科技成果转化中介机构的权限并不独立、很多时候受制于高校、科研院所等相关部门的协同机制的现象，特别是相关决策往往具有的被动性容易导致缺乏主动寻求最有利合作机会、不利于为科技成果转化提供真正的有价值服务，这些需要有更进一步的关注。在此方面，需要通过科技成果的国有资产混合所有制改革彻底将科技成果转化所受到的障碍予以消除，但是对科技成果转化的国有资产混合所有制改革并不意味着对科技成果转化

---

[1] 胡凯，王炜哲. 如何打通高校科技成果转化的"最后一公里"？——基于技术转移办公室体制的考察 [J]. 数量经济技术经济研究，2023，40（4）：5-27.

[2] 陈柯羽，卢云程，贾春岩. 以色列高校科技成果转化分析与启示 [J]. 中国现代医生，2023，61（15）：83-86，128.

可以为所欲为，其中的谋取不正当利益、合谋破坏科技成果转化秩序的行为仍应当受到相应的约束。

　　成熟的科技成果转化机构及技术经理人，可以为具体的科技成果转化及有关机构提供高标准的科技成果转化服务，推动中国科技成果转化水平的提升，规模化后或可反过来推动中国科技创新的成果秩序，从结果上而言也可以进一步推动中国技术市场的发育程度。在中国科技成果转化经理人虽然有了相当的探索，但是目前科技成果转化激励机制对经理人的关注仍然是不够的。如前文所述，一方面激励不足与科技成果转化经理人在科技成果转化活动中的贡献不足有关，另一方面激励机制的不足也限制了科技成果转化经理人的贡献。要建立成熟的科技成果转化经理人体系，应当首先明确科技成果转化经理人的专业化及其施展能力的空间是存在的。对专业化建设而言，无论是高等教育体系还是社会评价都已经有所关注，需要完善的重点是其中的科学性及具体化。而关于科技成果转化人才对其专业的施展空间建设，则要求对科技成果转化人才的专业能力予以尊重，对其在科技成果转化活动中的话语权、决策权予以保障。在科技成果转化活动中，科技成果转化经理人是听从于相关管理人员而仅仅做一些行政性的服务工作，还是具有结合自身专业能力优势为科技成果转化带来相应的决策资源，是具有本质差别的。当然这也需要在高校、科研院所的科技成果转化活动中，对科技成果转化经理人予以充分的信赖，聘请真正有能力、专业能力强、专业素养高的科技成果转化经理人。

2. 促进中介机构、经理人的对外联络能力

　　科技成果转化中介机构、经理人的专业能力得到认可是对其极大的激励，能够促使科技成果转化机构、科技成果转化经理人积极对科技成果转化寻求对接资源、促进科技成果转化得以顺利实现。在这种需求之下，科技成果转化激励机制的建设需要关注科技成果转化中介机构、经理人对外联络机制的激励以及对外联络资源的衔接。科技成果转化绝非聚焦于内部资源的调配、本地资源的调配，科技成果转化激励机制应当包含在科技成果方、科技成果转化方、科技成果转化需求方之间形成的商业化资源的衔

接。科技成果方、科技成果转化需求方在信息灵通方面不能与科技成果转化中介机构、科技成果转化经理人相媲美，因此在中间衔接方面科技成果转化机构和科技成果转化经理人应当多作为。以色列的科技发展较为先进不仅得益于其政府在科研方面的投入较高，更得益于其高校与产业界、政府、研究机构、医院和医疗中心有丰富和紧密的联系，还得益于其所有的研究型大学都设有技术转移办公室，这些技术转移办公室被定位于对大学产生的知识产权进行市场化、保护和商业化。❶ 我们可以借鉴这种明确的商业化、市场化的角色，不回避科技成果转化的效果追求，最大限度发挥科技成果转化机构、科技成果转化经理人的能力。

要想充分发挥科技成果转化中介机构、经理人的对外联络能力，实际上最重要的就是要确保其相对独立的决策权，这是中介机构和经理人敢于主动对外联络的基础。如果没有相对独立的决策权，其在对外联络上具有严重的受限性，既无法对有些事项直接拍板，又无法获得科技成果转化有关市场主体、科技成果转化完成人的信任。除了最重要的决策权之外，还需要通过科技成果转化激励机制促进科技成果转化机构、科技成果转化经理人的获利空间。在当前科技成果转化激励机制中，对科技成果转化机构、科技成果转化经理人从科技成果转化获益中的分成是非常低的。这一方面可能与其贡献不足有关，即因为其贡献不足，所以获益少；另一方面，也可能因为其从科技成果转化活动中获益分成比例过低，无法激励其对科技成果转化活动作出积极贡献，进而引发低质量科技成果转化服务。因此，在科技成果转化中介机构和经理人体系建设中，要关注其对外联络能力发挥作用的激励，积极主动拓展科技成果转化资源衔接，为科技成果转化活动提供高质量、高价值、有效益的服务。

积极推进科技成果转化机构的建立，在科技成果转化有关的执行文件中，对科技成果转化机构参与分成进行探索，有力确保科技成果转化机构

---

❶ Eran Leck, Guillermo A. Lemarchand, April Tash, et al. Mapping Research and Innovation in the State of Israel [M]. Paris: the United Nations Educational, Scientific and Cultural Organization, UNESCO Publishing, 2016: 165.

在科技成果转化活动和体系中的独立性、重要性。实践中，科技成果转化机构的多少与科技成果转化率也存在相应的正相关（见表5），即一般而言，科技成果转化机构有利于科技成果转化率的提升。

表5　高校设立专利转移转化机构与发明专利产业化率比较表

单位性质	设立专利转移转化机构的比例（%）	发明专利产业化率（%）
高校	50.8	3.9
重点高校	86.0	4.0
普通本科院校	62.0	3.0
专科高职院校	35.2	0.9

数据来源：国家知识产权局战略规划司，国家知识产权局知识产权发展研究中心. 2022 年中国专利调查报告［R］. 北京：2022：17，14.

（三）激励介入：政府角色与政府职能修正

1. 事前激励、事中激励与事后激励

在激励体系中，通过产权激励、经济激励、成果评价激励等方式，实现资源的倾斜，促使被倾斜方为科技成果转化提供更多的资源、意愿，引导其做出有利于科技成果转化的决策。以激励发生的时间为标准可以将激励分为事前激励、事中激励和事后激励。如前文所述，中国在科技成果转化的激励中，事后激励对解决科技成果转化困难、提升科技成果转化积极性带来的激励实际上比较有限。相反，通过事前、事中激励，则可能为实际的科技成果转化活动带来相应的帮助，提升科技成果转化有关主体对科技成果转化的积极贡献。然而，因为科技成果转化事后激励比较容易计量，且资金等支持容易监管，因此很多地方政府以及相关单位在实施科技成果转化激励时，对科技成果转化的事后激励更加偏爱，甚至有地方还针对科技成果转化激励出台事后激励的规定。❶

---

❶　参见《天津市促进科技成果转化后补助办法》（津科规〔2022〕3 号）、《广西企业购买科技成果转化后补助管理办法》（桂科成字〔2020〕192 号）。

有观点认为，科技成果转化产权激励作为一种事前激励，实际上与科技成果转化是否更容易并没有直接的关联，即科研人员获得更多的科技成果权并不一定有助于科技成果转化。❶ 也有观点认为，税收这种激励措施实际上对单位和个人的激励作用是比较有限的，特别是其作为一种事后激励并不能对科技成果转化起到足够的激励作用。这些争议都将科技成果转化激励置于一个较为纯粹的阶段性环境，其激励效果并无法单独体现，相反科技成果转化激励机制发挥作用是一个相互配合的过程，形成的合力越大，对科技成果转化整体的激励作用越强。既不能单独否定事前激励，又无法单独撇开事中激励受到的前期影响而谈论其激励效果，更不能因为科技成果转化结束而否定事后的科技成果转化激励机制对科技成果转化活动的激励可能。不能否定事前、事中和事后激励并非认可其作用的同等性，在科技成果转化活动中还是应当扭转当前激励资源的事后性，将更多的激励机制提前，或者略微从至关重要的激励环节来提升科技成果转化激励的效果。

在科技成果转化过程中，最重要的是解决转化前的资金问题。从这个角度看，在政府资源投入科技成果转化过程中，应当将资源更多地前移。事后的奖励应当以荣誉类奖励为主、经济类奖励为辅，充分实现将激励的资源在事前、事中与事后环节得以针对性地匹配，以解决科技成果转化中的对应需求资源。

实践中，政府在科技成果转化前期的贡献力会更有助于促进科技成果转化的激励效果。在科技成果转化中针对最核心的"缺钱"问题，有些地方探索出了"先投后股"模式。这种模式下，政府通过先期投入、保险保障、社会参与等方式，在成果转化初期以科技项目方式给企业以真金白银，待成果产出后再将投资额转化为股份、功成身退。❷ 这便是政府在科

---

❶ 吴寿仁，吴静以. 科技成果转化若干热点问题解析（二十六）：基于个人所得税政策对科技成果产权激励改革的思考 [J]. 科技中国，2019（7）：73－77.

❷ 吕悦，王建泉. 以"先投后股"模式为科技成果转化插上翅膀 [J]. 今日科技，2023（5）：32－33.

技成果转化过程中的有利参与模式。当然对这种模式中政府获利的正当性有利于促进政府的参与，激发公共资源在创新活动中的能动性，同样也有被肯定的空间。只不过在当前科技成果转化激励体系中，政府让利于民的角色更加有助于市场主体对科技成果转化的积极投入，政府前期带动效果凸显的情况下不与民争利能够有效解决科技成果转化中的缺钱问题。

对于事后的科技成果转化激励，税收优惠的激励机制安排仍然有改进空间。对科技成果转化有关的税收优惠中，扩大个人所得税优惠中"科技人员"范围，延及企业科技人员。[1] 对科技人员的非职务科技成果转化取得的所得以及个人转化科技成果转化取得的股票、现金奖励以外的其他形式的收入，制定相应的个人所得税税收优惠政策。[2] 税收优惠方面，也应当在科技成果转化相关链条上有所拓展，加大风险投资持有阶段与退出阶段的税收优惠，放宽被投资者范围，即对被投资企业要求不应限于高新技术企业与初创科技型企业，应当将从事具有风险活动的企业均考虑在内，放宽被投资者范围，以此保障企业在进行科技成果转化后的后续试验与开发时，也能够享受风险投资。[3] 如此类似的激励措施仍然有进一步优化的空间，为科技成果转化提供充分而全面的税收优惠政策，是事后激励的一种体现。

2. 激励的条件：科技成果转化的成功与失败

科技成果转化激励的目标肯定暗含着这样一层意思，即科技成果转化是成功的。然而在科技成果转化活动中，还有一些科技成果转化活动并无法获得理想的成功结果，或者中途失败无疾而终，那么这些科技成果转化是否值得激励，抑或这些科技成果转化活动是否应当予以否定呢？从整体创新活动来看，"胜败乃兵家常事"。对于科技成果转化活动的胜败不应当

---

[1] 陈远燕，刘斯佳，宋振瑜. 促进科技成果转化财税激励政策的国际借鉴与启示 [J]. 税务研究，2019（12）：54－59.

[2] 陈远燕，刘斯佳，宋振瑜. 促进科技成果转化财税激励政策的国际借鉴与启示 [J]. 税务研究，2019（12）：54－59.

[3] 陈远燕，刘斯佳，宋振瑜. 促进科技成果转化财税激励政策的国际借鉴与启示 [J]. 税务研究，2019（12）：54－59.

有过于严格的要求，而应当遵循优化后果，如果在一项科技成果转化活动中已经明显看到其有更优化的替代方案，那么应当遵循相应的规律和优先选择理性对相应的科技成果转化活动予以妥当的处理。被终止的科技成果转化活动不一定是失败的，由此也不宜被赋予完全否定性评价。创新活动贯穿科技成果转化始终，在其中积累的创新经验、科技成果转化经验、科技成果转化对接资源等仍然基于相关活动而产生、存在、延续，因此对之并无法完全予以否定性评价。

另外，政府还应当注重对包容性创新环境的塑造，为社会提供一种诚信创新的包容性环境。对于不同的领域，创新的体现也是不同的，在科技成果、科技成果转化语境下，创新从来都是实实在在发生的，虽然技术上的复杂程度各不相同，但是其对现实的价值都是值得肯定的，故而对于科技成果转化的激励并不因转化的经济效益而转变，即包容性创新的理念应当带来创新有益、科技成果转化激励机制平等的启发。

最后，政府在科技成果转化活动中，不必回避从科技成果转化中获得利益的想法。从创新体系来看，政府并不总是处于次等地位，往往政府是敢于承担风险、积极推动创新的，并非仅仅为私人部门去风险和纠正市场失灵。❶ 承认这一点对积极看待政府在一定程度上从科技成果转化激励体系中获取回报的正当性具有帮助作用。言下之意，科技成果转化激励制度中，政府投资科技成果、科技成果转化同样值得激励，特别是地方政府财政来源的科技成果转化，从科技成果转化获得的利益中匹配相应的比例反哺政府，则可为科技成果转化的持续投入带来相应的积极动力，转变其仅仅作为政府的一项"任务"来被动实现。政府作为引导、支持科技成果转化的主体，其对创新的影响是连续的。政府在相关的介入中，要注意科技成果转化是主要内容，但是绝对不能忽略知识产权创造以及科技创新，因为后者是前者的源泉，没有科技成果何谈科技成果转化。由此，在政策的

---

❶ ［英］玛丽安娜·马祖卡托. 创新型政府：构建公共与私人部门共生共赢关系［M］. 李磊，束东新，程单剑，译. 北京：中信出版社，2019：225.

制定偏位修正上，虽然应当注意后端科技成果转化的补足，● 但是同样要坚持注意知识产权创造、科技创新，切忌顾此失彼。在整个过程中，政府在科技成果转化中的贡献动力实际上并不应当仅仅因为其是公共机构而削损其被激励的可能。政府作为一种创新参与主体，其具有获利的可能性和正当性，以对其起到持续的激励作用。

3. 科技成果转化激励政策透明化、程序便利化

科技成果转化激励的透明化有助于相关信息的传递效率提升。政府的政策透明化一方面要求政策制定过程透明化，另一方面要求政策获取具有透明性。科技成果转化激励政策不同于其他政策，其具有较强的资源倾斜性和作用重要性，因此对于有些科技成果转化活动具有直观的影响。政策制定过程的透明性既有助于相关科技成果转化活动的前期预测，又有助于提升科技成果转化激励政策在实践中落实的速度和被接纳的程度。科技成果转化激励政策获取的透明，主要要求科技成果转化政策的执行过程透明、科技成果转化激励政策及时公开、充分公开，使得相关主体在科技成果转化激励的资源获取上能够有及时的决策。科技成果转化政策的透明同时要求其有权威稳定的公开渠道，避免在相关平台获取相关信息障碍重重。

科技成果转化激励机制应当尽量便利化，优化科技成果转化管理流程。在实践中，科技成果转化激励的手续应当尽量减少复杂性，决策程序应当尽量简化、高效，尊重和信任科技成果转化活动，避免复杂性给正常的科技成果转化激励带来相应的阻力而不利于科技成果转化激励机制的作用发挥。如有些政策中规定不应当经过审批的事项，在实践中要彻底获得贯彻执行，就不应当以单位制度来增加科技成果转化激励程序的复杂性，而应当便捷科技成果转化激励机制的程序，优化科技成果转化激励的环境。

● 潘冬. 科技企业孵化器知识产权服务中政府行为方式的研究［M］. 北京：北京工业大学出版社，2018：105.

然而现实中还存在一个重要问题亟待解决：科技成果转化有关的规定中，过于关注高校、科研院所的科技成果转化激励程序，而对企业的科技成果转化激励及其程序简化问题缺乏具体规定。❶ 这对解决实践中企业的科技成果转化激励机制的复杂性而言，是十分不利的。

三、激励衡量：科技成果转化结果的差异化

（一）科技成果转化激励的结果导向之容忍失败

科技成果及科技成果转化均是创新体系的构成部分，所有的创新活动并不一定都确保百分之百地达成目标，创新活动的"失败"不是科技成果转化激励所期待的，但是对科技成果转化也应当有相应的容错机制，以使科技成果转化能够获得一种符合科技发展规律、创新实事求是的环境。这对于市场环境下的科技成果转化而言意义非凡，一方面能够避免来自财政支持的否定，另一方面能够使得风险投资对创新活动有客观的认识。《国家技术转移体系建设》曾强调，要"健全激励机制和容错纠错机制"。这意味着，科技成果转化的激励机制与容错纠错机制是同等关键的。

只要规则透明，有相应的科技成果转化激励（包括正激励、负激励）依据，那么科技成果转化激励措施自然在容错机制之下获得相应的选择，为社会营造愿意尝试科技成果转化、敢于转化的良好氛围，培养实事求是的创新秩序。然而实践中仍然有基于对科技成果转化风险过于担忧而对科技成果转化避而远之的现象，如前文所述有人认为虽然不对其追责，但是仍然可能产生社会评价降低等负面后果，因此对科技成果转化的容错并不认可。在此，要通过淡化科技成果转化活动中的正常失误，对之进行广泛的普及，而且在正常的科技成果转化容"错"中淡化评价、强化经验总结。在单位的相应评价体系中，对正常的容"错"活动应当避免予以负面

---

❶ 何丽敏，刘海波，许可. 国有资产管理视角下央企科技成果转化制度困境及突破对策 [J]. 济南大学学报（社会科学版），2022，32（3）：102–110.

评价，提升相关人员在科技成果转化活动中敢于转化、敢于贡献的能力。进一步而言，相关文件中规定对于容错是"免除责任"，这意味着还是有责任的。为了激励科技成果转化活动中敢于决策、善于决策，应当移除责任的归责负担，避免给具体的科技成果转化带来责任畏惧。

对科技成果转化的容错机制并不意味着对科技成果转化诚信体系的淡化，"容错"并不是对所有"错"予以容忍。科技成果转化诚信以及对不诚信造成的后果，应当建立相应的追责机制，避免一些科技成果转化活动中造假等不诚信活动给科技成果转化带来损害，影响科技成果转化激励机制的良好环境塑造。

（二）科技成果转化激励中对成本与收益的衡量

成本收益的衡量几乎是所有制度设置时都会考虑的问题，科技成果转化激励是否要考虑成本和收益问题呢？当然要考虑，只不过在衡量成本、收益时应当对相应的收益做出更加宽泛的理解与评估。不应当将收益仅仅限定为经济价值，特别是即时经济利益，还要看到更重要的战略价值等。而且，从科技成果转化的一般意义上而言，应当衡量积极价值、经济市场价值，而不应当过度追求科技成果转化率。

1. 以知识价值为导向

《赋予科研人员职务科技成果所有权或长期使用权试点实施方案》指出："落实以增加知识价值为导向的分配政策。试点单位应建立健全职务科技成果转化收益分配机制，使科研人员收入与对成果转化的实际贡献相匹配。试点单位实施科技成果转化，包括开展技术开发、技术咨询、技术服务等活动，按规定给个人的现金奖励，应及时足额发放给对科技成果转化作出重要贡献的人员，计入当年本单位绩效工资总量，不受单位总量限制，不纳入总量基数。"这也彰显出中国科技创新有关活动对知识价值为导向的分配理念之认可。在科技成果转化激励中，应当以该理念为基础，在激励机制的设计中贯彻知识价值贡献为导向的科技成果转化激励方式。然而，知识价值导向并不意味着只有科技成果研发才具有知识价值，科技成果转化活动中非科研人员的转化贡献也可能含有知识价值的增加，对于这部分知识价值的肯定往往是空缺的。

在科技成果转化激励体系中，以增加知识价值为导向是值得肯定的。科技成果转化本身具有超越知识价值增加的价值，同样也应当纳入科技成果转化激励的范围，因为其对科技成果转化的经验探索为后来的科技成果转化活动提供了相应的支撑和借鉴。即便在具体个案中的转化活动并没有获得理想的对价或者成果，其也有相应的价值。有些科技成果转化活动还会产生一些创新，这同样值得被肯定。

2. 战略性发展

谈及科技成果转化领域的成本、收益，不得不提战略性发展的问题。中国在航天、高铁、激光、军用、超算等领域一系列科技创新的丰硕成果，实际上都不盈利甚至产生大额亏损，依靠政府补贴维持相应的活动。[1]但是这并不能直接评价其转化活动没有价值或者价值低，因为这些领域往往蕴含国家发展战略的价值导向，且在这些高端技术领域必须依赖政府的投资介入才能够获得相应的科技成果转化，在看待这些科技成果转化激励价值时不应当局限于经济价值，而应当从科技、政治等方面看到战略的积极性。

有些地方的战略性发展也值得关注，地方政府对地方战略性发展有关的科技成果转化予以特殊的激励是值得肯定的，而此时成本、收益就无法从纯粹经济价值方面予以衡量。甚至在有些领域，没有收益的科技成果转化也要予以激励、支持，因为其对地方的发展而言具有重要的价值，符合地方发展的预期目标。当然，也有人对这种发展政策提出质疑，特别是认为产业政策给市场正当竞争带来了相应的损害。然而，从相应的整体布局来看，对于特定符合发展战略的科技成果转化激励政策还是应当予以肯定的，其可能给地方带来相应的发展优势。在此战略布局之下，各单位也应当及时关注自身的科技成果转化的优势和不足，将优势学科与国家战略产

---

❶ 郑翠翠，姚芊. 我国科技成果转化现状及对策［J］. 经济研究导刊，2022（24）：141 –143.

业、地方战略规划相结合，辐射带动相关科技成果转化能力的提升。❶ 战略性发展理念之下，财政支持与市场力量之间应当有相应的协调，国有企业要通过相关平台建设，为民营企业提供技术服务和创新成果转移转化支持。❷

（三）科技成果转化激励有助于解决"卡脖子"问题

基于以上分析衍生出一个重要的问题，即科技成果转化激励是否有助于解决现实中的"卡脖子"问题。"卡脖子"问题的产生既有长期技术发展布局的成因，也有技术飞速发展中当下产生的问题。科技成果转化激励是否能够解决与是否有助于解决"卡脖子"问题是两个问题。在"是否有助于"层面上的答案应当是肯定的。很多观点认为，"卡脖子"的关键在于基础研究的不足。除了基础研究之外，实际上还有科技成果转化的重要问题。科技成果转化激励有助于引导科研活动与现实需求相匹配，解决现实问题，将科研引导向实际发展需求的满足上，缓解科技成果转化难的源头问题之一——科技成果与现实需求脱节。对于"卡脖子"领域的科技成果转化还应当给予特殊的激励机制，不惜代价解决"卡脖子"的问题。

需求拉动的科技成果转化往往在产品或者技术设计之初就要考察消费者的想法，所有的过程都要围绕满足消费者的需求展开。❸ 但是在核心技术领域，往往需要技术研发及转化的战略性规划，并且高效实现资源的匹配，在此情况下要实现战略驱动，由技术定义市场，通过科技成果转化来引领市场。此时，无论是基础研究还是应用研究、科技成果转化，要解决"卡脖子"的问题，必须对相关问题有深入的认识，并且有扎实的科技成果转化高端人才，在相应的多方参与之下高效推动科技成果转化。

---

❶ 冯劭华，陈丹，昝栋，等. 基于专利文本的我国"双一流"高校科技成果转化能力分析［J］. 情报探索，2023（6）：72–77.

❷ 李政. 国有企业推进高水平科技自立自强的作用与机制路径［J］. 科学学与科学技术管理，2023，44（1）：55–67.

❸ Marco Cantamessa，Francesca Montagna. Management of Innovation and Product Development：Integrating Business and Technological Perspectives［M］. 2nd edt. London：Springer，2023：312.

在注重科技成果转化激励的同时，也应当注重基础研究的激励，培育和引导基础研究很重要的理念、氛围。在科技成果转化活动中，有时就是因为一些基础研究的欠缺而无法实现科技成果转化，此时要解决这些问题就必须拓展市场端与科研主体合力参与科技成果转化活动，避免科研人员在科技成果转移、转让给科技成果转化环节后彻底脱离科技成果转化活动。企业对前沿的技术发展具有相应的敏感度，而高校在基础研究上则具有不可比拟的能力。因此一般而言，"高校的基础研究 + 企业的应用转化"是理想的搭配模式。但是在具体个案中，不排除企业开展基础研究特别是应用基础研究的优势，这有利于基础研究与产业技术创新有机结合，提升基础研究成果的转化应用。❶ 基础研究与应用研究并非泾渭分明，在具体的科技成果转化过程中可能还会有相关基础研究的需求。因此，基础研究与应用研究对科技成果转化的实现不分伯仲。

四、科技成果转化激励方式的改进

（一）推进经济激励与精神激励的双激励搭配

依据《科学技术进步法》第 18 条的规定，国家建立和完善科学技术奖励制度，设立国家最高科学技术奖等奖项，对在科学技术进步活动中作出重要贡献的组织和个人给予奖励。与此同时，国家鼓励国内外的组织或者个人设立科学技术奖项，对科学技术进步活动中作出贡献的组织和个人给予奖励。在创新领域激励体系中，经济激励当然是重要的，而且有些时候对个人而言是非常重要的，然而，只有经济激励也存在其相应的局限性。精神奖励、物质激励结合是《关于实行以增加知识价值为导向分配政策的若干意见》提出的知识价值收入分配原则之一。精神激励的方式包括多种，如署名权、决策权、荣誉称号、影响力评价、嘉奖等。

---

❶ 李政. 国有企业推进高水平科技自立自强的作用与机制路径 ［J］. 科学学与科学技术管理，2023，44（1）：55 - 67.

在大学里，科技成果转化有关的奖励可能奖金比较少，但是其可能成为一种殊荣，对被激励者而言往往能够产生较大的被认可感，这却往往容易被提供奖励者低估其激励作用。❶

科技成果转化的宣传对激励科技成果转化具有积极的引导作用。实践中也有部分科技成果转化单位对有突出价值的相关工作予以宣传，特别是对科技成果转化获得的经济效益、技术效益比较突出的项目做出宣传，或者对科技成果转化单位的科技成果转化模式特殊性予以总结，进而通过宣传获得相应的知名度、社会荣誉感。这种形式的宣传还会引发后续的资源吸引效应，其他企业对该单位的科技成果及团队也会投入更多的关注，有利于进一步推动科技成果转化活动的展开。

精神奖励能够减轻经济奖励的经济压力，将节约资金用到更加值得的地方去。一般而言，精神奖励的对象为科技成果转化比较成功的主体或项目，这些主体或项目因为已经获得了相应标准下的成功，因此往往在经济上并没有太大的需求，经济奖励对其而言可有可无，对其进行经济奖励实际上也无法对其起到进一步的科技成果转化贡献作用。相反，他们在获得科技成果转化的成功之后，可能对荣誉类的精神奖励更加注重，而且精神奖励一般还能够在其本身工作评价体系中对其绩效等有所帮助。这些节约的资金能够使用在对其他要展开科技成果转化、正在进行的科技成果转化活动中去，所谓可以把"钢"用在"刀刃上"。

实际上除了上述科技成果转化的精神激励之外，还可以拓展其他形式的激励方式以为科技成果转化提供充分的全方位激励。如对科技成果转化主体后续的科研资源、对科技成果转化后的相关环节进一步研究或转化提供未来承诺。这种承诺一方面是对科技成果转化的激励，同时也能够激励科技成果转化主体和相关科研转化活动能够得以延续，实现具体领域科研、转化得以深耕的理想目标。在此需要注意，这种承诺性的激励要以守

---

❶ Tom Hockaday. University Technology Transfer. What It Is and How to Do It [M]. Maryland：Johns Hopkins University Press，2020：106.

信用为基础，对于承诺应当有透明的规则，并服务于科技成果的持续研发和转化，避免被寻租抢占先机、浪费资源。

（二）权属分配多样化

实践中对科技成果转化有关收益的探索形成的经验数不胜数，无论是获益比例的倾斜还是权利归属的修正，实际上都以法律规定中的权属规则为基础，特别是专利法等形式立法中的职务科技成果规定，往往成为实践中科技成果转化激励的重要权属依据。然而，专利法等立法中对职务科技成果归属的规定，已经不适宜科技成果转化激励发挥作用，特别是对实际做出智力创造的个人而言激励作用有限；需要对职务科技成果的归属规则做出相应的调整，可以通过立法的修改将原始的权利归属于个人，然后通过个人赋权给单位，这种做法不仅是对个人智慧劳动的尊重，还有利于缓解当前国有资产管理规则适用的困难。

在权属延伸的利益具体分配中，可以大力发挥合同的作用，避免在相关条文中规定比例限制，因为不同主体在具体场合中所作出的贡献是因具体科技成果转化而有差异的。单纯的比例规则实际上是对相关贡献的"一刀切"，并不一定合适。

（三）股权激励的改进

对于涉及领导干部的科技成果转化激励，应当积极探索股权代持制度，避免因为科技成果转化股权激励可能带来的风险而否定其在科技成果转化体系中的价值。代持方案方面可以积极探索由股权公司代持、所在单位代持、第三方机构代持、其他自然人代持等模式。❶ 此外，股权激励对被激励对象而言是一种长期激励，是否要通过股权进行激励要结合被激励者的意愿来确定。在实践中出现的有些高校为了避免科研人员因为股权获

---

❶ 王敬敬，刘叶婷，隆云滔. 科技成果转化中领导干部股权代持机制研究［J］. 领导科学，2018（32）：41－45.

得过多的经济利益影响其专心科研、弱化股权激励，缺乏对科研人员具体情况的具体衡量，不足以尊重科研人员的意愿，有损激励发生效果。要加强科技成果转化激励中股权激励的自由选择，通过对股权的多种形式配置，实现股权对相关群体的核心激励作用。

五、科技成果转化的地区差异化：举国体制与地方差异

科技成果转化激励机制中，地方对中央政策制度的贯彻是比较直观的，这里的问题在于科技成果转化在地区之间是否应当存在差异化，即对于科技成果转化激励是一项举国体制还是一项地方差异化的可选择项。目前来看，在中国探讨举国体制时，主要强调的是资源由中央统一调配，健全关键核心技术攻关新型举国体制下，把集中力量办大事的制度优势、超大规模的市场优势同发挥市场在资源配置中的决定性作用结合起来，强化国家战略科技力量，推动科技自立自强不断取得新进展，❶ 成为中国目前讨论举国体制的关键。瞄准当前中国经济社会发展中被外国"卡脖子"的重大问题，组织团队进行集成攻关，保障产业链供应链安全、自主可控，同时还要在关键核心技术攻关方面取得一些突破，面向重点产业需求，挖掘一批具有良好市场化前景的科技成果，争取部门、地方、企业多元化支持，推动一批具有重大应用前景的原创成果开展概念验证、中试熟化，加快提升技术成熟度，加快推动重大原创成果和关键核心技术产业化应用，成为中国解决"卡脖子"问题举国体制的瞄准方向。❷ 科技成果转化作为科技攻关的关键环节，纳入举国体制具有相应的合理性。当前"国有资产＋市场化管理"的模式是新型举国体制的体现之一，探索政府意志和市场选择的完美结合机制，有利于推动科技成果转化对中国科技攻坚的作用。❸

---

❶ 王钦. 健全新型举国体制 ［N］. 人民日报，2022－12－08（9）.

❷ 教育部：对科技造假和学术不端"零容忍"［EB/OL］. ［2023－09－28］. https：//edu. cctv. com/2023/07/13/ARTI7cz7Dy9Ta9g9FH30yCk9230713. shtml.

❸ 马婷婷. 国有资金＋市场化管理是新型举国体制的体现 ［N］. 21 世纪经济报道，2023－05－22（10）.

从地方视角来看，对科技成果转化的热烈渴望成为新一轮科技资源竞争的体现。然而，结合地方科技水平、科技资源、科技环境等综合做出评估，对科技成果转化激励政策做出符合地方发展战略的方案，是一种理性的选择。此时，经济欠发达地区展开科技成果转化激励并意图发展成"高地"可能需要借助于中央的政策倾斜或者一些特殊产业的落地，若非如此经济欠发达地区在此方面很容易落后。近些年，地方科技成果转化有关制度政策的完善，也给科技成果转化激励的地方化提供了切实保障。近些年来地方立法获得了诸多实践经验，特别是在科技发展与知识产权领域充分发挥地方立法的补充、先行和创制作用，具有相当的积极价值，有利于完善中国科技创新的制度体系。在科技成果转化的激励方面，各地方政府特别是发达城市的地方政府，积极从自身科技发展水平和条件出发，形成科技成果转化友好型的激励环境，对科技成果转化的激励价值不言而喻。从结果上看，中国整体的科技研发、科技成果转化效率都有所增长，总体上研发效率高于转化效率，从地域上而言呈现出西部地区研发效率最高、转化率最低，东部地区转化效率表现最优，科技成果转化最有效的省市为浙江、重庆和北京。[1] 对这种现象应当予以客观看待，经济发达地区本身就具有展开科技成果转化激励的先天性优势，经济欠发达地区不需要与此比较，而需要的是在国家科技成果转化战略、地方科技成果转化战略的双重目标下，选取符合地方发展能力、地方治理目标的方案，进而量力而行。避免在新型举国体制之下，给地方科技成果转化激励"画大饼"，挫伤科技成果转化的诚信环境建设。在立法方面，中央的立法本身是对地方立法共性的提炼，[2] 地方立法应当体现出地方科技成果转化激励的创新特色，避免流于形式、机械照搬上位立法。

为了积极推进科技成果转化的效率和效益，中国还应当注意标准化在

❶ 廖翼，范澳，姚屹浓. 中国科技成果转化效率分段测度及区域比较 [J]. 科技和产业，2021，21（8）：20-24.

❷ 刘光华，李泰毅. 地方立法体系的结构优化理据与路径 [J]. 深圳社会科学，2023，6（3）：47-59.

科技成果转化中的积极价值。通过引导科技成果转化有关的标准化，能够有利衔接科技成果转化有关资源的对接，❶ 在市场供给、需求之间建立稳固桥梁，以高效推进科技成果转化。

第三节　配套激励：人才培养和组织机构完善

科技成果转化激励居于科技成果转化制度体系中，系属创新体系。然而创新并非简单的线性模型，而是一个庞大复杂的生态系统。❷ 前述内容并没有提及太多人才的内容，因为人才问题不仅在科技成果转化中有很大的改进空间，在整个创新体系中都是一个十分值得关注的核心问题。当今各地政府对人才都比较关注，对科技成果转化人才相当渴求，制定了相应的科技成果转化人才文件，这些都显示出对人才问题予以解决的紧迫性和关键性。

一、科技成果转化人才培养与培育

中国对科技成果转化人才是高度关注的，且科技成果转化的高级专业人才是比较急缺的。2023 年科技部火炬中心印发《高质量培养科技成果转移转化人才行动方案》，其中提及 "到 2025 年，培养科技成果转移转化人才超过 10 万人"。据统计，中国高校科技成果转化机构人员配备平均为 6.6 人，美国高校的科技成果转化机构中的人员配备平均为 39.5 人，美国高校科技成果转化配备人员最多的约翰·霍普金斯大学高达 78 人。❸ 在创

---

❶ 郭超飞，代健，陆春华，等. 国外标准化促进科技成果转化现状及其启示［J］. 航天标准化，2022（3）：41 - 44.

❷ 阮芳，何大勇，李赞铎，等. 解码中国创新：政府如何发挥作用［EB/OL］.［2023 - 09 - 28］. https：//web - assets. bcg. com/d5/cf/efad0de040afaaeb578c1b28b21b/decoding - chinas - innovation - the - role - of - government. pdf.

❸ 徐明波，荀渊. 高校科技成果转化机构定位、职能及其影响因素研究：基于中美研究型大学科技成果转化机构的对比分析［J］. 高教探索，2021（11）：34 - 42.

新体系中应该包含很多不同层次的人员配备，其中有些人只专注于某一领域的研究并做到出类拔萃，另一些人只需要关注使用者的需求，还有一些人从事介于两者之间的工作。❶ 区分科技成果转化过程中科研人员与科技成果转化专业人员、科技成果转化服务人员，是在创新活动中对人事进行妥当安排的重要前提。特别是考虑到科研人员的高峰创造期一般是比较短暂的，如果除了创新科研之外有太多的角色赋予，那么可能抹杀其本身贡献优势，从整体而言是不利于科技创新秩序中的人力资源安排的。由此，要对科技成果转化人才的激励予以独立的关注。

（一）人才培养的激励

实际上对人才欠缺的精准把脉在 20 世纪 90 年代就已经被关注到，当时提出"缺乏既懂科技又懂市场、懂管理的会做科技成果转化工作的人才，这些因素都是科技成果转化的障碍"。❷ 但是历经二十余年，中国这一问题仍然未得到有效解决。

提到人才培养的激励，就不得不提中国的高等教育。科技成果转化人才对知识架构要求比较丰富，因为科技成果转化过程既涉及管理、经济、会计，又涉及商业、法律等，其复合性特别强。在中国高等教育体系中，各学科专业边界的划分是比较清楚的，无论是教师还是学生在创新活动中都习惯于聚焦特别局限的专业内，对其他专业接触的机会和意愿比较有限。特别是理工科专业与社会科学专业之间的鸿沟，在高等教育体系中很难跨越。如在法学专业的改革中，很多学校通过法律硕士（非法学法硕）接收具有理工科背景的人才，希望通过法学教育形成复合型人才。这个形式确实取得了相应的教育成果，但是也存在很多问题，如人才培养的法学知识体系有欠缺，对实际的理工科专业知识的深造程度有限，在社会上被

---

❶ ［挪］詹·法格博格，［美］戴维·C. 莫利，理查德·R. 纳尔逊. 牛津创新手册［M］. 柳卸林，郑刚，蔺雷，等译. 上海：东方出版中心，2021：743.

❷ 全国人大常委会副委员长彭珮云，1998 年 12 月 26 日在第九届全国人民代表大会常务委员会第六次会议上，全国人大常委会执法检查组关于检查《中华人民共和国促进科技成果转化法》实施情况的报告。

接纳的空间比较有限。近年来对知识产权专业的针对性改革，如有些学校开设了知识产权专业的本科生，但是在学生与社会的衔接度上、学生的知识体系安排上等仍然存在较大的改进空间。即便是这种颇有成绩的培养模式和深入的人才培养模式探索，实际上在课程设置上仍然无法满足相关人才培养综合性的要求，这更进一步表明，科技成果转化人才的培养实际上是一个需要各部门协力才能解决的问题。如果看国外高校的知识产权有关课程设置则发现，除了传统的知识产权法之外还有一些其他比较综合的、与市场衔接度比较高的课程，这些课程有的是邀请行业内的专业人士来根据其具体经验做授课，有的是在课堂邀请行业内专家来进行对话形式的授课。而在中国，高校教学管理比较严格。这深深束缚了综合性人才培养的展开。

要破解人才问题，首先要从高等教育层面来对教学予以灵活化的处理。近年来，有些高校在研究生层面鼓励开设科技成果转化有关的课程，兼顾了法律类、财经类、素养类相关课程。❶ 不同的高校也有挂靠培养、联合培养的做法，但是这往往导致人才培养方向不明确、弱化科技成果转化的培养目标。❷ 总体而言，在本科层面的改革比较有限。对于跨学科的培养机会少之又少的情况下，双学位、辅修等又对学生的吸引力有所下降，在这种情况下科技成果转化人才培养的机会就比较有限。

中国可以借鉴日本在教育模式上坚定不移打破文理鸿沟的 MOT 教育培养模式。MOT（Management of Technology）意为技术管理，为美国首创，将技术与经营相结合，用于培养有经营头脑的科研人员，以促进科技成果转化为生产力或新产品。❸ 在日本其把技术放在管理的范畴内进行研究，

---

❶　关于修订及印制 2023 版研究生培养方案的通知［EB/OL］.（2023 – 05 – 22）［2023 – 09 – 28］. https：//graduate. bjut. edu. cn/info/1110/1722. htm.

❷　刘垠. 推动科技成果转移转化人才量质提升：2025 年将培养超 10 万人［N］. 科技日报，2023 – 04 – 21（2）.

❸　［日］常磐文克. 创新之道：日本制造业的创新文化［M］. 董旻静，译. 北京：知识产权出版社，2007：29.

实践中以技术为中心制定和实施经营战略。❶ 日本政府对 MOT 人才的培养也比较重视，❷ 对 MOT 人才培养提供了重要支持且主导了相关人才培养架构，❸ 日本有的学校还有专门的 MOT 学位教育。❹ 这对于专业的科技成果转化人才的提供具有较大的帮助。MOT 人才培养良性发展依存于政府和教育有关机构的共同参与，对科技成果转化而言具有不可替代的强大功效。❺

中国目前对 MOT 教育的重要性和路径认识不甚清楚，主要在管理教育、教育学或科学技术哲学三个领域之下开设相应的课程，导致相应的教育开展效果并不明显。❻ 中国可以在这些国际经验的基础上，对中国高等教育中有关 MOT 人才培养做出相应的改革，提升包括科技成果转化在内的人才培养的灵活性和专业性，以为实践提供相应的综合性人才，服务中国科技成果转化全过程。同时也要注意，科技成果转化的基础研究也十分重要，因此可以在 MOT 中加上 S（Science）形成 MOST（Management of Science and Technology），即科学技术管理。❼

（二）人才培育的激励

高校仅仅是人才培养和输出的一个切入口，社会才是一个大学堂。因

---

❶ ［日］常磐文克. 创新之道：日本制造业的创新文化 ［M］. 董旻静，译. 北京：知识产权出版社，2007：28.

❷ Akio Kameoka, Steven W. Collins, Meng Li, et al. Emerging MOT Education in Japan ［J］. IEMC '03 Proceedings. Managing Technologically Driven Organizations：The Human Side of Innovation and Change, Albany, NY, USA, 2003：296 – 300.

❸ 范虹，高鹏，汤超颖. 国外技术管理教育的发展趋势及其启示 ［J］. 自然辩证法通讯，2006（6）：51 – 56，112.

❹ An educational program which cultivates the knowledge and expertise essential for CXO and entrepreneurs ［EB/OL］.［2023 – 09 – 28］. https：//www. tus. ac. jp/en/grad/keiei/mot. html.

❺ 熊国经，蓝建平，熊剑琴. 技术经营探究：兼论日本 MOT 人才培养战略 ［J］. 科技管理研究，2005（6）：70 – 71.

❻ 吴春玉，张茹岑，孙伟男. 双创背景下我国高校开展 MOT 教育的思考 ［J］. 教育教学论坛，2018（10）：8 – 10.

❼ ［日］常磐文克. 创新之道：日本制造业的创新文化 ［M］. 董旻静，译. 北京：知识产权出版社，2007：36.

此，并不能将人才培养的全部重担都寄希望于高等教育。[●] 步入社会后的人才持续获得成长是人才培育的关键环节，这个环节是高等学校的在校教育不可替代的。特别是科技成果转化这种实践性特别强的工作类别，科技成果转化人才在实践中获得培育成长有关的激励非常重要。

科技成果转化人才要在科技成果转化行业内真正"摸爬滚打"积累经验，通过实践总结出相应的经验。在此方面，科技成果转化岗位上要给予有关工作人员充分的活动空间和信任，形成其岗位职责上的决策权。此外，在科技成果转化岗位上工作人员的专业性通过实践才能够获得相应的专业积累，由此为科技成果转化提供更专业高效的服务。对其专业服务也要逐步予以相应的激励机制，这种激励机制要比照科研人员的贡献展开。聘用专业的科技成果转化人才是十分必要的，在高校和科研机构中科技成果转化人才兼任现象比较突出，这对科技成果转化活动的综合性以及利益冲突性问题解决是十分不利的。要在过渡期后逐渐激励相关单位聘用具有独立决策权的科技成果转化人才，建立真正具有独立决策权的科技成果转化部门。

完善科技成果转化人才的考核评价及职称评定体系。职称评定对任何从业人员而言都是非常重要的事项，建立严肃的、高标准的科技成果转化人才职称评定体系有助于引导人才高素质发展。在实际工作的职称评定上，应当对科技成果转化人才予以积极认可，提升科技成果转化人才评价标准的灵活性。不同行业的科技成果转化具有不同的实践环境和难度，因此对科技成果人才的职称评定上要注意提供相应的激励措施，让科技成果转化的从业人员能够有明晰的职业发展方向和不同领域科技成果转化职称评定的衔接机制。将科技成果转化人员的职称评定权限下放，制定具体行业科技成果转化人才的职称评定标准，具有相应的积极价值。此外，对于

● 冯晓青，周贺微. 我国知识产权高等教育四十周年：成就、问题及其解决对策 [J]. 法学教育研究，2019，27（4）：162 – 178.

优秀人才应当积极探索"一人一策"的可行性，❶ 特别是对于具体行业、具体单位、具体岗位的科技成果转化人才，展开"一人一策"工作机制是十分必要的。正常的人才流动机制应当得到社会的认可，尤其是在企业和高校、科研机构之间的科技成果转化人才流动，应当得到相应的鼓励。因为科技成果转化工作还可能在科技成果转化范围上涉及国外，所以对于有相应专业工作背景的科技成果转化人才，应当建立相应的人才引进渠道、形成相应的人才梯队，积极通过激励机制吸引、吸纳人才来提供科技成果转化工作，以带动中国科技成果转化人才体系的社会培养。

具体科技成果转化项目中，对科技成果转化做出较大贡献的人才是促成科技成果"转化"的主体，这与科技成果的权利人是分开的，但是在团队内部如何根据贡献获得相应的激励比例是共性问题。在具体实践中往往产生不同职位等级的人员按照岗位级别实行不同等级的激励分配，但是在具体科技成果转化活动中不同的人员因为不同的参与度、贡献度可能实际应当获得的激励比例也不同。另外，在科技成果转化活动中，有的工作只是一般的行政工作，并没有科技成果转化激励的必要，因此要对这些内容予以区分，以使科技成果转化激励能够充分发挥其激励作用。

中国对科技成果转化的重视是基于现实的考虑，更是基于对国家未来科技发展的考虑，对专业科技成果转化人才的培育不可忽视。科技成果转化人才专业化具有长远的积极价值。科技成果转化活动不同于科技成果创新活动，其既需要科技也需要法律，既需要商业背景也需要项目经验，对人才的需求具有高复合性，这种复合性基于实践经验的积累能够为科技成果转化作出积极贡献。夯实高等教育和社会层面的继续培育具有同等重要的价值。实际工作中，要注意区分科技成果转化人才与其他人才、不同贡献的科技成果转化人才、科技成果转化人才与行政人员，具有针对性地为科技成果转化人才的培养和培育提供激励，并在实践中充分发挥激励机制对科

❶ 参考北京市人力资源和社会保障局《关于进一步加强和改进职称工作的通知》（2023 年 6 月 16 日）。

技成果转化活动和人才的针对性激励，在毕业、就业衔接上提供相应的激励措施，引导相关复合型知识背景的人才到科技成果转化有关行业从业。

二、科技成果转化激励的组织视角完善：科技成果转化协同与合作的激励

（一）科技成果转化中政府力量的指导与引导

如创新领域的其他问题一样，政府无论在投资规模还是政策工具上，都具有其他市场主体无法企及的能力和魄力。❶ 在"治理"语境之下要认识到，缺乏活力的企业无处不在，公共部门的创新活动并非天生不如私人部门，鼓励公共部门改革创新要考虑到组织活力。❷

政府掌握着科技成果转化有关的资源分配权限，且在地方政府的科技成果转化激励的具体方案上具有完全主动权，因此很容易主动介入科技成果转化激励，特别是直接的科技成果转化激励介入。这种主导性的强干预是由中国科技成果转化的发展阶段决定的，随着中国科技成果转化激励有关体系的完整和实践的成熟，政府应当将自身的主导地位向引导地位转变。❸

在创新领域，创新活动虽然是一种经济现象，但并非纯粹的市场行为，即使是信奉市场力量的西方国家也无法完全放任核心技术按照自由市场规则任其发展，更不能容忍其他国家对其形成挑战。❹ 在创新领域，政府的支持能够产生速赢的效果。❺ 然而，政府的过度介入或长期主导，可

---

❶ ［英］玛丽安娜·马祖卡托. 创新型政府：构建公共与私人部门共生共赢关系 ［M］. 李磊，束东新，程单剑，译. 北京：中信出版社，2019：222.
❷ ［英］玛丽安娜·马祖卡托. 创新型政府：构建公共与私人部门共生共赢关系 ［M］. 李磊，束东新，程单剑，译. 北京：中信出版社，2019：223.
❸ 蔺洁，陈凯华，秦海波，等. 中美地方政府创新政策比较研究：以中国江苏省和美国加州为例 ［J］. 科学学研究，2015，33（7）：999 – 1007.
❹ 眭纪刚. 科技机构改革与新型举国体制建设 ［J］. 人民论坛，2023（9）：64 – 67.
❺ 阮芳，何大勇，李赞铎，等. 解码中国创新：政府如何发挥作用 ［EB/OL］. ［2023 – 09 – 28］. https：//web – assets. bcg. com/d5/cf/efad0de040afaaeb578c1b28b21b/decoding – chinas – innovation – the – role – of – government. pdf.

能削弱市场的自我生存力量，产生相关市场主体依赖政府、对科技成果转化缺乏责任心等负面后果。因此，从根本上而言，科技成果转化激励应当成为一种基于需求而生的激励。这种激励必须能够符合"人性"，激励制度的作用机制能够促使相关主体为科技成果转化激励后果所吸引，进而投入更多的精力在科技成果转化活动以及科技成果创新上。人在其中的被激励的重要性与企业、研究机构不相上下，从中国对科研人员的科技成果转化激励的实践经验也可以看出，科研人员被激励的重要性得到了相应的认可。但是整体而言，政府与企业、科研机构之间在科技成果转化激励中的关系仍然需要优化。从长远来看，积极构建科技成果转化生态环境中相关主体的自发秩序，需要有多种试验田的探索，百花齐放的经验模式都有其存在的积极价值，都是科技成果转化激励的目标之一——优化科技成果转化生态环境所追求的效果。从目前来看，中国政府多种形式的直接介入和间接介入都是合理的，因为其可以为市场特别是企业和科研机构之间建立桥梁，快速帮其建立科技成果转化信心。❶

在重大科技成果转化领域，仍然需要政府的直接介入、迅速介入，以求在攻克难关时获得超越激励机制的效果。特别是在资金需求量极大、风险极高、科技成果转化对国家重要性极强的场合，政府的直接主导能够大大节约相关主体之间的沟通成本，提升科技成果转化效率和效益，直接满足科技成果转化对国家的重要战略价值。在此类场合，政府还能够通过引领作用持续支持新技术成果转化直至产业成熟，直到成本和技能赶上或超过现有主导技术。❷ 特别是在中试环节上，政府要加大支持力度，设置与研究资金形成完整资助链条的中试研发基金形式的"天使前"投资，承担

---

❶ 阮芳，何大勇，李赞铎，等. 解码中国创新：政府如何发挥作用 [EB/OL]. [2023-09-28]. https://web-assets.bcg.com/d5/cf/efad0de040afaaeb578c1b28b21b/decoding-chinas-innovation-the-role-of-government.pdf.

❷ [英] 玛丽安娜·马祖卡托. 创新型政府：构建公共与私人部门共生共赢关系 [M]. 李磊，束东新，程单剑，译. 北京：中信出版社，2019：223.

起深化中试研发效果主体投入重任。❶

虽然当今的创新活动已经很难被认为是政府和企业各自独立推进的活动，即已经无法完全分离开政府行为与企业行为，但是尽可能地去确定相关主体之间的关系、发挥的作用、承担的责任是十分必要的。❷ 这就使得政府行为在具体科技成果转化活动中，既要有边界，又要有作为，还要有规范。

（二）协同性的关注：行业交叉、合作与竞争共存

科技成果转化不是一个纯粹的技术实现单一方格，而是一个综合性的互动、相互成全的内容。在科技成果转化中，无论是技术还是主体都是一个复杂的协同体系，既存在行业交叉，又存在相关主体之间的合作和竞争、合作或竞争。在此体系之下，要注意相关组织之间协同之重要性。

科技成果转化中，要注意专利制度的优势。充分利用专利制度，能够促进各行业之间的技术共享。❸ 这有利于促进各行业之间对科技成果的关注，拓展科技成果转化的社会影响和社会适用度。

实际上中国企业科技成果转化还是有相当的实力的，最重要的科技成果转化激励意图唤醒科研机构、高校的诸多科技成果，提升其科技成果转化率。正如诸多现有研究成果表明的，科研机构、高校的科技成果转化率低最核心的问题在于科技成果和市场之间的"桥梁"不够坚固。官产学研仍然是相关组织主体之间友好协同进行科技成果转化的良好平台。目前产学研合作在科技成果转化中有相应的基础，但是仍然需要拓宽产学研平台，在科技成果转化激励中对产学研予以进一步的激励，鼓励真正的产学研围绕科技成果转化资源的协同性展开。

---

❶ 石琦，钟冲，刘安玲. 高校科技成果转化障碍的破解路径：基于"职务科技成果混合所有制"的思考与探索 [J]. 中国高校科技，2021（5）：85－88.

❷ ［英］玛丽安娜·马祖卡托. 创新型政府：构建公共与私人部门共生共赢关系 [M]. 李磊，束东新，程单剑，译. 北京：中信出版社，2019：220.

❸ 美国国际贸易委员会. 大飞机产业研究丛书 塑造竞争优势 全球大飞机产业和市场格局 [M]. 孙志山，欧鹏，等译. 上海：上海交通大学出版社，2022：101.

在科技成果转化激励的协同性方面，还要注意组织视角的目标性。之前人们过于关注科技成果转化的"死亡之谷"，忽略了"达尔文之海"。"死亡之谷"是横在基础科学研究与应用科学研究之间的深渊，而即便能将科学技术的研究成果转化为产品与服务，如果不能在激烈的竞争中脱颖而出也无法生存，这就面临着沉没于"达尔文之海"的风险。❶ 对于如何跨越"死亡之谷"，美国大学在基础研究与企业产品开发之间的"死亡之谷"发挥着重要的中介作用，主要体现为研究平台资源、研究材料、专业知识信息等共享、沟通、交流。❷ "死亡之谷"本质上体现的是科技成果"推出去"的问题。"达尔文之海"指的是介于科研部门和公司企业之间的技术供给与商业需求差距，本质上而言是科技成果的市场化问题。商业化并不是科技成果转化的目的，但是可以用来衡量科技成果转化的成功与否。科技成果从科研走向市场的强调意味着当下的科研既不能闭门造车，又不能单打独斗，而应当在科技成果研究及转化全过程实现与市场的接轨，在科研与市场化之间建立起有效的衔接机制。例如科研成果拍卖会❸、科技成果转化交流会❹、科技成果转化促进大会❺等都是比较值得推崇的做法。在走向市场的过程中，在科技成果权利人"交钥匙"之后，还需要相应的技术支持完成从实验室到工厂车间的技术转移与传递，因此无论是科技成果权利人参与后续转化工作，抑或转化人自行组织相关技术服务，❻

---

❶ ［日］常磐文克. 创新之道：日本制造业的创新文化［M］. 董旻静，译. 北京：知识产权出版社，2007：30-32.

❷ 楼世洲，俞丹丰，吴海江，等. 美国科技促进法对大学科技成果转化的影响及启示：《拜杜法案》四十年实践回顾［J］. 清华大学教育研究，2023，44（1）：90-97.

❸ 徐海涛，陈刚，陈诺，等. 科技成果转化"梗阻"咋打通？——长三角一体化发展新观察之一［N］. 新华每日电讯，2023-06-08（5）.

❹ 姚会法. 汽车科技成果转化与协同创新交流会走进合工大［EB/OL］.（2023-06-05）［2023-09-28］. http://www.cnautonews.com/lingbujian/2023/06/05/detail_20230605357439.html.

❺ 北京工业大学科技创新成果转化促进大会开幕［EB/OL］.（2023-04-09）［2023-09-28］. http://ex.chinadaily.com.cn/exchange/partners/82/rss/channel/cn/columns/h72une/stories/WS64323d91a3102ada8b237693.html.

❻ 项晨羽. 上海农业科技成果转化效果评价研究及建议［J］. 上海农村经济，2023（6）：29-30.

科技成果转化过程中面临的难题都需要有可预测的资源及可提供解决方案的人来形成技术支撑体系，为科技成果落地保驾护航。

为了解决科技成果转化的"达尔文之海"问题，实践中已经有从人才端口的实践尝试，如允许高校院所的科研人员到企业兼职、选派企业人员到高校兼职都是推动科技成果与科技成果转化的积极措施。江苏省贯彻的产业教授制度也值得关注。在产业教授模式下，选聘科技企业负责人到高校担任产业教授，引企入教、引企入研，推动高校与企业创新资源深度对接。❶ 这使得从高校科研阶段就有企业人员介入，能够加强双方之间在相关技术领域科技成果及科技成果转化需求方面的信息互通，也有助于企业对科技成果的研究从研究端口介入，使相关研究能够更契合后续需求端口，为高校科研人员提供相应的信息。但是，这种产教融合的深度仍然有待加强，特别是不能将产业教授的工作范围仅仅局限于人才培养，这并不是说人才培养不重要，而是更应当认识到产业教授对高校科研介入的必要性和有用性，这种强调可以大大促进科技成果与市场的衔接。

从组织视角来看，在科技成果转化激励整个体系中，从来没有哪一个激励机制能够单独发挥作用，而是激励机制之间相互形成合力，共同推动、促进科技成果转化。相应的合力越大，可能达到的激励效果越好，在其中关键的概念验证即为重要的一环。《科学技术进步法》第 30 条第 1 款规定"国家加强科技成果中试、工程化和产业化开发及应用，加快科技成果转化为现实生产力"。2020 年中共中央、国务院发布的《关于构建更加完善的要素市场化配置体制机制的意见》明确要加强科技成果转化中试基地建设。科技成果作为一般意义上的基础理论创新形成过程，进入市场还有一定的距离，是科技成果转化的前端阶段。一项科技成果要想进入科技成果转化阶段，多数情况下需要概念验证，概念验证将成为其是否能够获

---

❶　据统计，制度实施以来，已遴选 10 批次、共 3499 人次产业教授到江苏省内百余所高校任职，涵盖化工、信息、文化、金融、医药、农林等 30 余个领域，每年参与指导上万名研究生。江苏省突出重点创新举措 积极推进高校科技成果转化落地 ［EB/OL］. ［2023 – 09 – 28］. http：//www. moe. gov. cn/jyb_xwfb/s6192/s222/moe_1741/202306/t20230615_1064417. html.

得科技成果转化的关键步骤。因此科技成果转化激励应当前移至概念验证阶段。在实践中，《中关村国家自主创新示范区提升企业创新能力支持资金管理办法（试行）》对此有所关注，其中支持企业开展颠覆性技术创新部分的支持条件之一即"项目应已经完成基础理论创新，进入技术概念验证或科技成果转化阶段"。❶ 概念验证具有重要的价值，能够缓解科技成果转化中企业在技术是否可以实现时片面认识的风险。例如，在同济大学王占山团队自主研发的高性能激光薄膜器件及设备科技成果转化与企业沟通时，企业就基于生产工艺的可控性考虑认为高性能激光薄膜器件的损伤阈值提高了一个数量级而无法投入生产，但是研发团队经过深化基础研究基本实现了生产工艺的安全可控，克服了科技成果转化的难题。❷ 有些地方政府也对中试基地建设给出了相应的支持。2023 年 7 月，青岛市提出"硕果计划"，其中就包括对中试平台的激励："以产业化项目和示范场景、示范园区、中试平台建设为切入点，促进政产学研用深度融合，促进科技成果落地转化。其中包括通过贷款贴息、股权投资等多种方式，助力企业敢于投入科技成果产业化，对符合我市重点产业领域并落地转化的重大科技成果给予最高 2000 万元支持；支持头部企业、专业服务机构建设项目中试熟化平台，对符合条件的给予最高 2000 万元支持等。"❸

开放科技研发的国际合作也值得关注。在当前，国际竞争局势愈演愈烈，逆全球化趋势凸显。但是，国际合作产生的大量推动科技进步的示例在历史上已经被多次证实，❹ 在中国发展过程中切记不可闭门造车。在美国等发达国家意欲通过封锁或者定向封锁技术交流渠道之际，中国作为负责任的大国更应当推动中国与其他国家在相关领域的科技合作，推动"一

---

❶ 参见《中关村国家自主创新示范区提升企业创新能力支持资金管理办法（试行）》（京科发〔2022〕5 号）第 8 条。

❷ 吴寿仁. 科技成果转移转化系列案例解析（二十四）：高性能激光薄膜器件技术成果转化模式分析 ［J］. 科技中国, 2022（1）：52－56.

❸ 参见《青岛市实施"硕果计划"加快促进科技成果转移转化的若干政策措施》《青岛市关于实施"硕果计划"加快促进科技成果转移转化的若干政策措施政策解读》。

❹ ［美］格尔森·S. 谢尔. 美苏科技交流史：美苏科研合作的重要历史 ［M］. 洪云，蔡福政，李雪连，译. 北京：中国科学技术出版社，2022.

带一路"等领域的科技协作。科技成果转化机构通过在海外设立分支机构，对科技成果转化向海外拓展、衔接不同的科技成果转化需求等具有积极价值。❶ 科技成果转化与科技研发一脉相承，与其他国家的合作有利于促进科技成果转化的需求识别及技术转化效果外溢。科技成果转化领域提倡国际合作是具有积极价值的，其不仅有助于消除技术壁垒、促进技术转移，还能够带动其他方面的合作，推动国家创新能力在国际层面水平的提升。特别是在中国创新型国家建设背景下，科技成果转化的国际层面合作仍然具有较强的积极价值。在国际合作中也要注意所取所得。第一，以国家安全为底线。在对外合作中要注意涉及国家安全的技术保密方案的遵守，在科技成果转化过程中应当提高警惕，避免对外泄露国家秘密危害国家安全。与此同时，发达国家在政治经济受到威胁而这种威胁与特定技术的掌握有关时，往往寻求技术政策并采取相应的行动，这是一种惯常做法。❷ 中国应当警惕外国对中国科技成果转化有关合作的限制，在合适的时候亦可以对等原则为基础对其进行相应的制裁。但是对以国家安全为借口的科技成果转化合作限制要谨慎而行，因为合作关系的建立、外来资源带来的信息及启发对科技成果转化而言是有益的，一旦制裁可能紊乱正常科技研发、科技成果转化有关活动秩序。第二，科技成果转化对外合作能够吸纳相应的技术，实现先进技术、知识在中国的扩散。在科技成果转化国际合作中，合作方之间必定有不同的技术、知识交流，在相关经验上也有不同，因此无论是对具体科技成果还是一般意义上的科技成果转化交流，都要注意技术吸收、技术扩散朝向中国有利的方向努力。在中国"一带一路"倡议下，相关市场主体要关注政府合作框架下的国际科技合作项目及活动，充分利用科技成果转化等合作空间建立相应的技术、知识交流关系，实现国家国际创新的技术集成效应。第三，科技成果转化实际上与

❶ Tom Hockaday. University Technology Transfer：What It ls and How to Do lt [M]. Maryland：Johns Hopkins University Press，2020：296.

❷ ［挪］詹·法格博格，［美］戴维·C. 莫利，理查德·R. 纳尔逊. 牛津创新手册 [M]. 柳卸林，郑刚，蔺雷，等译. 上海：东方出版中心，2021：744.

科技研发是分不开的，科技成果转化过程中也有对科研人员、科技成果转化人才吸纳的可能。在此方面，对人才吸纳的同时要注意对间谍的防范，要谨防工业间谍、经济间谍在科技成果转化中的渗入，科技成果转化应当遵循中国《反间谍法》等规范，相关主体要谨慎处理涉密科技成果转化有关信息。围绕人展开的还有移民政策，科技水平、科技环境的优化直接影响外国人来华移民的意愿。为了促进科技成果转化有关知识体系的多样化，提升中国科技成果转化水平，特别是对科技成果转化高级专业人才，应当优化移民政策。近几十年来发达国家一直在享受移民红利，科技人才等移民已经成为一种比较常见的人才争取方式。中国为了争夺人才成立国家移民管理局，"'十四五'规划"提出要探索建立技术移民制度，《中共中央 国务院关于构建更加完善的要素市场化配置体制机制的意见》也提出了加大人才引进力度的方案，包括畅通海外科学家来华工作通道，在职业资格认定认可、子女教育、商业医疗保险以及在中国境内停留、居留等方面为外籍高层次人才来华创新创业提供便利等。目前而言，中国有关移民政策衔接机制仍有待完善。第一，要推进实现更加包容开放的移民政策，❶扩大人才引进规模，特别是针对科技成果转化人才的需求在移民政策方面应当有所体现。第二，加强工作、学习等与中国科技成果转化有关人才移民政策的衔接机制，使更多的人才学在中国、留在中国，为本地科技成果转化作出相应的贡献。第三，在实践中要加强对移民与国民之间的人才政策待遇，提升其在科技成果转化、社会生活中的参与感，处理好其家庭、子女在就医、教育等方面的制度衔接，激励其在中国科技成果转化方面安心作出相应的贡献。

营商环境对激励外国主体对华、在华科技成果转化具有重要的价值。外国主体无论是通过在华直接投资还是通过向中国有关的子公司、合作伙伴等进行技术转移，都能够直接提升创新能力和水平、促进生产力的提

---

❶ 李蔚，孙飞. 我国技术移民制度建设的探索与完善 [J]. 中国人力资源开发，2022，39 (10)：99 – 110.

升。涉外科技成果在华的转化实际效果和知识扩散效果要远远高于行为本身，这也是发展中国家希望的通过吸引外商直接投资而实现技术溢出效应、提高本地企业的技术学习模仿机会。❶

（三）科技成果转化激励有关的信息平台建设

好的科技成果必须获得相应的信息推广，才可能到达需求者视野；同样，技术需求方只有让自己的需求"广为人知"，才能引起科技提供者的关注。实践中，由于缺乏畅通稳定的信息渠道，技术供需双方难以及时对接，使得许多优秀研发成果转化无门。❷《国家技术转移体系建设方案》曾经提出要强化信息共享和精准对接，包括建立国家科技成果信息服务平台、鼓励各类机构通过技术交易市场等渠道发布科技成果供需信息、建立重点领域科技成果包发布机制，开展科技成果展示与路演活动，促进技术、专家和企业精准对接。❸

为贯彻落实《国家科技成果转化引导基金管理暂行办法》相关要求，科技部和财政部组织建立了国家科技成果转化项目库（https：//www.nstad.cn/），为社会公众、政府部门以及高等院校、科研院所、公司企业、成果转化中介机构、投融资机构等提供科技成果信息服务；为加速推动科技成果转化与应用，引导社会力量和地方政府加大科技成果转化投入，科技部、财政部设立国家科技成果转化引导基金，并设立网络平台（https：//www.nfttc.org.cn）。为科技成果转化"供""需"双方提供了比较明确的信息交流平台，特别是对重大技术攻关有关的科技成果转化有一定的帮助。各个高校的科技成果转化有关机构，也对相应的科技成果转化

---

❶ Bernard Hoekman，Beata Javorcik. Global Integration and Technology Transfer［M］. Washington，DC：The World Bank and Palgrave Macmillan，2006：52.

❷ 申红艳，张士运. 打造四大科创平台，助力科技成果转移转化［N］. 科技日报，2021 - 08 - 23（8）.

❸ "建立国家科技成果信息服务平台，整合现有科技成果信息资源，推动财政科技计划、科技奖励成果信息统一汇交、开放、共享和利用。以需求为导向，鼓励各类机构通过技术交易市场等渠道发布科技成果供需信息，利用大数据、云计算等技术开展科技成果信息深度挖掘。建立重点领域科技成果包发布机制，开展科技成果展示与路演活动，促进技术、专家和企业精准对接。"

供需做了相应的平台信息发布的安排。

除了网络平台的构建之外，还有相关的路演等宣传信息发布平台，对科技成果转化也起到了积极作用。如北京工业大学作为"赋权改革"试点之一，2023 年 4 月举办该校首届科技创新成果转化促进大会，并获得非常喜人的成绩，对相关科研项目在北京实现落地转化发挥了重要作用：160余件前沿科技专利亮相，吸引了 1700 余家企业走进校园，推动科研成果落地转化；科促会期间，该校与各类创新主体签署合作协议 22 项、技术合同 95 项，意向合同金额超 1.2 亿元。❶

除此之外，还要加快国家实验室的建设，制定符合国家实验室角色定位以及特殊的科技成果产权归属原则，促进科技成果转化。20 世纪 70 年代为了促进国家实验室科技成果转向产业领域而成立的美国国家实验室技术转移联盟，为美国科技成果转化作出了积极贡献，其具体做法及激励措施方面值得中国在相关制度构建中予以关注借鉴。❷

第四节　科技成果转化激励的规制

科技成果转化必须遵循相应的规定，推动科技成果转化政策法规的目的实现。在科技成果转化激励的过程中，要注意科技成果转化的激励限制。特别是考虑到中国科研机构、高等学校的性质之特殊，仅仅有激励难以形成有效的科技成果转化促进效应，构建激励与规制相结合的框架体系具有重要的现实意义。❸ 第一，科技成果转化激励规制对维护良好的科技成果转化秩序是十分必要的。科技成果转化的激励本身就带有一定的资源倾斜性，因此对于这些宝贵的资源应当实现其价值，起到激励的作用，发

❶ 何蕊. 首届科促会推动成果转化超 1.2 亿 [N]. 北京日报，2023－04－16 (1).
❷ 王雪莹. 敲开美国国家实验室"转化之门" [N]. 中国组织人事报，2018－12－19 (7).
❸ 楼世洲，俞丹丰，吴海江，等. 美国科技促进法对大学科技成果转化的影响及启示：《拜杜法案》四十年实践回顾 [J]. 清华大学教育研究，2023，44 (1)：90－97.

挥科技成果转化的效果。在实践中，弄虚作假、科研腐败等都彰显出科技成果转化激励有关资源对相关主体的巨大吸引力，重视科技成果转化激励的规制能够对科技成果转化的诚信提供示范指引，在科技成果转化激励机制设置中对科技成果转化中的不诚信行为予以否定性评价及行为后果规范能够对科技成果转化的非诚信行为予以震慑，二者结合为科技成果转化激励资源分配的诚信秩序塑造提供依据。除了科技成果转化的诚信秩序，科技成果转化激励规制对维护创新秩序也是必要的。创新驱动发展在科技成果转化领域是一个基础认知，科技成果转化激励规制有利于转化驱动创新，将科技成果转化资源通过激励机制在不同主体之间予以正当分配，有利于促进创新主体的积极性，提升创新驱动发展的效力，起到科技成果转化激励对创新秩序的制度贡献。第二，科技成果转化激励规制的价值并不局限于个案，而是通过个案的累积形成科技成果转化多价值效益。科技成果转化激励规制混合了科技、经济、法律、社会等多方面的因素，是促进科技成果转化价值实现的规脚。正是因为如此，《促进科技成果转化法》第3条第1款规定："科技成果转化活动应当有利于加快实施创新驱动发展战略，促进科技与经济的结合，有利于提高经济效益、社会效益和保护环境、合理利用资源，有利于促进经济建设、社会发展和维护国家安全。"第3款规定："科技成果转化活动应当遵守法律法规，维护国家利益，不得损害社会公共利益和他人合法权益。"这对科技成果转化激励提供了相应的边界，也为科技成果转化激励提供了方向。

一、科技成果转化激励的监管

科技成果转化激励的监管可以从两个层面予以解读。第一，从监管内容上可以将其分为对科技成果转化的监管、对科技成果转化激励的监管。对科技成果转化的监管一般还能够受到一定的关注，并且依据相关法律和合同找到相应的监管依据。对科技成果转化激励的监管则较为宽松、约束不到位。第二，从监管权限上可以将之分为监管权利和监管权力。于监管权利而言，财政资金资助是由政府提供的，依据合同享有相应的科技成转化监管权。但是依据合同行使监管权时并没有统一的政府部门直接行使，应当明确立项部门具有直接的监管权。● 监管权力则为具有相应监管权力的主体对科技成果转化激励进行监管。第三，从监管面上来看，包括法律监管、财务监管和商务监管，相应的监管可以通过第三方的有关尽职调查工作展开。❷ 相对灵活的科技成果转化激励规制有利于创新活动的展开，但也可能产生资源配置的随意性以及不负责性。

科技成果转化激励的监管主体有多方。第一，来自政府、财政支持单位的监管。政府及财政支持单位对科技成果转化激励的监管是有力的，对被监管主体而言也是比较有权威性的。在科技成果转化有关政策文件中对激励措施的规定，在实践中面临的落地困难、单位借机不落实、科技成果转化激励资源寻租等现象，均应当受到政府、财政支持单位的监管，并责令相关主体进行整改，并予以相应的负面后果约束。第二，科技成果转化单位自我监管。本单位对科技成果转化激励的制度规定、执行最为熟悉，监管首先有一个前提就是本单位的制度符合科技成果转化有关法律政策的规定，或者从激励角度来讲更进一步。本单位的监管一方面面对的是本单位参与科技成果转化的科研人员和科技成果转化参与人员，另一方面面对的是科技成果转化其他主体，一般约束对象是内部人士。单位自我监管对科技成果国有资产管理、科技成果转化效益等需要做出相应的平衡，又要谨防监管的固化影响科技成果转化。第三，社会公众的监管。科技成果转化中的一些行为应当受到社会公众的监管，这主要是因为财政支持的科技成果、转化项目有很多是公共财政的使用，社会公众有相应的监管权。而且，社会公众的监管能够防止政府、单位监管中出现腐败、包庇现象，充分实现科技成果转化激励的有效性。社会公众的监管主要问题在于渠道，政府有关部门应当"敞开大门"，呼吁社会公众对科技成果转化中的违法

● 郑东，宋东林. 财政资助科技成果转化中的政府权利研究［J］. 湘南学院学报，2021，42（3）：34－41.

❷ 张硕，沙宇凡. 互联网时代科技成果转化引导基金的风险监管研究：以安徽省为例［J］. 时代金融，2020（5）：16－18.

行为、不诚信行为等积极监督，并设置便捷的举报和投诉渠道。

从监管的内容上而言，科技成果转化激励监管主要可以分为：第一，科技成果转化激励资源的监管。科技成果转化激励包括权属激励、经济激励、精神激励等，对其中资源倾斜的监管能够促进科技成果转化激励制度的公平化，优化科技成果转化激励的评价标准、转化目标等，建立公平而健康的科技资源竞争秩序，为科技创新提供全面支持。第二，科技成果转化义务履行的监管。《促进科技成果转化法》第 10 条规定："利用财政资金设立应用类科技项目和其他相关科技项目，有关行政部门、管理机构应当改进和完善科研组织管理方式，在制定相关科技规划、计划和编制项目指南时应当听取相关行业、企业的意见；在组织实施应用类科技项目时，应当明确项目承担者的科技成果转化义务，加强知识产权管理，并将科技成果转化和知识产权创造、运用作为立项和验收的重要内容和依据。"这也是在实践中有些财政支持的科技成果转化未获得转化就受到特殊关注的重要原因所在。需要说明的是，科技成果转化义务并不是对所有的财政支持项目都适用，比如自由探索性项目、基础研究类项目等就不适合以成果转化率来评价。❶ 科技成果转化义务的监管实际上也应当澄清，科技成果转化激励制度提供了引导科技成果转化的方案，符合相关主体利益的时候相关主体自然有动力去寻求相应的转化机会，对其监管要在激励机制完善的前提下予以全面衡量是否具备转化的条件，是应该转化而没有实行转化还是想转化而没有条件转化，由科技成果转化是一种选择出发，追踪具体原因而解决转化的问题。此外，在监管时应当注意专利之外其他科技成果转化，避免仅仅以专利这一核心形式的科技成果转化监管而忽视其他形式的科技成果的转化。对于特殊的科技成果，如果相关主体未转化，那么可以利用强制转化来推动科技成果转化监管得到理想的后果。中国目前立法中对科技成果强制转化的主体、条件、范围等规定需要进一步完善，明确

---

❶　佘惠敏. 成果转化率为零该怎么看［N］. 经济日报，2023 – 08 – 13（5）.

强制转化中各主体不作为的法律责任，❶ 除为科技成果强制转化提供可操作指引外，还要符合基本的法律权利、义务理念，避免过度侵蚀科技成果转化中有关主体的利益。第三，保密监管。科技成果转化中的重要监管之一就是保密监管，防止有损国家安全和重大公共利益的泄密事项发生。做好科技成果转化中的保密监管，是确保科技成果转化激励得以落实的前提，是保障科技成果转化运行的基础。宏观上要在科技成果转化具体实施中，注重技术释放过程中确准技术的保密等级，微观上要在科技成果转化推进中注意保密技术的衔接问题。❷ 与此同时，对于不涉密的科技成果转化要充分实现其价值，推动相关科技成果转化的信息共享，提升科技成果转化相关信息的透明性。《2023年知识产权强国建设纲要和"十四五"规划实施推进计划》明确，要持续健全科技成果信息汇交机制，建设完善国家科技计划成果库，推动财政性资金支持形成的非涉密科技成果信息开放共享。

二、科技成果转化激励的违法责任追究

没有后果的约束等于没有约束。科技成果转化对中国科技进步、国家安全具有非凡意义，特别是在特定技术领域，科技成果转化激励意图在相关领域抓住机会、产生相应的科技成果转化后果，维护国家技术优势，解决国家科技成果转化核心问题。如果有相关主体缺失诚信精神，弄虚作假、行骗等可能给国家和相关领域带来严重的损失，错失发展机遇。"汉芯"造假等事例应当警钟长鸣，这些实践缺乏监管不仅带来资源浪费，还可能给科技进步、创新秩序带来难以弥补的损失。如"汉芯"造假发生以后的一定时间段内，"芯片"成了一个敏感词，❸ 对芯片行业的投资产生了寒蝉效应，并进而严重影响了中国芯片产业追赶西方国家的步伐。因此，

❶ 曹爱红，工海芸. 立法视角下的科技成果强制转化制度分析［J］. 科技中国，2019（9）：29－34.

❷ 宋小沛. 新时期军转民科技成果转化瓶颈及应对策略［J］. 中国军转民，2022（1）：58－60.

❸ 余盛. 芯片战争［M］. 武汉：华中科技大学出版社，2022：243.

对科技成果转化激励需要予以相应的违法责任规定，并对相应的行为予以惩罚以起到规范震慑的作用。

实际上对科技成果转化中的负面行为规制在多处都有体现。针对高等学校的科技成果转化中的负面行为，教育部、科技部《关于加强高等学校科技成果转移转化工作的若干意见》第 10 条明确，"要切实防范道德风险、廉政风险和法律风险；加强对科技成果转移转化工作的监督检查，对不作为、乱作为的行为严肃问责，对借机谋取私利、搞利益输送的违纪违法问题依法依规严肃查处。"司法机关对科技成果转化有关的案件处理也给出了比较积极的态度，2012 年最高人民法院发布《关于充分发挥审判职能作用为深化科技体制改革和加快国家创新体系建设提供司法保障的意见》，提出"面对新形势新要求，人民法院要以激励创新源泉、增强创新活力、发展创新文化为导向，高度重视与科技成果孕育、创造相关的案件审理，遏制侵犯科技成果权的违法犯罪行为，有效激励自主创新和技术跨越；高度重视与科技成果流转、转化相关的案件审理，规范和引导技术创新活动，积极推动科技与经济社会发展紧密结合；高度重视综合采取各种有力措施，积极营造有利于科技创新的司法环境，促进智力成果创造、运用和管理水平的提高，为深化科技体制改革和加快国家创新体系建设提供有力的司法保障"。《促进科技成果转化法》专门设置了法律责任章，《科学技术进步法》也规定了有关违法行为的法律责任，实际上都从侧面起到一种负面"激励"的导向，为相关不法行为提供了规范边界指引。但是，仍然有一部分主体对相关规定视而不见，在科技成果转化有关活动中造假等，严重扰乱了创新秩序，不利于科技成果转化诚信体系建设，社会影响极其恶劣。这也从侧面表明目前法律责任规定的震慑力度还不够大、法律后果宣传不到位、影响力不够强，要提高科技成果转化违法行为的后果责任，加大在科技成果转化活动中的执法行为力度，避免用科研道德、行业批评代替法律责任。特别是与科技成果转化有关的单位，要在相关违法场合避免为了单位声誉而行包庇行为，对科技成果转化领域的造假行为零容忍。

在责任的追究机制上，要多方行动、协同追究责任。中国在政府介入上既没有完善的介入程序，也缺乏灵活的介入方式，重要原因在于监管方有时候既是参与方又是监管方，而且多头管理，容易使得监管行为缺乏中立性和独立性。❶ 因此可以考虑在科技成果转化激励的责任追究方面，建立相对统一的监管机构或者主要监管机构，以避免相应的监管和责任追究落实难。责任追究不到位对科技成果转化激励机制的损害是极大的，因为其他科研人员、科技成果转化人员看到违法行为未受到应有的责任负担，甚至劣币驱逐良币，容易伤害相关人员对科技成果转化的积极性，甚至对其予以效仿，这对科技成果转化激励体系的冲击是致命的。

三、审慎包容的科技成果转化激励规制原则

强调科技成果转化激励的规制，并不意味着对科技成果转化行为故步自封，相反要鼓励科技成果转化领域的积极决策。这就需要平衡严格监管、追求法律责任与审慎包容的规制原则。审慎包容监管是诸多科技成果转化文件都认可的原则。如《赋予科研人员职务科技成果所有权或长期使用权试点实施方案》规定，"完善纪检监察、审计、财政等部门监督检查机制，以是否符合中央精神和改革方向、是否有利于科技成果转化作为对科技成果转化活动的定性判断标准，实行审慎包容监管"。

对于何为审慎包容、如何审慎包容则较为模糊。审慎包容监管是推进"放管服"改革的有效抓手。❷ 审慎包容监管是面对创新、新兴经济等领域提出特殊监管原则，原因在于在这些领域的监管方案影响较大，很多时候可能会挫伤脆弱的创新体系，特别是在相关的模式、机理、影响等方面认识还不到位时，更需要等一等、看一看的耐心，在解决问题时要兼顾创新秩序的维护。然而，对科技成果转化激励领域有了相应法律依据的情况下，应当逐步落实精准监管，避免审慎包容监管沦为不法行为的"保护

---

❶ 郑东，宋东林. 财政资助科技成果转化中的政府权利研究［J］. 湘南学院学报，2021，42（3）：34 - 41.

❷ 陈婧. 包容审慎监管是推进"放管服"改革的有效抓手［N］. 中国经济时报，2019 - 09 - 02（A2）.

伞"。在监管中要注意平衡相关方的利益。第一，要平衡科研人员和单位之间的利益。对科研人员的激励要避免职务科技成果中科研人员处于弱势地位时利益被侵吞，与此同时也要确保避免过于强调科研人员的利益而对单位的利益有损害。❶ 第二，平衡单位与科技成果转化机构之间的利益。为了更好地促进科技成果转化机构的功能体系完善，促进其在科技成果转化中的积极贡献，应当在逐步提升科技成果转化机构相对独立地位的同时，注意单位与科技成果转化机构之间的利益。避免科技成果转化机构作为高校、科研机构的非独立部门，处于过弱势的地位，其在科技成果转化中的利益应当被逐渐关注，特别是科技成果权利单位与科技成果转化机构之间的利益，需要得到较为清晰的边界划分，避免对科技成果转化机构应得利益的侵蚀。第三，平衡科研人员利益与科技成果转化作出重要贡献的人员的利益。科研人员是创新的源头，也是科技成果之所以呈现的"功臣"，但是其已经通过知识产权等制度获得了相应的权属等利益。科技成果转化与科技成果是不相同的板块，对科技成果转化作出重要贡献的技术经理人等也对科技成果转化起到了关键作用，是科技成果得以转化、实现利益的推动者，是科技成果转化活动的重要"功臣"。因此，监管中要确保技术经理人等对科技成果作出重要贡献的主体的利益不被稀释或侵蚀。第四，要注意平衡决策者的决策权限与决策责任。例如，以拍卖形式进行科技成果转化，只要符合相关法律法规、程序上是公开的且以竞争方式确定的，就应当认为其已经履行了勤勉尽责义务，❷ 避免过度赋予相关主体科技成果转化责任，束缚科技成果转化决策、影响科技成果转化活动的信心。推动成果转化相关人员按照法律法规、规章制度履职尽责，落实"三个区分开来"要求，依法依规一事一议确定相关人员的决策责任，坚决查处腐败问题。❸

---

❶ 谢婷婷，李梦悦，张克武. 职务科技成果所有权改革的激励机制研究［J］. 西南科技大学学报（哲学社会科学版），2022，39（2）：85 - 90.

❷ 吴寿仁. 科技成果转移转化系列案例解析（七）：以竞价（拍卖）确定的技术成交价能减半支付吗？［J］. 科技中国，2020（7）：70 - 75.

❸ 参见国务院办公厅《关于完善科技成果评价机制的指导意见》（国办发〔2021〕26 号）。

从整体而言，虽然现实中存在利用科技成果转化激励机制骗取科技成果转化有关财政利益等现象，但是笔者仍然应当认为宽松的科技成果转化及激励机制是合适的。其逻辑在于：第一，在一定的利益面前，市场上为了逐利而采取铤而走险的可能性不可能为零，因为这与科学素养有关，也与创新活动的风险承担能力有关，更与良好的创新秩序是一个长期培育的过程有关。因此，不应当因一些不良实践轻易否定科技成果转化激励的正当性。第二，如骗取补贴、弄虚作假等不当的科技成果转化激励实践，比起中国科技成果转化整体量级，仍然占比很低，其在科技成果转化激励过程中的行为，还可能并不仅仅是为了骗取补贴等，而是为了骗取补贴获得相应的学术行业等认可。因此，其骗取补贴可能并不是一种常见的现象和目标。第三，当前科技成果转化率低已经是一种科技创新资源的浪费，如果过度限制科技成果转化激励或者过于严苛的科技成果转化激励监管，可能会使科技成果转化活动中有关主体对相关激励措施避而远之，影响正常的科技成果转化积极性。由此，宽松的科技成果转化激励的监管仍然是当前需要采纳的选择。宽松的监管并不意味着对相应的不利于科技成果转化激励规则正常运转行为的完全放任。在各个科技成果转化有关的法规中应当明确相应的行为责任，没有责任就等于没有约束。在宽松监管政策之下，对相应责任规定要认真落实，特别是要防止对相关科技成果转化责任规范的评价道德化。最终形成科技成果转化激励与监管相协调的机制，规范科技成果转化激励，明确科技成果转化激励方向，提升科技成果转化激励的效果。

四、优化科技成果转化评估，促进激励效果的实现

科技成果转化的激励，最重要的就在于对科技成果转化的评估，评什么、怎么评、怎么用全面与科技成果转化的激励效果息息相关，特别是科技成果转化评价在绩效考核等活动中的运用则更加凸显出科技成果转化的激励效果。科技评价机制改革势在必行，尤其是对科技成果的创新质量和实际创新贡献的衡量上，应当围绕为国家解决了什么问题、作出了什么贡

献展开评价，而非论文数量、影响因子、专利数量、获奖数量等为中心进行评价。❶ 如此，可以引导科技成果转化面向解决实际问题有所贡献。

第一，要提升科技成果转化在有关工作、活动中的赋值。在中国诸多科研有关的评价体系中，论文、专著、专利、科研项目等往往被作为评估基础，对科技成果转化缺乏足够关注。2020 年中共中央、国务院发布《深化新时代教育评价改革总体方案》，明确规定要切实破除"五唯"（唯分数、唯升学、唯文凭、唯论文、唯帽子）顽瘴痼疾，对相关科研评价体系也给出了调整方向的指示，如对高校教师科研评价提出突出质量导向，将其学术贡献、社会贡献以及支撑人才培养情况作为评价重点，并且不得将论文数、项目数、课题经费等科研量化指标与绩效工资分配、奖励挂钩。实践中要加强对这一规定的认识和落实，破除绩效分配、奖励挂钩严重依赖于科研量化指标的现象，在相关评价体系改革中应当提高科技成果转化被接纳的空间、接纳度，全面将科技成果转化纳入评价体系，完善科技成果转化在职称评定、绩效评估中的赋值有关的细化规定。

第二，在科技成果转化评估体系中要对有决策权者予以相应的工作质量考核，对其决策事项进行正面和负面的双重评估，既要通过评估对其作为事项进行激励，又要通过评估对其不作为、乱作为事项进行负面评价，对于违法行为予以追究法律责任。科技成果转化有关的决策本质上而言是一种意思自治行为，为了激励科技成果转化需要对科技成果转化决策权予以积极行使的鼓励，避免其因为怕担责而过于保守地予以决策。在实践中，相关单位可以根据审慎监管的精神和容错机制对科技成果转化决策权的具体事项和责任承担条件予以明确，以使科技成果转化决策权限边界明确，畅通科技成果转化决策权的行使。

第三，分层次对科技成果转化予以评价。不同的学科、不同场景的科技成果转化难度不同，对相关领域的发展贡献也不同，解决的问题级别也

---

❶ 教育部：对科技造假和学术不端"零容忍"［EB/OL］．［2023 - 09 - 28］．https：//edu．cctv．com/2023/07/13/ARTI7cz7Dy9Ta9g9FH30yCk9230713．shtml．

不同，因此应当结合具体情况对科技成果转化予以分层次的差异化科技成果转化评价，以达到激励科技成果转化的目的。要细化科技成果转化对象之科技成果的类型，根据科学论文、专著、原理性模型、专利、专有技术、计算机软件、集成电路布图设计等不同体现载体进行转化结果的衡量，特别是对非专利科技成果转化的衡量更要注意如何建立操作性强的评价指标。需要明确的是，科技成果转化评价不宜以转化的经济收益、合同标的等为单一或者重要指标，因为其中的水分没有合适的方案予以充分排除。因此，引入权威而专业的专家评价、同行评价、市场评价机制相当重要，在实践中逐步完善相应的外部评价机制成为科技成果转化激励的重要方向。而且，科技成果转化的评价机制能够反过来影响科技成果的评价。美国国家科学基金会主要侧重基础研究类项目，其科技成果评估主要考虑：研究水平、项目在科研上的贡献、实用性、对科学基础设施的贡献，在相应的考虑中十分看重科技成果转化对社会的贡献。这成为中国在科技成果转化激励中需要借鉴考虑的内容，同时在科技成果有关的项目支持中也应当有所反映，针对基础研究、应用研究、综合研究等不同类别的项目对科技成果转化予以不同程度的考虑。此外，对于有些科技成果转化可以不进行评估或者简化评估，以促进科技成果转化的效率、节约科技成果转化的成本。根据《赋予科研人员职务科技成果所有权或长期使用权试点实施方案》的规定，将科技成果转让、许可或作价投资给国有全资企业的，可以不进行资产评估；将科技成果转让、许可或作价投资给非国有全资企业的，由单位自行决定是否进行资产评估。这一规定增强了试点单位管理科技成果自主权，有助于各单位形成符合科技成果转化规律的国有资产管理模式，应当得到推广。

科技成果转化评价的权威性、可信性直接影响其适用的范围，也对科技成果转化激励方向具有引导作用，因此在实践中完善科技成果转化的评价标准、评价方案、提高评估的含金量是确保科技成果转化评价获得相关主体信赖的关键。在科技成果转化的不同环节，科技成果转化评价可能还会发生些许变化，如在科技成果转化的合作洽谈中，如果没有权威的科技成果转化评价文件则很难获得对方对报价的认可，因此预测性评价的权威性值得关注；而在科技成果转化作为创新活动而予以奖励时，对科技成果转化的客观评价则成为关键，因为其对社会的贡献、获得的影响等存在分歧是正常的，结合创新场合的其他成果贡献标准如何对之予以贡献认定，往往成为难题。这些难题如何解决，直接决定科技成果转化激励的效果，特别是其示范效应、指引效应将会得以直观体现。因此，对科技成果转化的评估首先要遵循贡献导向，而评价体系的明确、专业、权威成为评价体系获得认可的关键因素。

最后还需要补充的是，科技成果转化激励的基础目标是实现促进科技成果转化，最终目标是促进创新体系的完善。创新体系本身是一个复杂体系，创新活动也是一个兼具复杂性、综合性、偶发性、集体性的活动。科技成果转化在其中的作用不止于将创新转化为经济效益，也不止于扩散技术效益，而是要通过多方的努力推动创新持续循环，创新场景转换得以有效激发。《国家技术转移体系建设方案》曾指出"转移通道"，即"通过科研人员创新创业以及跨军民、跨区域、跨国界技术转移，增强技术转移体系的辐射和扩散功能，推动科技成果有序流动、高效配置，引导技术与人才、资本、企业、产业有机融合，加快新技术、新产品、新模式的广泛渗透与应用"。在展望科技成果转化激励的未来时，有必要兼顾科技成果转化激励在综合性创新体系中的角色，绝不为了使得科技成果转化"数据"好看而"转化"，而是力求将科技成果特别有用的科技成果落到实处，落到终端产品环节中去，以解决实际问题，而非追求科技成果转化本身。因为这才是科技成果转化在创新体系中应当体现出来的落脚点。除非特殊情况，科技成果转化应当是一个自由选择的问题，而绝非应当赋予科技成果转化"义务"，这既不符合科技应用发展的规律，也不符合规范意义上的权利义务关系。总而言之，科技成果转化应当予以适当的激励，但是不应当予以强制性或者变相强制等不符合创新规律、创新综合环境构建的做法。

结　　论

　　科技成果是中国特有的一个专业术语、立法规范用语,其范围和知识产权有区别。科技成果转化与国外所用的技术转移具有相通之处。提及科技成果转化时,不宜将科技成果完全等同于知识产权,也不能认为知识产权一定推动创新进而将之套用到科技成果转化领域。通常而言,知识产权会延缓创新的推广。❶ 科技成果转化的意义也非常明显,假设没有科技成果转化,人们生活在一成不变的世界里,也并不会有过多的损失;然而人类处在历史积累的齿轮上依然无法面对没有创新的世界,所以科技成果转化实际上是人类发展中实现的一种自然追求。科技成果转化激励是对促进科技成果转化的追求,其一方面基于对科技成果转化为现实生产力的期望,另一方面是资源价值实现的追求。特别是后者具有现实意义,因为科技成果转化的对象——科技成果作为一种规范意义上的内容,多数在法律上是受保护的,如知识产权法的保护,然而如果仅仅从规范意义上进行保护而不实现其生产力价值则显得这种价值虚幻。尤其是很多科技成果的前期支持来源于财政,这就引发人们对财政投入应当有生产力价值产出的逻辑思考。这也是当前阶段中国加强关注科技成果转化的重要基点之一。更进一步而言,当今全球科技竞争激烈,在尖端技术方面逆全球化趋势比较明显,政治原因下的国家之间科技竞争往往直接影响到供应链,自主创新

---

❶ [英] 马特·里德利. 创新的起源:一部科学技术进步史 [M]. 王大鹏,张智慧,译. 北京:机械工业出版社,2021:155.

尤其重要，科技成果转化即为其中重要一环。因此，强调科技成果转化以及科技成果转化激励有多方面的考虑，也有多方面的价值。然而，当今强调科技成果转化多是自由市场环境的提法，所以科技成果转化应当是基于自由意志而做出的选择，一般情况下不宜将之界定为科技成果转化强制义务。

科技成果转化长期备受关注是有原因的。然而，围绕科技成果转化展开的持续系列激励机制改革，并没有解决科技成果转化需要达到的目标，至少目前而言未达到。一方面，如何促进科技成果转化值得我们深思；另一方面，缘何科技成果转化备受热衷，也值得我们反思。回答第一个问题，需要对科技成果转化激励机制进行持续完善的调试；回答第二个问题，需要对科技成果转化激励作修正性的规范，让科技成果转化激励回到其应当有作用的角色上去，而非动员所有力量对所有科技成果予以转化。后者正提醒我们，对科技成果转化率的追求、对量化的追求，并不一定明智。

在中国科技成果转化受到长期的关注，强烈的关注在 2015 年《促进科技成果转化法》修改之后得到更深入的体现。政策规范方面对科技成果转化激励的关注还有进一步完善的空间，这不仅体现于在激励方向上的调整，还体现于需要在激励的方式上予以具体完善。在激励方向上，要遵循科技成果转化在创新体系中与其他板块相协同、相配合，在强调科技成果转化激励的同时，注意高校、科研院所在科研特别是基础研究上的使命和功能，避免通过激励使其人才和资源过度流向科技成果转化。通过科技成果转化对科研人员的激励要平衡科研人员的科研激励和科技成果转化激励，因为科技成果转化激励要注意相关主体在具体实践中"在其位，谋其政"，避免角色错位带来创新综合体系的"顾此失彼"。特别是对高校和科研院所的定位，一定要注意其在整个创新体系之下的基础研究的作用，避免科技成果转化激励机制过度分散其精力，造成科技成果转化激励机制对创新体系稳定性的影响。基于此，就要妥善借助外来力量推动科技成果转化，为科研人员塑造一个安全、有保障的创新环境。有些高校已经注意到这个问题，提出要限制高校科研人员获得科技成果转化的股权激励，避免科研人员获得相应的转化收益后无心科研。这种思路是有一定道理的，但是也应当平衡科技成果转化应得利益、精力付出引导，尊重科研人员的意愿。

应当通过激励机制引入企业等来参与科技成果转化、主导科技成果转化，一方面，企业在技术前沿对科技成果转化的敏感性更强，作为技术需求方其也直接决定科技成果转化的市场化水平；另一方面，企业在科技成果转化上具有更强的实事求是精神，能够直接衡量科技成果转化，因此通过激励机制吸引企业对科技成果作出更多贡献是促进科技成果转化的应然路径之一。在整个科技成果转化体系中，作为中介角色的科技成果转化机构和专业经理人是必不可少的激励对象。对其激励的不足，造成其对科技成果转化贡献有限、科技成果转化机构和经理人专业能力无用武之地，反过来又造成在科技成果转化活动中的贡献不足，双向恶性循环。在科技成果转化活动中政府的参与也是比较深入的，无论是通过相关资金支持、变相参与，还是通过地方政策支持、平台支持、关系协调等，其在科技成果转化中的积极贡献动力来源于自上而下的政策引导，然而从结果上来看其对科技成果转化激励的贡献是值得肯定的。在此，政府获得相应的激励也是不应当回避的，这既有利于政府方面能够长期对科技成果转化予以支持，又能够确保由政府参与科技成果转化而带动社会资源深度参与。对政府的激励应当获得政策上的回应，且在创新体系中政府还有很大的科技成果转化贡献空间，获得相应的激励能够有效推动相应机制的长期效应实现。

当然在科技成果转化体系中，各主体的协同贡献是不可忽视的，这就需要加强协同机制的强调，激励相关主体通过相互支持获得更多的科技成果转化成效。其中产学研结构即为关键的一种形式。在科技成果转化激励有关的规定中，也体现出了对产学研结合的鼓励，但是这些鼓励欠缺实际的约束机制，也欠缺实际的激励措施。因此，在科技成果转化有关规定和实践中，应当积极探索对科技成果转化激励的多样化形式，支撑科技成果转化中的产学研深度结合，如利用订单式的科技成果转化模式就是一个积极方向。通过财政支持或者其他资金支持，对产学研结合形成的关系提供活动展开支持，通过在其科技成果转化上给予相应的资金支持、程序便利等提供相应的激励，引导更多的产学研结合关系的建立和科技成果转化的畅通机制。

中国科技成果转化需要进一步获得突破的重要点在于解决"缺钱"的问题。对于缺资金的问题，本质上也是科技成果转化作为市场经济运作一环，依托市场自动获得解决的内容。然而，科技成果转化在中国当前阶段具有特殊的意义和价值，对该问题应当从科技成果转化激励视角出发，尝试做出类别化的路径优化。一般科技领域的科技成果转化确实是需要依托市场，政府对之不宜介入过多，但是这并不排除政府的引导行为或者为了使科技成果转化激励更加透明、推动平台建设等方面的努力。关键技术领域而言，就不得不依赖于政府的主导作用，甚至需要靠举国之力来解决。

科技成果转化激励既要关注促进转化出来，又要关注促进科技成果转化走得出去，即通过科技成果转化激励机制达到解决"死亡之谷"和"达尔文之海"问题。这倒逼人们在具体的科技成果转化场合思考激励资源的妥善安排，同时关注相关的科技成果转化是基于国家、地方战略的布局安排还是基于市场的需求，能够获得的资源、可以调用的资源都有哪些，匹配的人才、组织是什么水平。因此，科技成果转化既是一项技术活动，又是一项需要"瞻前顾后"的商业活动。在科技成果转化中遇到颠覆性技术的科技成果转化机会比较少，一般的行业技术更迭层面的科技成果转化更要注重时机，因此在相关的科技成果转化激励时要考虑效率、时效的局限。

科技成果转化涉及巨额资金，在高校和科研院所职务科技成果情况下又具有国有资产属性，因此为了激励科技成果转化中的决策权得到积极响应、提升科技成果转化的效率，应当在科技成果作为国有资产管理上形成新的特殊机制。将科技成果作为特殊国有资产，建立独立的科技成果转化机制是一种可行方式，但是这需要顶层设计才能够在实践中获得大范围认可，否则基于对必须谨防国有资产流失的担忧仍然阻碍对科技成果转化进行拍板。对职务科技成果权属制度进行改革是最可行的方式之一，职务科技成果制度来源于专利法的规定，但是专利法中职务发明的规定已经受到诸多质疑，对其进行修改调整也受到很多观点的支持，有望通过职务科技成果权属发明的改革来推动整体职务科技成果权属制度的改革，一方面有利于促进国有资产管理的限制，另一方面更有利于推动科技成果转化。还有一种比较彻底的办法就是将职务科技成果与国有资产管理剥离开来，职务科技成果完全不受国有资产管理，但是这种做法既要依托于职务科技成果归属制度的转变，又要依赖于对国有资产管理的观念转变，道阻且长。

应当拓宽科技成果转化激励的方式。除了目前科技成果转化中的权利分置、转化获益比例分成（包括直接经济收入和股权等）等比较直观的得以深入探索的激励方式之外，还应当拓展科技成果转化的激励方式。在精神激励方面应当有更多的投入，在很多单位人们对精神激励都是比较关注的，特别是精神激励"含金量"比较高或者能够进一步带来潜在利益时更是如此。而且，与经济激励相比较而言，精神激励的影响是长期的，在经济激励效果不足时，精神激励能够辅助增加被激励人的满足感，从结果上而言促进科技成果转化激励的效果。在实践中精神激励作为一种事后激励方式存在时，应当将更多的经济激励方式前置，以解决科技成果转化中的资金匮乏的现实问题。精神激励达到效果的重要问题在于，相关人员单位和社会对精神激励的认可，这就需要精神激励，如获得荣誉者的数量不能太多。如果大多数科技成果转化者都获得了特定的荣誉，那么其"含金量"就会有所下降。精神激励对象数量不能太多是相对的，这就要求在具体的精神激励场景下注意提升质量、践行高质量发展要求。精神激励还要提升自己的权威性，避免评比不公平等现象，以免在科技成果转化群体中被认为是"水货"而降低其权威性，丧失被认可的空间和激励效果。除了经济激励、精神激励之外，实际上还有一些其他的激励方式可予以拓展。比如对科技成果转化者予以一定标准和条件前提下的承诺，这种承诺包括如进一步合作、进一步予以科技成果转化资金支持、资源倾斜、优先考虑等内容。承诺方式的激励不仅有利于促进科技成果转化的持续进行，还会对科技成果转化领域的诚信体系建设有所促进，推动科技成果转化场合的长期合作机制的完善。

科技成果转化不仅是一种选择，而且是置于自由市场的一种选择，但是必须承认其是一种非常重要的选择。激励科技成果转化并不是因要激励而行激励政策，而是在科技创新领域科技成果转化具有关键的促进技术落地的作用，特别是中国面临的一些"卡脖子"困境给我们带来深刻的反思，其中重要突破口之一就是促进科技成果转化、促进自主科技创新。科技成果转化激励对促进科技成果转化实现其时代使命是当然的路径，但是也要认识到实践中并非所有的科技成果转化都是对人类有贡献的，颠覆性技术科技成果转化少之又少，很多科技成果转化只不过是技术更迭且具有替代性或者比较小众的。因此，在激励科技成果转化方面切忌追求科技成果转化的数量或者以科技成果转化数量来直接衡量科技成果转化情况，这既是不科学的也是不负责的，更不用说在科技成果转化数量统计上过度依赖便于统计的专利而忽略其他形式的科技成果的转化是不严谨的这一现实。即便如此，提倡科技成果转化、激励科技成果转化仍然具有非常重要的积极价值，其有利于积累科技成果转化经验、提升科技成果转化机制水平、构建完整的创新体系、营造科技转向生产力的文化。在激励科技成果转化激励机制构建和实践中，应当认识到科技成果转化激励的角色，转变科技成果转化激励的神圣、神话观念，对科技成果转化激励作用的重点领域有清楚的认识。总而言之，对科技成果转化激励的局限性予以相应的把握，从创新体系视角来看待科技成果转化激励。在科技成果转化激励的评价中，应当拓展对科技成果类型的统计，避免仅仅以专利甚至仅仅以高校、科研院所的专利这一科技成果类型来作统计数据并直接由此表明中国科技成果转化情况。虽然其他形式的科技成果转化并不便于统计，但是不应当放弃这种统计路径，企业方面的科技成果转化数据也应当有所关注。在具体科技成果转化项目上获得的成功也不应当仅仅局限于其带来的经济利益，更应当注意其在科技创新技术领域的影响，特别是潜在影响不应当被忽略。目前的评价标准往往忽略或者淡化这种影响、重视经济效益，这种短视行为也表明对科技成果转化激励的引导方向，不利于踏踏实实投入科技成果转化、扎根科技成果转化，而更像是追求一种快速科技成果转化效果。这反过来也会引导社会对科技成果转化予以不合理的、不符合科技成果转化规律的"高要求"，如对当年的科技成果进行观察发现没有转化就认为是一种失败，殊不知有些科技成果从诞生到转化需要花数年的时间这一规律和现实。因此，要积极端正对科技成果转化规律的认识，尊重科技成果转化活动的长期要求，不要对科技成果转化提出过于急迫的不合理要求，因为这些会破坏科技成果转化激励的作用机制，甚至迎合要求敷衍了事或者出现造假行为。

对于科技成果转化激励机制而言，科技成果转化人才问题是一个大难题，这同时涉及科技成果转化机构。在科技成果转化激励体系中，最直观的目的是通过激励机制发挥实际作用促成科技成果转化。将科技成果转化激励机制落实到实际就意味着，科技成果转化的决策权得到正面的反馈。然而，实践中特定的科技成果转化往往面临着决策权的行使问题。于高校和科研院所而言，科技成果转化机构或部门的决策权并不是独立存在的，其还受制于单位的如财务部门、科研部门等其他部门，这往往也制约着科技成果转化激励机制的实现。对于科技成果转化激励部门而言，领导的决策权实现也往往受到诸多顾虑的牵绊，如对科技成果转化国有资产流失的担忧、对科技成果转化决策对错的担忧等，因此科技成果转化部门的决策权往往也面临着诸如此类的阻碍。科技成果转化机构和决策权者的不独立，阻碍科技成果转化激励机制的落实。国外成功的科技成果转化模式中，科技成果转化部门多为相对独立的机构，具有独立的决策权和独立的程序，而且能够"拍板"的人具有相应的独立决策权限，这就少了很多科技成果转化激励机制落实的阻碍因素。中国因为有国有资产流失责任的问题，所以实践中相关决策程序备受限制。为了避免对承担责任的过度顾虑影响对科技成果转化的阻碍，中国相关制度也给出了积极的容错机制，但是实践中仍然面临着诸多顾虑，如有些人认为即便最后不承担法律责任，但是如果"出了事儿"也会给个人决策者带诸多不良影响。解决这个问题的根源办法还是将科技成果转化剥离出国有资产管理的限制，建立相对独立的科技成果转化机构，给科技成果转化机构和相关人员以独立的决策权，并对相应的决策后果不予以相应的责任承担，而非简单的有责任、免除责任，因为后者仍然意味着其是有责任的，只不过对这种责任基于相应的因素不予追究，这对决策者而言是有心理负担的，容易造成其在做决策时过于对后果进行负面假设。

科技成果转化激励体系中有关人才的另一个问题是，中国应当着重培养、培育一批真正的科技成果转化人才，并且优化相应的工作岗位、工作机会匹配机制。虽然中国科技成果转化有关政策文件规定对科技成果转化人才给出了具体的目标，而且实践中在高等教育体系中从多方面探索了科技成果转化人才培养，然而其中仍然存在诸多改进空间。培育对 MOT 类似的人才培养理念，在高等教育体系中进一步加深拓宽学科交叉融合自由度，成为真正探索科技成果转化人才培养的有效路径。此外，对于高校科技成果人才培养必须引入校外师资资源，固守校内资源多基于对教务有关规定的约束，这对科技成果转化人才培养是十分不利的，带来很多探索空间的被动限制和障碍。科技成果转化人才在高等教育阶段是打基础的，其离不开实践场景的训练和经验积累，因此在科技成果转化实践中应当吸纳诸多青年人才参与，并从社会角度培育科技成果转化专业人才、高级人才，特别是在涉外科技成果转化、重大科技成果转化中，要注意转化人才梯队的构建，逐渐建立起中国科技成果转化人才的老中青梯队。然而，有了科技成果转化人才培养、培育的关注后，还需要关注人才是否有足够的实战空间，要通过行业待遇来吸引科技成果转化人才在此领域深挖深耕，避免合格人才、专业人才、高级人才的流失。从科技成果转化激励视角而言，一方面，要加强对科技成果转化机构和人才的激励力度，在科技成果转化活动中对作出贡献的科技成果转化人才给予符合其贡献的利益分成，逐步加大对贡献大的科技成果转化人才的重视；另一方面，要加大科技成果转化专业人才的独立决策权，避免科技成果转化人才沦为流水线执行命令的角色，而是要对科技成果转化专业人才予以符合其专业水平的决策权，提升其对自身职业能力的信仰和满足感。对高校和科研院所而言，更要加强对专业科技成果转化人才的吸引力，逐步破除单位其他人员兼任科技成果转化部门领导及专业人员的机制，以相应的独立岗位聘请高级的、专业的、全职的科技成果转化人才，以专业人士带领团队全面负责单位的科技成果转化，逐步提升其独立性和决策权，尊重其符合促进科技成果转化的工作机制。

科技成果转化活动与研发活动本质上并不是彻底割裂的，没有泾渭之分，在科技成果转化活动中也存在继续依托科研人员的需求，因此科技成果转化激励也需要吸引科研人员尤其是特定科技成果完成团队有关人员的持续支持。中国有关文件规定了允许高校、科研院所科研人员到企业兼职、离岗创业，实践却并没有见到明显的效果。一方面与高校、科研院所对科研人员的考核有关，另一方面也与科研人员的工作习惯有关。高校、科研院所实际上并不希望自己的人才占着编制去做脱离"本职工作"的事情，特别是脱离本单位的事情更是被排斥，因为科研人员在单位不仅承担科研任务，其往往还有教学等其他任务，科研人员到企业兼职、离岗创业等，其精力将被分散到科技成果转化活动中去，对本单位并没有带来直接利益。在实践中需要逐步通过相应机制的协调，拓展单位对科研人员投入科技成果转化的支持路径，拓宽科研人员对科技成果转化作出贡献的空间，并将之纳入单位相应的考核体系。但是应当注意这种激励并不应当撼动科研人员做科研的根基，保持其对科技成果转化必要的支持之外要尽量发挥其在科研活动中的创新作用。科技成果转化活动也融合了诸多科研活动，可能产生进一步的创新空间，因此从理想层面而言，科研人员在科技成果转化活动中的持续贡献，不仅有利于解决科技成果转化的技术难题，还有利于拓宽创新域。

在科技成果转化激励体系中，往往更强调正面的激励，而忽视了具有重要价值的负面激励。这涉及科技成果转化激励的监管问题和规范机制。科技成果转化激励领域会涉及诸多与经济有关的内容，也会面临一些科技成果转化指标等任务，在科技成果转化领域容易滋生一些与学术不端、创新诚信等有关的不良行为。这些行为不仅对具体的科技成果转化有负面影响，还可能由此造成错失行业发展机会的后果，也会对诚信创新秩序带来挫伤。然而，科技成果转化关涉的巨大利益具有较大的引诱力，追求科技成果转化成功的单位对科技成果转化的监管长期缺位，承诺制的流行使得投机取巧的冒险活动缺乏有效的监管。加上对容错机制理解的偏差，对科技成果转化激励中的造假等行为也出现了从学术不道德角度予以评价而疏于规范约束的现象。但是，如若认识到科技成果转化激励的重要目标和时代使命，就应该理解科技成果转化活动中造假等非诚信行为予以监管的重要意义，特别是其对塑造创新秩序具有重要价值，由此应当对其予以相应的监管和明确的责任追究机制，在立法上和法律实践上要有对应的承接机制。审慎包容的科技成果转化激励规制原则并不意味着对违法行为的放纵，在违法范围内的应当予以严格执法，特别是因为科技成果转化不诚信行为造成重大损失、在特殊行业内的则更值得警惕，在容错机制中的则予以相应的审慎包容。

中国科技成果转化立法在整体上而言是逐步取得进展的，但是在科技立法与知识产权立法作为两个体系用语方面的割裂容易造成实践中相关规范约束对象的模糊或者法律适用难题。在知识产权法被作为私法性质对待的基础上，如何拓展其科技法的功能值得探究。特别是在科技成果、知识产权等用语上的差异，往往造成相关政策用语的随意性，对科技成果转化而言也并非有利，如在统计科技成果转化状况时过度依赖于专利的统计，实际上就显现出知识产权与科技成果用语实现统合的可能性。在科技成果转化激励立法体系中，中央立法与地方立法统一性比较高，地方立法在创新性方面有待加强。科技成果转化激励的地方立法或者行业立法中应当切实结合本地、本领域特色，在符合立法规范的前提下作出相应的创新，一方面为上级立法提供素材，另一方面能够促进本地科技成果转化因特色而形成优势创新局面。同时，科技成果转化激励本身对不同地方政府而言就是资源的争夺，府际关系的处理上立法创新可以作为突破路径之一。另一个问题是，地方也未必一定要追求科技成果转化，而应当结合自己的发展特色和特长，将自身财政资源等用在各有所长的地方。

当然，科技成果转化激励仅仅是科技成果转化体系中的一个部分，作为一个部分其并不是静态的，而是动态的。实践中，不同的科技成果转化也具有相应的差异性，激励的效果也有变动，因此要结合实际来调配、修正科技成果转化激励在具体实践中的运用。还需要说明的是，科技成果转化是否有价值，衡量的标准也具有多元化特征，要实现科技成果转化的目标，除了科技成果转化的激励还有很多其他方面的内容需要完善。例如，科技成果转化最重要的资金来源问题，重要的具有特殊国家安全、核心竞争领域的科技成果转化有关供应链问题，诸如此类的考虑均需要在整个创新体系中获得全面的解释，在实践中需要从更高层面来考量、解决相关问题。

再多提一点，科技成果转化仍然着眼于以创新为底色的体系，在创新体系中科技成果的重要性已经超越了专利、知识产权，但是仍然需要以专利和知识产权为核心。然而，专利数量的增加实际上并不反映创新，而是反映了专利法律的改变及实用专利的战略。❶ 科技成果转化也是一样，科技成果转化的数量或者通过激励实现的是科技成果转化的数量，并不一定反映创新能力或者创新体系的提升，其或许有助于创新但是并不能完全反映创新，对此予以明确是本书需要提醒的。

---

❶ ［英］玛丽安娜·马祖卡托. 创新型政府：构建公共与私人部门共生共赢关系 ［M］. 李磊，束东新，程单剑，译. 北京：中信出版社，2019：63.

参考文献

一、著作

[1] [美] 格尔森·S. 谢尔. 美苏科技交流史：美苏科研合作的重要历史 [M]. 洪云，蔡福政，李雪连，译. 北京：中国科学技术出版社，2022.

[2] [美] 亨利·切萨布鲁夫. 开放式创新 [M]. 唐兴通，王崇锋，译. 广州：广东经济出版社，2022.

[3] [美] 克莱顿·克里斯坦森. 创新者的窘境：珍藏版 [M]. 胡建桥，译. 北京：中信出版社，2020.

[4] 美国国际贸易委员会. 塑造竞争优势：全球大飞机产业和市场格局 [M]. 孙志山，欧鹏，等译. 上海：上海交通大学出版社，2022.

[5] [美] 萨提亚·纳德拉. 刷新：重新发现商业与未来 [M]. 陈召强，杨洋，译. 北京：中信出版社，2018.

[6] [美] 詹姆斯·加尔布雷斯. 掠夺型政府 [M]. 苏琦，译. 北京：中信出版社，2009.

[7] [挪] 詹·法格博格，[美] 戴维·C. 莫利，理查德·R. 纳尔逊. 牛津创新手册 [M]. 柳卸林，等译. 上海：东方出版中心，2021.

[8] [日] 常磐文克. 创新之道：日本制造业的创新文化 [M]. 董旻静，译. 北京：知识产权出版社，2007.

[9] [日] 都留重人. 日本经济奇迹的终结 [M]. 李雯雯，译. 成都：四川人民出版社，2020.

[10] [日] 富田彻男. 技术转移与社会文化 [M]. 张明国，译. 北京：商务印书馆，2003.

[11] [英] 克里斯汀·格林哈尔希，[英] 马克·罗格. 创新、知识产权与经济增长

[M]. 刘劭君，李维光，译. 北京：知识产权出版社，2017.

[12] [英] 马特·里德利. 创新的起源：一部科学技术进步史 [M]. 王大鹏，张智慧，译. 北京：机械工业出版社，2021.

[13] [英] 玛丽安娜·马祖卡托. 创新型政府：构建公共与私人部门共生共赢关系 [M]. 李磊，束东新，程单剑，译. 北京：中信出版社，2019.

[14] 《中国科技创新政策体系报告》研究编写组. 中国科技创新政策体系报告 [M]. 北京：科学出版社，2018.

[15] 陈光，唐志红，周贤永，等. 高校职务科技成果权属改革：理论与实践 [M]. 北京：科学出版社，2022.

[16] 陈强，鲍悦华，常旭华. 高校科技成果转化与协同创新 [M]. 北京：清华大学出版社，2017.

[17] 杜宝贵，王欣. 中国科技政策蓝皮书2021 [M]. 北京：科学出版社，2021.

[18] 范合君. 北京市高精尖产业研究 历史、现状与评估 [M]. 北京：首都经济贸易大学出版社，2021.

[19] 付一凡. 高校科技成果转化与产学研协同创新及其评价 [M]. 武汉：武汉大学出版社，2016.

[20] 郜志雄. 专利技术转移机制 [M]. 北京：中国时代经济出版社，2016.

[21] 顾云松. 南京市高校利用创业投资转化科技成果问题研究 [M]. 南京：南京农业大学出版社，2006.

[22] 郭雯. 创新药专利精解 [M]. 北京：知识产权出版社，2021.

[23] 国家教委科学技术管理中心，《中国高校技术市场》月刊编辑部. 高校科技成果选编 1991—1992 [Z]. 1992.

[24] 国家知识产权局专利局专利审查协作江苏中心. 标准与标准必要专利研究 [M]. 北京：知识产权出版社，2019.

[25] 韩艳翠. 风险投资促进我国高校科技成果产业化研究 [M]. 南京：南京农业大学出版社，2005.

[26] 贺化主编，国家知识产权局知识产权发展研究中心组织编写. 前沿技术领域专利竞争格局与趋势 1 [M]. 北京：知识产权出版社，2016.

[27] 胡靖. 跨国公司在华技术转移行为研究 [M]. 上海：上海财经大学出版社，2009.

［28］计晓华，陈涛. 高校科技成果转化的系统分析［M］. 沈阳：沈阳出版社，2014.

［29］阚珂，王志刚.《中华人民共和国促进科技成果转化法》释义［M］. 北京：中国民主法制出版社，2015.

［30］李虹. 国际技术转移与中国技术引进［M］. 北京：对外经济贸易大学出版社，2016.

［31］李华. 高校科技成果转化对策研究［M］. 秦皇岛：燕山大学出版社，2021.

［32］李家洲. 中关村地区技术转移的实践与思考［M］. 北京：人民出版社，2019.

［33］李建强，等. 创新视阈下的高校技术转移［M］. 上海：上海交通大学出版社，2013.

［34］李志军. 当代国际技术转移与对策［M］. 北京：中国财政经济出版社，1997.

［35］梁艳，罗栋. 财政资助职务发明形成与转化的法律调整机制研究［M］. 北京：法律出版社，2022.

［36］刘迪吉. 江苏高校科技成果及产业［Z］. 江苏教育委员会，1997.

［37］刘勇. 基于跨组织知识集成网络的高校科技成果转化模式研究［M］. 北京：科学出版社，2020.

［38］罗娇. 创新激励论：对专利法激励理论的一种认知模式［M］. 北京：中国政法大学出版社，2017.

［39］马碧玉. 科技成果转化制度改革与创新研究［M］. 北京：人民出版社，2022.

［40］马治国，翟晓舟，周方. 科技创新与科技成果转化：促进科技成果转化地方性立法研究［M］. 北京：知识产权出版社，2019.

［41］马忠法. 技术转移法［M］. 北京：中国人民大学出版社，2021.

［42］潘冬. 科技企业孵化器知识产权服务中政府行为方式的研究［M］. 北京：北京工业大学出版社，2018.

［43］彭毅，唐小我. 促进高校军事科技成果转化应用的研究［M］. 成都：电子科技大学出版社，1994.

［44］祁红梅，张路路. 促进高校科技成果转移转化机制研究［M］. 北京：中国社会科学文献出版社，2023.

［45］邱栋. 商业模式革新［M］. 北京：企业管理出版社，2018.

［46］汝绪伟，李海波，陈娜. 科技成果转化体系建设研究与实践［M］. 北京：科学出版社，2019.

［47］石照耀，韩晓明. 高校成果转化模型与路径［M］. 北京：科学出版社，2020.

［48］首都高校科技信息联络网. 2001 年首都高校科技成果推广项目可行性报告选编［Z］. 2002.

［49］孙磊，吴寿仁. 科技成果转化从入门到高手［M］. 北京：中国宇航出版社，2021.

［50］孙烈. 德国克虏伯与晚清火炮：贸易与仿制模式下的技术转移［M］. 济南：山东教育出版社，2014.

［51］孙细明. 高校科技成果产业化的实现途径和管理机制研究［M］. 武汉：武汉大学出版社，2008.

［52］唐素琴，周轶男. 美国技术转移立法的考察和启示：以美国《拜杜法》和《史蒂文森法》为视角［M］. 北京：知识产权出版社，2018.

［53］陶鑫良. 专利技术转移［M］. 北京：知识产权出版社，2011.

［54］汪大喹，王曙光，王真真，等. 高校职务科技成果权属改革理论与实践［M］. 成都：西南财经大学出版社，2022.

［55］王素娟. 高校科技成果转化法律保障机制研究［M］. 北京：中国政法大学出版社，2022.

［56］王欣. 高校科技成果转化机理与对策研究［M］. 北京：科学出版社，2017.

［57］武剑. 国防专利技术转移动力机制［M］. 北京：国防工业出版社，2017.

［58］武学超. 美国创新驱动大学技术转移政策研究［M］. 北京：教育科学出版社，2017.

［59］夏国藩. 技术创新与技术转移［M］. 北京：航空工业出版社，1993.

［60］谢志峰，赵新. 芯事 2：一本书洞察芯片产业发展趋势［M］. 上海：上海科学技术出版社，2023.

［61］熊焰，刘一君，方曦. 专利技术转移理论与实务［M］. 北京：知识产权出版社，2018.

［62］杨文明. 自主创新政策：作用机制与网络［M］. 北京：经济管理出版社，2021.

［63］尹锋林. 科技成果转化、科研能力转化与知识产权运用［M］. 北京：知识产权出版社，2020.

［64］尹锋林. 新《促进科技成果转化法》与知识产权运用相关问题研究［M］. 北京：知识产权出版社，2015.

［65］尹晓冬. 16—17 世纪明末清初西方火器技术向中国的转移［M］. 济南：山东教育出版社，2014.

［66］余飞峰. 专利激励论［M］. 北京：知识产权出版社，2020.

［67］余盛. 芯片战争［M］. 武汉：华中科技大学出版社，2022.

［68］张健华. 高校科技成果转化中的政府职能研究［M］. 天津：天津人民出版社，2013.

［69］张栓兴. 高校科研成果转化推动陕西科技企业发展的关键问题研究［M］. 北京：经济管理出版社，2021.

［70］张苏雁. 科技中介参与的高校科技成果转化机制研究［M］. 北京：中国财富出版社，2022.

［71］张晓凌，张玢，庞鹏沙. 技术转移绩效管理［M］. 北京：知识产权出版社，2014.

［72］赵大平. 政府激励、高科技企业创新与产业结构调整［M］. 北京：中国经济出版社，2012.

［73］中国科技成果管理研究会，国家科技评估中心，中国科学技术信息研究所. 中国科技成果转化年度报告 2018 高等院校与科研院所篇［M］. 北京：科学技术文献出版社，2019.

［74］中国科技成果管理研究会，国家科技评估中心，中国科学技术信息研究所. 中国科技成果转化年度报告 2019 高等院校与科研院所篇［M］. 北京：科学技术文献出版社，2020.

［75］中国科技成果管理研究会，国家科技评估中心，中国科学技术信息研究所. 中国科技成果转化年度报告 2020 高等院校与科研院所篇［M］. 北京：科学技术文献出版社，2021.

［76］中国科技成果管理研究会，国家科技评估中心，中国科学技术信息研究所. 中国科技成果转化年度报告 2022 高等院校与科研院所篇［M］. 北京：科学技术文献出版社，2023.

［77］中国科技评估与成果管理研究会，国家科技评估中心，中国科学技术信息研究所. 中国科技成果转化年度报告 2021 高等院校与科研院所篇［M］. 北京：科学技术文献出版社，2022.

［78］朱婧，苏瑞波，李剑川. 高校科技成果转化的广州实践［M］. 北京：中国市场出版社，2019.

[79] Bernard Hoekman, Beata Javorcik. Global Integration and Technology Transfer [M]. Washington, DC: The World Bank and Palgrave Macmillan, 2006.

[80] Eran Leck, Guillermo A. Lemarchand, April Tash, et al. Mapping Research and Innovation in the State of Israel [M]. United Nations Educational, Scientific and Cultural Organization. Paris: UNESCO Publishing, 2016.

[81] Graham Richards. University Intellectual Property: A Source of Finance and Impact [M]. Massachusetts: Harriman House Ltd. , 2012.

[82] Jan Fagerberg, David C. Mowery, Richard R. Nelson. The Oxford Handbook of Innovation [M]. New York: Oxford University Press, 2005.

[83] John Mcintyre, Daniel Papp. The Political Economy of International Technology Transfer [M]. Connecticut: Greenwood Press, 1986.

[84] Marco Cantamessa, Francesca Montagna. Management of Innovation and Product Development: Integrating Business and Technological Perspectives (second edition) [M]. London: Springer, 2023.

[85] Nicholas Kalaitzandonakes, Elias G. Carayannis, et al. From Agriscience to Agribusiness Theories, Policies and Practices in Technology Transfer and Commercialization [M]. Cham: Springer, 2018.

[86] Phyllis L. Speser. The Art and Science of Technology Transfer [M]. Hoboken: Wiley, 2006.

[87] Sam F. Halabi, Rebecca Katz. Viral Sovereignty and Technology Transfer: The Changing Global System for Sharing Pathogens for Public Health Research [M]. Cambridge: Cambridge University Press, 2020.

[88] Sifeng Liu, Zhigeng Fang, Hongxing Shi, et al. Theory of Science and Technology Transfer and Applications [M]. California: Auerbach Publications, 2010.

[89] Tom Hockaday. University Technology Transfer. What It Is and How to Do It [M]. Maryland: Johns Hopkins University Press, 2020.

二、论文

[1] 曹爱红, 王海芸. 地方科技立法中关于中央单位适用性问题分析 [J]. 科技中国, 2021 (1): 68 - 73.

[2] 曹爱红，王海芸. 立法视角下的科技成果强制转化制度分析 [J]. 科技中国，2019（9）：29-34.

[3] 陈柏强，刘增猛，詹依宁. 关于职务科技成果混合所有制的思考 [J]. 中国高校科技，2017（S2）：130-132.

[4] 陈宝明. 我国财政资助科技成果强制转化义务实施问题研究 [J]. 管理现代化，2014，34（3）：120-122.

[5] 陈柯羽，卢云程，贾春岩. 以色列高校科技成果转化分析与启示 [J]. 中国现代医生，2023，61（15）：83-86，128.

[6] 陈黎，玄兆辉. 政府属科研机构科技成果转化影响因素研究：以广州为例 [J]. 中国科技论坛，2022（11）：45-55.

[7] 陈远燕，刘斯佳，宋振瑜. 促进科技成果转化财税激励政策的国际借鉴与启示 [J]. 税务研究，2019（12）：54-59.

[8] 程华东，杨剑. 安徽省与江浙沪地区科技成果转化政策比较研究：基于政策文本量化分析 [J]. 常州工学院学报，2022，35（2）：55-62.

[9] 邓恒，王含. 专利制度在高校科技成果转化中的运行机理及改革路径 [J]. 科技进步与对策，2020，37（17）：101-108.

[10] 翟晓舟，马治国. 科技成果转化主体之立法偏差研究 [J]. 西安电子科技大学学报（社会科学版），2015，25（4）：57-64.

[11] 翟晓舟. 科技成果转化"三权"的财产权利属性研究 [J]. 江西社会科学，2019，39（6）：171-179.

[12] 翟晓舟. 科技行政执法体制改革研究：以法规修订为例 [J]. 陕西行政学院学报，2018，32（3）：104-108.

[13] 董志霖. 中国纵向府际关系发展研究：以多任务委托代理理论为视角 [J]. 湖湘论坛，2020，33（5）：86-93.

[14] 范虹，高鹏，汤超颖. 国外技术管理教育的发展趋势及其启示 [J]. 自然辩证法通讯，2006（6）：51-56，112.

[15] 方华梁. 科技成果转化与技术转移：两个术语的辨析 [J]. 科技管理研究，2010，30（10）：229-230.

[16] 冯劭华，陈丹，昝栋，等. 基于专利文本的我国"双一流"高校科技成果转化能力分析 [J]. 情报探索，2023（6）：72-77.

［17］冯晓青，周贺微. 我国知识产权高等教育四十周年：成就、问题及其解决对策
　　　　［J］. 法学教育研究，2019，27（4）：162－178.

［18］高永久，杨龙文. 府际关系视角下的中国央地关系协调：价值意涵、演进思路与
　　　　发展动向［J］. 山西师大学报（社会科学版），2022，49（5）：39－45.

［19］龚敏，江旭，王庸. 如何提高激励有效性？基于过程视角的科技成果转化收益分
　　　　配案例研究［J］. 科学学与科学技术管理，2021，42（4）：83－103.

［20］顾志恒. 如何调动高校教师转化科技成果的积极性：从科技成果转化人才激励机
　　　　制谈起［J］. 中国高校科技，2018（3）：64－66.

［21］郭超飞，代健，陆春华，等. 国外标准化促进科技成果转化现状及其启示［J］.
　　　　航天标准化，2022（3）：41－44.

［22］郭蕾，张炜炜，胡鸢雷. 高校异地科研机构建设面临的挑战及对策初探［J］. 高
　　　　科技与产业化，2022，28（12）：62－67.

［23］郭淑敏. 农业科技成果转化的制约因素与发展对策研究：以中国农业科学院某研
　　　　究所为例［J］. 农业科研经济管理，2022（3）：13－16.

［24］郭英远，张胜. 科技人员参与科技成果转化收益分配的激励机制研究［J］. 科学
　　　　学与科学技术管理，2015，36（7）：146－154.

［25］郝涛，林德明，丁堃，等. "双一流"高校科技成果转化激励政策评价研究
　　　　［J］. 中国科技论坛，2023（7）：21－32.

［26］何丽敏，刘海波，许可. 国有资产管理视角下央企科技成果转化制度困境及突破
　　　　对策［J］. 济南大学学报（社会科学版），2022，32（3）：102－110.

［27］贺德方. 对科技成果及科技成果转化若干基本概念的辨析与思考［J］. 中国软
　　　　科学，2011（11）：1－7.

［28］贺俊. "归位"重于"连接"：整体观下的科技成果转化政策反思［J］. 中国人
　　　　民大学学报，2023，37（2）：118－130.

［29］胡凯，王炜哲. 如何打通高校科技成果转化的"最后一公里"？——基于技术转
　　　　移办公室体制的考察［J］. 数量经济技术经济研究，2023，40（4）：5－27.

［30］霍国庆. 科技成果转化的两种基本模式［J］ 智库理论与实践，2022，7（5）：
　　　　73－80，110.

［31］康凯宁，刘安玲，严冰. 职务科技成果混合所有制的基本逻辑：与陈柏强等三位
　　　　同志商榷［J］. 中国高校科技，2018（11）：47－50.

［32］康凯宁. 职务科技成果混合所有制探析［J］. 中国高校科技，2015（8）：69－72.

［33］李春艳，成蕾，孟维站. 我国创新激励政策的作用机制及效果研究：基于异质性厂商 NK－DSGE 的模拟分析［J］. 东北师大学报（哲学社会科学版），2023（3）：141－149.

［34］李晶慧. 作价入股推进医院科技成果转化的探讨［J］. 中国卫生资源，2023，26（1）：76－79.

［35］李龙，李慧敏. 政策与法律的互补谐变关系探析［J］. 理论与改革，2017（1）：54－58.

［36］李蔚，孙飞. 我国技术移民制度建设的探索与完善［J］. 中国人力资源开发，2022，39（10）：99－110.

［37］李晓华，柯罗马. 跨越死亡之谷：以大学风险投资激活科技成果转化系统为例［J］. 清华管理评论，2021（9）：51－59.

［38］李毅中. 我国科技成果转化率不高的重要原因是缺乏投资［J］. 科学中国人，2021（7）：31－33.

［39］李政. 国有企业推进高水平科技自立自强的作用与机制路径［J］. 科学学与科学技术管理，2023，44（1）：55－67.

［40］廖翼，范澳，姚屹浓. 中国科技成果转化效率分段测度及区域比较［J］. 科技和产业，2021，21（8）：20－24.

［41］蔺洁，陈凯华，秦海波，等. 中美地方政府创新政策比较研究：以中国江苏省和美国加州为例［J］. 科学学研究，2015，33（7）：999－1007.

［42］刘光华，李泰毅. 地方立法体系的结构优化理据与路径［J］. 深圳社会科学，2023，6（3）：47－59.

［43］刘欢欢，牛小童，管强. 新形势下高校国防科技成果转化研究［J］. 经济师，2022（2）：174－176，180.

［44］刘峻，李梅芳，鄢仁智，等. 科技成果转化对风险投资的促进机制研究：以福建省为例［J］. 福建行政学院学报，2015（3）：90－96.

［45］刘群彦. 科技成果产权激励与科研人员成果转化行为的关系研究：基于高校及科研院所的实证分析［J］. 中国高校科技，2020（Z1）：120－124.

［46］刘希宋，李玥，喻登科. 基于多视角的国防工业科技成果价值评估研究［J］. 科学学与科学技术管理，2007（10）：31－35.

[47] 刘雪凤. 国家知识产权战略中政府的角色定位分析：从政策过程视角 [J]. 理论探讨, 2009 (2)：140 – 144.

[48] 楼世洲, 俞丹丰, 吴海江, 等. 美国科技促进法对大学科技成果转化的影响及启示：《拜杜法案》四十年实践回顾 [J]. 清华大学教育研究, 2023, 44 (1)：90 – 97.

[49] 吕悦, 王建泉. 以"先投后股"模式为科技成果转化插上翅膀 [J]. 今日科技, 2023 (5)：32 – 33.

[50] 马忠法, 吴昱. 论我国国防专利转化利用及其制度完善：以"分级立项"制度构思为例 [J]. 科技进步与对策, 2023, 40 (18)：91 – 100.

[51] 苗丰涛. 基层创新如何上升为国家政策？——府际关系视角下的纵向政策创新传导机制分析 [J]. 东北大学学报（社会科学版）, 2022, 24 (6)：41 – 51.

[52] 明丽. 促进我国科技成果转化及应用的财税扶持政策研究 [J]. 商业经济, 2020 (10)：154 – 155.

[53] 聂常虹, 武香婷. 股权激励促进科技成果转化：基于中国科学院研究所案例分析 [J]. 管理评论, 2017, 29 (4)：264 – 272.

[54] 宁云, 刘博, 郭建英. 新时期我国农业科技人才激励机制的若干思考 [J]. 中国农村科技, 2021 (12)：64 – 67.

[55] 裴映雪, 殷晓倩. 创新科技成果转化机制 助推北京市高精尖产业发展 [J]. 智慧中国, 2021 (04)：50 – 52.

[56] 平鸾, 危怀安, 谭智方, 等. 科技成果转化激励政策：工具特征、话语转向及演进逻辑 [J]. 中国科技论坛, 2023 (6)：51 – 62.

[57] 沈凌. 南京科技成果转化立法问题研究 [J]. 中阿科技论坛（中英文）, 2021 (12)：156 – 159.

[58] 石琦, 钟冲, 刘安玲. 高校科技成果转化障碍的破解路径：基于"职务科技成果混合所有制"的思考与探索 [J]. 中国高校科技, 2021 (5)：85 – 88.

[59] 宋小沛. 新时期军转民科技成果转化瓶颈及应对策略 [J]. 中国军转民, 2022 (1)：58 – 60.

[60] 眭纪刚. 科技机构改革与新型举国体制建设 [J]. 人民论坛, 2023 (9)：64 – 67.

[61] 王彬, 尚泓泉, 王琰, 等. 河南省农业科技成果转化管理机制探讨 [J]. 河南农业, 2023 (16)：9, 13.

［62］ 王海芸，曹爱红. 立法视角下职务科技成果所有权规定模式对比研究［J］. 科技进步与对策，2022，39（11）：134 – 141.

［63］ 王健，王晓. 高校科技成果收益分配模式分析：基于成果完成人奖励比例的五种模式［J］. 中国高校科技，2022（7）：92 – 96.

［64］ 王敬敬，刘叶婷，隆云滔. 科技成果转化中领导干部股权代持机制研究［J］. 领导科学，2018（32）：41 – 45.

［65］ 王靖宇，刘红霞. 央企高管薪酬激励、激励兼容与企业创新：基于薪酬管制的准自然实验［J］. 改革，2020（2）：138 – 148.

［66］ 王力. 科技成果转化相关税务问题探讨［J］. 新会计，2021（11）：24 – 27.

［67］ 王守文，覃若兰，赵敏. 基于中央、地方与高校三方协同的科技成果转化路径研究［J］. 中国软科学，2023（2）：191 – 201.

［68］ 王志阁. 企业研发投入如何影响创新策略选择：基于政府扶持与市场竞争视角［J］. 华东经济管理，2023，37（6）：54 – 65.

［69］ 吴春玉，张茹岑，孙伟男. 双创背景下我国高校开展 MOT 教育的思考［J］. 教育教学论坛，2018（10）：8 – 10.

［70］ 吴洪富，姜佳莹. 高校科研人员创新创业的职务科技成果产权激励：制度创新与未来展望［J］. 黑龙江高教研究，2021，39（11）：80 – 84.

［71］ 吴寿仁，吴静以. 科技成果转化若干热点问题解析（二十六）：基于个人所得税政策对科技成果产权激励改革的思考［J］. 科技中国，2019（7）：73 – 77.

［72］ 吴寿仁. 国有企业科技成果转化政策体系及其影响因素研究［J］. 安徽科技，2023（6）：6 – 13.

［73］ 吴寿仁. 科技成果转移转化系列案例解析（二十四）：高性能激光薄膜器件技术成果转化模式分析［J］. 科技中国，2022（1）：52 – 56.

［74］ 吴寿仁. 科技成果转移转化系列案例解析（七）：以竞价（拍卖）确定的技术成交价能减半支付吗？［J］. 科技中国，2020（7）：70 – 75.

［75］ 吴寿仁. 上海科技成果转移转化模式研究［J］. 创新科技，2021，21（8）：45 – 54.

［76］ 项晨羽. 上海农业科技成果转化效果评价研究及建议［J］. 上海农村经济，2023（6）：29 – 30.

［77］ 肖尤丹. 科技成果转化逻辑下被误解的《拜杜法》：概念、事实与法律机制的厘清［J］. 中国科学院院刊，2019，34（8）：874 – 885.

［78］谢地. 试析高校国有科技成果转化的产权配置问题［J］. 电子知识产权，2018
（9）：51－66.

［79］谢婷婷，李梦悦，张克武. 职务科技成果所有权改革的激励机制研究［J］. 西南
科技大学学报（哲学社会科学版），2022，39（2）：85－90.

［80］熊国经，蓝建平，熊剑琴. 技术经营探究：兼论日本 MOT 人才培养战略［J］.
科技管理研究，2005（6）：70－71.

［81］徐博禹，刘霞辉. 激励相容法律体系促进经济增长的作用机制研究［J］. 福建论
坛（人文社会科学版），2021（9）：95－107.

［82］徐明波，苟渊. 高校科技成果转化机构定位、职能及其影响因素研究：基于中美
研究型大学科技成果转化机构的对比分析［J］. 高教探索，2021（11）：34－42.

［83］徐明波. 如何畅通高校科技成果转化体制机制：以一项技术专利成功转化为例
［J］. 中国高校科技，2020（5）：92－96.

［84］杨登才，刘畅，朱相宇. 中国高校科技成果转化效率及影响因素研究［J］. 科技
促进发展，2019，15（9）：943－955.

［85］杨红斌，马雄德. 基于产权激励的高校科技成果转化实施路径［J］. 中国高校科
技，2021（7）：82－86.

［86］杨思军. 科技成果转化要打破唯专利论［J］. 中国高校科技，2020（8）：94－96.

［87］杨艺灵，陈同扬. 麻省理工学院科技成果转化的经验与借鉴［J］. 科技与创新，
2023（6）：132－134.

［88］叶建木，李倩，谢从珍，等. 中国高校"休眠态"科技成果现状、成因与对策
研究［J］. 科技与管理，2023，25（3）：1－12.

［89］尹西明，苏雅欣，李飞，等. 共同富裕场景驱动科技成果转化的理论逻辑与路径
思考［J］. 科技中国，2022（8）：15－20.

［90］袁航. 把科研成果"种"进土地里：贵州"现金股＋技术股"激励改革在遵义
破题［J］. 当代贵州，2020（35）：32－33.

［91］袁伟民，赵泽阳. 农业科技成果转化内卷化：困境表征与破解进路［J］. 西北农
林科技大学学报（社会科学版），2022，22（2）：104－113.

［92］袁晓东，鲍业文. "中兴事件"对我国产业发展的启示：基于专利分析［J］. 情
报杂志，2019，38（1）：23－29.

［93］云小鹏，朱安丰，郭正权. 高精尖产业发展的创新驱动机制分析［J］. 技术经济

与管理研究，2021（12）：22 – 26.

［94］张成华，陈永清，张同建. 我国科技成果转化的科技人员产权激励研究［J］. 科学管理研究，2022，40（3）：130 – 135.

［95］张乘祎. 我国政府在科技创新中的作用及影响［J］. 科学管理研究，2012，30（6）：9 – 12.

［96］张春花，宋永辉，李兴格. 三维政策工具视角下科技成果转移转化政策研究：基于2008—2021 年国家相关政策文本的分析［J］. 中国高校科技，2023（6）：81 – 88.

［97］张硕，沙宇凡. 互联网时代科技成果转化引导基金的风险监管研究：以安徽省为例［J］. 时代金融，2020（5）：16 – 18.

［98］张雪春，苏乃芳. 科技成果转化的三元素：人才激励、资金支持和中介机构［J］. 金融市场研究，2023（4）：113 – 122.

［99］张亚峰，许可，王永杰，靳宗振. 基于多重制度逻辑的国际技术转移新态势探析［J］. 科技进步与对策，2022，39（8）：153 – 160.

［100］赵春盛. 地方政府在当代国家治理与发展语境中的地方性角色结构分析［J］. 思想战线，2007（5）：135 – 136.

［101］郑翠翠，姚芊. 我国科技成果转化现状及对策［J］. 经济研究导刊，2022（24）：141 – 143.

［102］郑东，宋东林. 财政资助科技成果转化中的政府权利研究［J］. 湘南学院学报，2021，42（3）：34 – 41.

［103］郑京平. 如何发挥政府在创新中的作用［J］. 中国国情国力，2016（3）：1.

［104］郑烨，杨若愚，刘遥. 科技创新中的政府角色研究进展与理论框架构建：基于文献计量与扎根思想的视角［J］. 科学学与科学技术管理，2017，38（8）：46 – 61.

［105］中美芯片产业差距多大？中国工程院院士倪光南给出答案［J］. 信息系统工程，2019（8）：177.

［106］钟卫，陈海鹏，姚逸雪. 加大科技人员激励力度能否促进科技成果转化：来自中国高校的证据［J］. 科技进步与对策，2021，38（7）：125 – 133.

［107］周海源. 职务科技成果转化中的高校义务及其履行研究［J］. 中国科技论坛，2019（4）：142 – 151.

［108］周南. 理性思考高校异地科研机构建设［J］. 中国高校科技，2017（S2）：56 – 59.

［109］周婷婷，马芳. 中国府际关系及其经济功能：回顾与展望［J］. 投资研究，

2021, 40 (12)：4 - 25.

[110] 邹坦永. 渐进式科技创新推动产业升级：文献述评及展望 [J]. 西部论坛，
2017, 27 (6)：17 - 26.

[111] Akio Kameoka, Steven W. Collins, Meng Li, et al. Emerging MOT Education in Japan [J]. IEMC '03 Proceedings. Managing Technologically Driven Organizations：The Human Side of Innovation and Change, Albany, NY, USA, 2003：296 - 300.

[112] Bo Carlsson. Technology Transfer in United States Universities [J]. Journal of Evolutionary Economics, 2002, 12 (1)：199 - 232.

[113] Lars Bengtsson. A comparison of university technology transfer offices' commercialization strategies in the Scandinavian countries [J]. Science and Public Policy, 2017, 44 (4)：565 - 577.

[114] Stuart Macdonald, Richard Joseph. Technology transfer or incubation? Technology Business Incubators and Science and Technology Parks in the Philippines [J]. Science and Public Policy, 2001, 28 (5)：330 - 344.

[115] Zeng S M. The Marine Property Rights Operating Platform Built on the Transformation of Scientific and Technological Achievements Is Constructed under the New Economic Normal of Coastal Areas：An Example of Guangzhou City [J]. Journal of Coastal Research, 2021, 112 (2)：216 - 229.

三、报刊

[1] 陈婧. 包容审慎监管是推进"放管服"改革的有效抓手 [N]. 中国经济时报，2019 - 09 - 02 (A2).

[2] 何蕊. 首届科促会推动成果转化超 1.2 亿 [N]. 北京日报, 2023 - 04 - 16 (1).

[3] 洪恒飞，陈苑，江耘. 浙江："安心屋"为职务成果转化再松绑 [N]. 科技日报，2022 - 06 - 14 (3).

[4] 贾品荣. 创新驱动"高精尖"产业发展 [N]. 光明日报, 2021 - 11 - 05 (11).

[5] 刘杰. 定制研发促高校科技成果转化 [N]. 中国知识产权报, 2020 - 12 - 09 (5).

[6] 刘林德，郑汝可，黄琪. 创新驱动发展 谁来驱动创新：长三角和大湾区高质量发展的启示③ [N]. 长江日报, 2023 - 06 - 28 (1).

［7］刘垠. 全面发力 纵深推进 科技体制改革让创新动力澎湃［N］. 科技日报，2022 –
04 – 08（5）.

［8］刘垠. 推动科技成果转移转化人才量质提升：2025 年将培养超 10 万人［N］. 科
技日报，2023 – 04 – 21（2）.

［9］马婷婷. 国有资金 + 市场化管理是新型举国体制的体现［N］. 21 世纪经济报道，
2023 – 05 – 22（10）.

［10］马昭. 许可"先使用后付费"开展"先投后股"试点［N］. 西安晚报，2023 –
02 – 09（3）.

［11］邱超凡，池长昀. 技术转移人才要提升"水下冰山"能力水平［N］. 中国科学
报，2021 – 11 – 10（3）.

［12］佘惠敏. 成果转化率为零该怎么看［N］. 经济日报，2023 – 08 – 13（5）.

［13］申红艳，张士运. 打造四大科创平台，助力科技成果转移转化［N］. 科技日报，
2021 – 08 – 23（8）.

［14］沈春蕾. 职务科技成果管理改革："摸着石头过河"［N］. 中国科学报，2023 –
02 – 20（4）.

［15］孙宝平. 苏州工业园发布"科创 30 条"［N］. 国际商报，2021 – 05 – 13（7）.

［16］孙奇茹. 417 项专利可"先使用后付费"［N］. 北京日报，2022 – 11 – 14（2）.

［17］田瑞颖. "先使用后付费"疏通科技成果转化堵点［N］. 中国科学报，2022 – 11 –
21（4）.

［18］王钦. 健全新型举国体制［N］. 人民日报，2022 – 12 – 08（9）.

［19］王睿. 京津冀科技成果 转化联盟成立［N］. 天津日报，2020 – 09 – 17（5）.

［20］王雪莹. 敲开美国国家实验室"转化之门"［N］. 中国组织人事报，2018 – 12 –
19（7）.

［21］王昊男，吕中正. 我国科技成果转化规模显著提升［N］. 人民日报，2023 –
05 – 28（2）.

［22］向宁. 激发关键贡献者积极性 提升科技成果转化效率［N］. 科技日报，2021 –
08 – 09（8）.

［23］徐海涛，陈刚，陈诺，等. 科技成果转化"梗阻"咋打通？——长三角一体化
发展新观察之一［N］. 新华每日电讯，2023 – 06 – 08（5）.

［24］闫坤，邓美薇. 日本科技政策体系的演变及其启示［N］. 中国经济时报，2023 –

08 - 04（A3）.

［25］杨博. 科技成果转化应"利"于科研人员［N］. 广州日报，2021 - 04 - 01（A4）.

［26］袁于飞. 北工大推出先使用后付费成果转化新模式［N］. 光明日报，2023 - 04 - 08（4）.

［27］岳雨. 沈阳市深化科技成果赋权改革［N］. 沈阳日报，2023 - 06 - 05.

［28］张铭慎. 科技成果转化难 关键是激励不足［N］. 经济日报，2018 - 12 - 20（15）.

［29］张瑞萍，历军. 建立以需求为导向的科技成果转化机制［N］. 光明日报，2019 - 03 - 15（11）.

［30］张亚雄，张哲浩. 三项改革解科技成果转化难题［N］. 光明日报，2022 - 10 - 21（14）.

四、其他

［1］"定向研发、定向转化、定向服务"的订单式科技创新和成果转化机制［EB/OL］. ［2023 - 09 - 28］. http：//fgw. shenyang. gov. cn/cxgggzxx/202208/t20220801_3656990. html.

［2］An educational program which cultivates the knowledge and expertise essential for CXO and entrepreneurs［EB/OL］. ［2023 - 09 - 28］. https：//www. tus. ac. jp/en/grad/keiei/mot. html.

［3］Diego A. Comin and Bart Hobijn. "Historical Cross - Country Technology Adoption（HC-CTA）Dataset. " The National Bureau of Economic Research［EB/OL］. ［2023 - 09 - 28］. http：//www. nber. org/hccta/.

［4］北京工业大学：深入推动科技成果转化［EB/OL］. ［2023 - 09 - 28］. http：//bj. news. cn/2023 - 04/07/c_1129502546. htm.

［5］北京市 - 清华大学技术转移人才培养合作发布会暨招生说明会举办［EB/OL］. ［2023 - 09 - 28］. https：//www. tsinghua. edu. cn/info/1176/96909. htm.

［6］超1500亿！科研机构和大学亮出成果转化成绩单［EB/OL］. ［2023 - 09 - 28］. https：//www. nstad. cn/nstas/show/news？id = 1833.

［7］承天蒙. 高校教师谈科技成果转化：很多企业只想"收果子"［EB/OL］. ［2023 - 09 - 28］. https：//m. thepaper. cn/rss_newsDetail_23449723？from = sohu.

［8］邸利会. 高校科技成果作价入股，为何遭企业"嫌弃"？［EB/OL］.（2021 - 06 -
03）［2023 - 09 - 28］. http：//zhishifenzi. com/depth/depth/11392. html.

［9］奋进新征程 建功新时代｜科技成果赋权激发高校科研新活力［EB/OL］.［2023 -
09 - 28］. https：//www. sohu. com/a/684738445_121687424.

［10］高德友：成果转化，失败的理由千万条，成功的因素只有一个［EB/OL］.［2023 -
09 - 28］. https：//www. edu. cn/rd/gao_xiao_cheng_guo/ssgx/202106/t20210621_
2125081. shtml.

［11］高校科技成果转化困境思考［EB/OL］.（2022 - 01 - 27）［2023 - 09 - 28］. ht-
tp：//www. stte. com/articles/518.

［12］国家知识产权局战略规划司，国家知识产权局知识产权发展研究中心. 2022 年
中国专利调查报告［EB/OL］.［2023 - 09 - 28］. https：//www. cnipa. gov. cn/
module/download/down. jsp？i_ID = 181043&colID = 88.

［13］吉娜·雷蒙多. 芯片法案与美国技术领先地位的长期愿景［EB/OL］.［2023 - 09 -
28］. https：//cset. georgetown. edu/wp - content/uploads/t0526_Raimondo_speech_
ZH. pdf.

［14］姜文宁. 中国已成功进入创新型国家行列，但在科技创新体系上仍存在一块关键
短板［EB/OL］.［2023 - 09 - 28］. https：//export. shobserver. com/toutiao/html/
495695. html.

［15］教育部：对科技造假和学术不端"零容忍"［EB/OL］.［2023 - 09 - 28］.
https：//edu. cctv. com/2023/07/13/ARTI7cz7Dy9Ta9g9FH30yCk9230713. shtml.

［16］李书祺，崔京. 京津冀国家技术创新中心 加快科技成果转化［EB/OL］.［2023 -
09 - 28］. http：//news. enorth. com. cn/system/2023/06/03/053985468. shtml.

［17］全面创新改革试验百佳案例之二十四：实施"黄金股"激励机制开创科技成果
转化新局面［EB/OL］.［2023 - 09 - 28］. https：//www. ndrc. gov. cn/fggz/cxhgjs-
fz/dfjz/201811/t20181130_1159277. html.

［18］阮芳，何大勇，李赞铎，等. 解码中国创新：过去、现在与未来［EB/OL］.
［2023 - 09 - 28］. https：//web - assets. bcg. com/80/f6/a121c4c143edaee48b49c11
587a6/china - innovation - past - present - and - future. pdf.

［19］阮芳，何大勇，李赞铎，等. 解码中国创新：政府如何发挥作用［EB/OL］.
［2023 - 09 - 28］. https：//web - assets. bcg. com/d5/cf/efad0de040afaaeb578c1

b28b21b/decoding – chinas – innovation – the – role – of – government. pdf.

［20］田海燕. 成果转化，我推崇技术许可和作价入股两种方式［EB/OL］.［2023 –
09 – 28］. https：//www. edu. cn/rd/gao＿xiao＿cheng＿guo/ssgx/202106/t20210617＿
2123593. shtml.

［21］王涵，万劲波. 加大科技成果转化激励力度 政策"落地"面临挑战［EB/OL］.
［2023 – 09 – 28］. https：//h5. drcnet. com. cn/docview. aspx？version = edu&docid =
6245084&leafid = 23055&chnid = 5825.

［22］项颖知. 上海促进科技成果转化条例正式出炉 6 月 1 日起实施 亮点解读［EB/
OL］.（2017 – 04 – 20）［2023 – 09 – 28］. https：//shzw. eastday. com/shzw/G/
20170420/u1ai10520749. html.

［23］姚会法. 汽车科技成果转化与协同创新交流会走进合工大［EB/OL］.（2023 –
06 – 05）［2023 – 09 – 28］. http：//www. cnautonews. com/lingbujian/2023/06/05/
detail_20230605357439. html.

［24］余鹏鲲. 高校发明专利产业化率为何仅 3.9%？［EB/OL］.［2023 – 09 – 28］.
https：//www. guancha. cn/yupengkun/2023_03_21_684901_s. shtml.

［25］赵旭. 北京工业大学：深入推动科技成果转化［EB/OL］.［2023 – 09 – 28］.
http：//bj. news. cn/2023 – 04/07/c_1129502546. htm.

［26］郑金武. 技术转移人才培养的"北京实践"［EB/OL］.（2020 – 03 – 30）［2023 –
09 – 28］. https：//news. sciencenet. cn/htmlnews/2020/3/437664. shtm.

［27］郑金武. 专科培养技术转移人才、为其打开职业晋升通道：让专业技术转移人才
"有名有实"［EB/OL］.（2021 – 12 – 14）［2023 – 09 – 28］. https：//news. sci-
encenet. cn/htmlnew/2021/12/47023. shtm.

［28］职务科技成果转化收益分配操作指南和典型案例|"学指南 促转化"专栏之六
［EB/OL］.［2023 – 09 – 28］. https：//www. ncsti. gov. cn/kjdt/ztbd/xzhn＿czhh＿
2021/zhwkjchgzhhshx_2021/202111/t20211123_51801. html.

［29］职务科技成果作价投资操作指南和典型案例|"学指南 促转化"专栏之四［EB/
OL］.［2023 – 09 – 28］. https：//www. ncsti. gov. cn/kjdt/ztbd/xzhn_czhh_2021/zh-
wkjchgzhhshx_2021/202111/t20211123_51803. html.

后　　记

　　科技成果转化作为一种社会现象，是时代的一种选择。如若将之置于浩瀚历史潮流，我们并不知道是否需要这么努力地促进科技成果转化，换言之，我们如果选择一种节奏非常慢的科技生活，是否能够获得更多的快乐，不得而知。而且，所谓的科技成果、科技成果转化是否都应该被认为对人类有贡献，也是一个问题，如果做出肯定答案，那么则可能有失严谨，如有些非常小众、替代性较强的科技成果转化，其是否值得被评价为一种贡献？所有这些并不是绝对的。但是，当下的我们已经乘上科技发展的这艘快艇，在这种情况下如果不奋力关注科技成果转化，那么其他关注者就会获得比我们更显著的"胜利"。这种胜利迫使我们必须在当前对科技成果转化予以制度层面、实践层面的激励、支持和持续关注。否则，我们或将成为科技的落后者，甚至在有些场合受制于他人。这或许是我们对科技成果转化予以研究的价值之一所在，立足于当前寻求一种可能的"贡献"。

　　很多人认为，学术研究是枯燥的，这个评价是有道理的。枯燥的评价更多的是对研究的前半部分而言，在经历苦楚、退缩、怀疑等多种特别负面的心理活动与行动之后，往往会进入一个有趣的积极"挑战"期。有时候这个过程真令人又恨又爱。虽然书稿完成后仍然有诸多遗憾，但知道了需要改进的空间后则有了少许释然。

　　研究进展有时候被烦琐的生活工作而"干扰"，有时候反过来一看，或许是生活工作被学术研究"干扰"，在相对干扰的作用力下如何寻求一种平静的学术研究环境与氛围，就不可避免地要牺牲掉一些正常的生活工作的时间、情绪，因此要对我完成这段学术研究过程中周围的人给我提供的包容报以感恩之情。无论是硬件上的优化还是意见、情感上毫无保留的支持，都为我的一点学术热情落到纸面解决了一些后顾之忧，我深深相信这些支撑都是难得的、宝贵的和无价的！

感谢我的恩师冯晓青教授持续给我指导并为本书作序。感谢知识产权出版社刘江编辑及其团队为本书出版提供的全程支持和帮助。本书的出版得益于北京工业大学研究生院的资金支持，在此对研究生院及各位老师表示感谢。本书完成过程中，我的硕士研究生闫晓倩参与了一小部分的资料收集。同行之间的交流给我很多启发，十分幸运能够从这个大群体中获益良多。网上的资源以及知识共享平台也给我的思考带来很多启发，让人深深体会到知识获取的便捷是多么重要。最后，一如既往地感谢我的家人！

如有可能，让我们爱上艺术，沉浸在美妙的音乐中，烦恼、苦恼随即而逝，转而沉浸沉思中，灵感曼妙走来；让我们爱上自然，波涛汹涌的大海、静谧的森林、浩瀚的云端以她们的精妙绝伦拨动我们心弦起伏；这些让我们深感"这一切"不过如此尔。